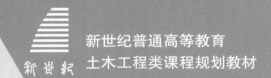

新世纪普通高等教育
土木工程类课程规划教材

钢筋混凝土结构设计原理

（第二版）

总主编　李宏男
主　编　王立成
副主编　朱　辉　董吉武　李　哲
主　审　宋玉普

GANGJIN HUNNINGTU
JIEGOU SHEJI YUANLI

大连理工大学出版社

图书在版编目(CIP)数据

钢筋混凝土结构设计原理 / 王立成主编. -- 2 版
. -- 大连 : 大连理工大学出版社，2020.9(2023.9 重印)
新世纪普通高等教育土木工程类课程规划教材
ISBN 978-7-5685-2682-1

Ⅰ. ①钢… Ⅱ. ①王… Ⅲ. ①钢筋混凝土结构－结构
设计－高等学校－教材 Ⅳ. ①TU375.04

中国版本图书馆 CIP 数据核字(2020)第 171905 号

大连理工大学出版社出版
地址:大连市软件园路 80 号　邮政编码:116023
发行:0411-84708842　邮购:0411-84708943　传真:0411-84701466
E-mail:dutp@dutp.cn　URL:https://www.dutp.cn
大连雪莲彩印有限公司印刷　　大连理工大学出版社发行

幅面尺寸:185mm×260mm　　印张:15.25　　字数:370 千字
2015 年 7 月第 1 版　　　　　　　　2020 年 9 月第 2 版
2023 年 9 月第 3 次印刷

责任编辑:王晓历　　　　　　　　　　责任校对:狄源硕
封面设计:对岸书影

ISBN 978-7-5685-2682-1　　　　　　　　定　价:41.80 元

新世纪普通高等教育土木工程类课程规划教材编审委员会

苏振超	厦门大学
李伙穆	闽南理工学院
李素贞	同济大学
李　哲	西安理工大学
李晓克	华北水利水电大学
李帼昌	沈阳建筑大学
何芝仙	安徽工程大学
张玉敏	济南大学
张金生	哈尔滨工业大学
张　鑫	山东建筑大学
陈长冰	合肥学院
陈善群	安徽工程大学
苗吉军	青岛理工大学
周广春	哈尔滨工业大学
周东明	青岛理工大学
赵少飞	华北科技学院
赵亚丁	哈尔滨工业大学
赵俭斌	沈阳建筑大学
郝冬雪	东北电力大学
胡晓军	合肥学院
秦　力	东北电力大学
贾开武	唐山学院
钱　江	同济大学
郭　莹	大连理工大学
唐克东	华北水利水电大学
黄丽华	大连理工大学
康洪震	唐山学院
彭小云	天津武警后勤学院
董仕君	河北建筑工程学院
蒋欢军	同济大学
蒋济同	中国海洋大学

前　言

　　《钢筋混凝土结构设计原理》(第二版)是新世纪普通高等教育编审委员会组编的土木工程类课程规划教材之一。

　　钢筋混凝土结构设计原理是高等院校土木工程专业的专业基础课程,其任务是通过本课程的学习,学生能掌握钢筋混凝土结构设计的基本方法和基本原理,为继续学习专业课程奠定扎实的基础,达到培养目标的要求。

　　本教材紧扣我国建筑行业最新颁布执行的有关规范和标准,特别是《混凝土结构设计规范》(GB 50010—2010)、《建筑结构荷载规范》(GB 50009—2012)等。主要讲述混凝土结构构件的受力性能和设计计算方法,包括钢筋和混凝土材料的基本性能、混凝土结构构件以概率理论为基础极限状态设计方法的基本原理,以及受弯构件、受压构件、受拉构件、受扭构件、预应力混凝土结构构件的性能分析、设计计算方法和构造措施等。

　　为便于学生的学习,本教材内容紧扣教学大纲的要求,注重基本概念和基础理论知识的掌握,紧紧围绕现行国家规范和标准,使读者或学生通过对本教材的学习,能够较好和较完整地掌握《混凝土结构设计规范》中关于混凝土结构设计基本理论和方法的内容。本教材对混凝土结构构件的性能及分析有充分的论述,概念清楚;有明确的计算方法和详细的设计步骤,以及相当数量的计算例题,有利于理解结构构件的受力性能和具体的设计计算方法。内容安排上重应用、突实践,不过多地进行理论分析和解释,概念简练、表达清楚。为了便于自学,每章设有学习目标、本章小结、思考题和习题等栏目;文字通俗易懂,论述由浅入深,循序渐进,便于自学理解,巩固知识。

　　本教材突出规范的引领地位和工程实践的指导作用,在每章的思考题和习题中,增加工程实例分析的内容,培养学生解决实际问题的能力。

新世纪

本教材响应二十大精神，推进教育数字化，建设全民终身学习的学习型社会、学习型大国，及时丰富和更新了数字化微课资源，以二维码形式融合纸质教材，使得教材更具及时性、内容的丰富性和环境的可交互性等特征，使读者学习时更轻松、更有趣味，促进了碎片化学习，提高了学习效果和效率。

本教材由来自全国七所高校、长期从事钢筋混凝土结构教学工作的多名一线教师联合编写而成。本教材由大连理工大学王立成任主编，山东协和学院朱辉、合肥学院董吉武、西安理工大学李哲任副主编，哈尔滨工业大学吴香国、大连理工大学王吉忠、大连理工大学何化南、东北电力大学秦力、沈阳建筑大学孟宪宏参与了编写。具体编写分工如下：王立成编写了第1、第2章和附录；吴香国编写了第3章；朱辉编写了第4章；董吉武编写了第5章；王吉忠编写了第6章；李哲编写了第7章；何化南编写了第8章；秦力编写了第9章；孟宪宏编写了第10章。全书由王立成统稿并定稿。大连理工大学宋玉普教授审阅了书稿，并提了许多宝贵意见，在此谨致谢忱。

在编写本教材的过程中，编者参考、引用和改编了国内外出版物中的相关资料以及网络资源，在此表示深深的谢意！相关著作权人看到本教材后，请与出版社联系，出版社将按照相关法律的规定支付稿酬。

限于水平，书中也许仍有疏漏和不妥之处，敬请专家和读者批评指正，以使教材日臻完善。

编　者

2020 年 9 月

所有意见和建议请发往：dutpbk@163.com

欢迎访问高教数字化服务平台：https://www.dutp.cn/hep/

联系电话：0411-84708445　84708462

目　录

第1章 绪 论

学习目标

了解混凝土结构的基本概念和基本特点(优点和缺点);理解混凝土中配筋的作用;了解国内外混凝土结构的应用和发展概况。

1.1 混凝土结构的定义、分类及特点

1.1.1 混凝土结构的定义与分类

以混凝土材料为主,并根据需要配置钢筋、预应力筋、钢骨或钢管等形成的主要承重结构,均可称为混凝土结构。混凝土结构包括素混凝土结构、钢筋混凝土结构和预应力混凝土结构等。当混凝土中无钢筋或配置的钢筋不受力时,这样的混凝土结构称作素混凝土结构。钢筋混凝土结构是由钢筋和混凝土两种材料组成的共同受力的结构。由配置受力的预应力筋通过张拉或其他方法建立预加应力的混凝土构成的结构,称为预应力混凝土结构。

混凝土结构还可按如下方式分类:

(1)按结构的构造外形分为:杆件系统和非杆件系统。杆件系统如梁、板、柱、墙等,非杆件系统如空间薄壁结构、厚基础和大体积混凝土结构等。

(2)按结构的受力状态分为:受弯构件、受压构件、受拉构件、受扭构件等。

(3)按结构的制造方法分为:整体式、装配式以及装配整体式三种。整体式结构是指在现场先架立模板、绑扎钢筋,然后浇筑混凝土而成的结构。该类型的结构整体性好,刚度也较大,目前应用较多。但整体式结构所用模板量大,受天气的影响较大,如冬季施工造价将提高。装配式结构则是在工厂(或预制场)预先制成各种构件(图1-1),然后运往工地装配而成。采用装配式结构有利于实现建筑工业化(设计标准化、制造工业化、安装机械化);制造不受季节限制,能加快施工进度;并可利用工厂较好条件,提高构件质量;有利于模板重复使用,还可免去脚手架,节约木料或钢材。但装配式结构的接头构造较为复杂,整体性较差,对抗震不利,装配时还必须有一定的起重安装设备。装配整体式结构是在结构内有一部分为预制的装配式构件,另一部分为现浇混凝土结构。预制装配式部分常可作为现浇部分的模板和支架,它比整体式结构有较高的工业化程度,又比装配式结构有较好的整体性。

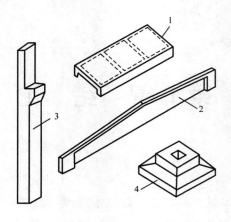

图 1-1　装配式构件

1—屋面板；2—梁；3—柱；4—基础

1.1.2　混凝土中钢筋的作用

混凝土的抗压强度较高而抗拉强度很低，通常抗拉强度约为抗压强度的 $1/8 \sim 1/20$。另外，混凝土在破坏时具有明显的脆性性质。因此，素混凝土结构的应用受到很大限制。例如，一根截面尺寸为 200 mm×300 mm、跨长为 2.5 m、混凝土立方体抗压强度为 22.5 N/mm² 的素混凝土简支梁，跨中承受约 13.5 kN 的集中力，就会因混凝土受拉而断裂，如图 1-2(a)所示。

与混凝土相比，钢筋的抗拉、抗压强度均很高，并且普通钢筋具有屈服现象，破坏时表现出较好的延性。但是，细长钢筋在受压时极易屈曲。因此将混凝土和钢筋这两种材料结合在一起，使混凝土主要承受压力，而钢筋主要承受拉力，则可以取长补短，发挥二者各自的优势，这就是钢筋混凝土结构。例如，如果在图 1-2(a)这根梁的受拉区配置 2 根直径 20 mm、屈服强度为 318 N/mm² 的钢筋，如图 1-2(b)所示，用钢筋来代替开裂的混凝土承受拉力，则梁能承受的集中力能增加到 72.3 kN。由此说明，同样截面形状、尺寸及混凝土强度的钢筋混凝土梁比素混凝土梁能承受大得多的外荷载。而且钢筋混凝土梁破坏以前发生了较大的变形，有明显的预兆，破坏不再是脆性的，而属于延性破坏类型，这是工程中所特别希望和要求的。

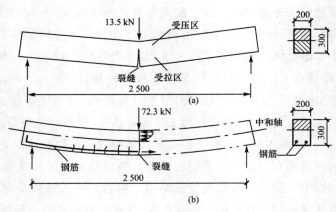

图 1-2　素混凝土及钢筋混凝土简支梁的承载力

1.1.3 混凝土结构的特点

混凝土结构除了较合理地利用钢筋和混凝土两种材料的力学性能外,还有下列优点:

(1)耐久性好。在混凝土结构中,钢筋因受到混凝土保护而不易锈蚀,且混凝土的强度随时间有所增长,因此混凝土结构在一般环境下是经久耐用的,不像钢、木结构那样需要经常保养和维修。

(2)强度较高。和砖、木结构相比,其强度较高,特别是高强混凝土的应用,如在某些钢管混凝土结构中,混凝土强度等级达到 C100。在某些情况下高强混凝土可以代替钢结构,因而能节约钢材。

(3)整体性好。目前广泛采用的现浇整体式钢筋混凝土结构,整体性好,有利于抗震及抗爆。

(4)可模性好。混凝土可根据设计需要浇制成各种形状和尺寸的结构,尤其适合于建造外形复杂的大体积结构及空间薄壁结构和空心楼板等。这一特点是砖石、木等结构所不具备的。

(5)耐火性好。混凝土是不良导热体,遭遇火灾时,由传热性较差的混凝土作为钢筋的保护层,在普通的火灾下不会很快达到钢材的软化温度而导致结构整体破坏。与裸露的木结构、钢结构相比耐火性要好。

(6)取材容易。混凝土所用的砂、石材料一般可就地或就近取材,因而材料运输费用少,可以显著降低工程造价。另外,还可有效利用矿渣、粉煤灰等工业废料。

(7)节约钢材。混凝土结构合理地发挥了钢筋和混凝土两种材料各自优良的性能,在一定范围内可以代替钢结构,从而可节约大量钢材并降低造价。

但是,事物总是一分为二的,混凝土结构也存在一些缺点,主要有:

(1)自重大。这对于建造大跨度结构及高层抗震结构是不利的,也给运输和施工吊装带来困难。但随着轻质、高强混凝土,预应力混凝土和钢—混凝土组合结构的应用,这一矛盾得到了一定的缓解。

(2)施工复杂,工序多,施工时间较长。但随着泵送混凝土和新型模板技术的应用,如大模板、滑模等,施工时间已大大缩短。冬季和雨天施工比较困难,必须采用相应的施工措施才能保证质量。但采用预制装配式结构可加快施工进度,施工不受季节气候的影响,从而缓解这一矛盾。

(3)抗裂性差。混凝土结构抗裂性较差,普通钢筋混凝土结构在正常使用时往往带裂缝工作,这对要求不出现裂缝的结构很不利,如渡槽、水池、贮油罐等。因为裂缝的存在会降低抗渗和抗冻能力,并会导致钢筋锈蚀,影响结构的耐久性。采用预应力混凝土结构可控制裂缝的出现或减小裂缝宽度,从而克服或改善裂缝状况。

(4)维修和加固困难。但随着碳纤维加固、钢板加固等技术的发展和环氧树脂堵缝剂的应用,这一困难在一定程度上已得到克服。

钢筋和混凝土这两种材料的物理力学性能很不相同,但能结合在一起共同工作,主要原因是:(1)由于钢筋和混凝土之间有良好的粘结力,能牢固地粘结成整体。在外荷载作用下,结构中的钢筋和相邻混凝土能协调变形而共同工作,两者不致产生相对滑动。因此,粘结力是这两种不同性质的材料能够共同工作的基础。(2)钢筋与混凝土的温度线膨胀系数很接近,钢材为 $1.2 \times 10^{-5} /℃$,混凝土为 $(1.0 \sim 1.5) \times 10^{-5} /℃$。因此,钢筋与混凝土之间不致因温度变化产生较大的相对变形而使粘结力遭到破坏。

1.2 混凝土结构的应用及发展

1.2.1 发展阶段

钢筋混凝土从 19 世纪中叶开始采用以来,至今仅有一百多年的历史,但其发展极为迅速。1850 年法国人朗波(Lambot)制造了第一艘钢筋混凝土小船。1854 年英国人威尔金生(W. B. Wilkinson)获得了一种钢筋混凝土楼板的专利权。但是,通常认为钢筋混凝土是 1861 年由法国巴黎的花匠蒙列(Joseph Monier)发明的。蒙列用水泥制作花盆,盆中配置钢筋网以提高其强度。1867 年获得制作这种花盆的专利权,而后又获得制作其他钢筋混凝土构件—梁、板及管等的专利权。

混凝土建筑结构的发展应用,可大致分为三个阶段。从 19 世纪中叶到第一次世界大战前为第一阶段,这时由于钢筋和混凝土的强度都很低,仅能建造一些小型的梁、板、柱和基础等构件。第二阶段为 20 世纪 20 年代到第二次世界大战前后,这一阶段已建成各种空间结构,特别是 1928 年法国杰出的土木工程师弗列西涅(E. Freyssnet)发明了预应力混凝土,开创了预应力混凝土的应用时代,使得混凝土结构可以用来建造大跨度结构。二战以后到现在可以称作第三阶段。由于高强混凝土和高强钢筋的发展、计算机的采用和先进施工机械设备的发明,建造了一大批超高层建筑、大跨度桥梁、特长跨海隧道、高耸结构等大型工程,成为现代土木工程的标志。另外,随着建设速度加快,出现了装配式混凝土结构、泵送商品混凝土等工业化生产技术。

1.2.2 应用概况

随着材料强度的不断提高和混凝土性能的改善,钢筋混凝土和预应力混凝土的应用范围也在不断拓宽,并向大跨和高层建筑等领域发展。德国法兰克福市用预应力轻骨料混凝土建造的飞机库屋盖结构跨度达 90 m。目前世界上最高的混凝土高层建筑为阿联酋迪拜市的哈利法塔,高 828 m,共 160 层,其中 600 m 以下为钢筋混凝土结构,600 m 以上为钢结构。加拿大采用预应力混凝土建造的电视塔,高达 549 m。此外,在桥梁、高压容器(如核电站安全壳等)、海上采油平台及地下贮油罐等方面,预应力混凝土也得到了广泛应用。

我国是采用混凝土结构最多的国家,在高层建筑和多层框架中大多采用混凝土结构。在大跨度公共建筑、工业建筑、电视塔、水塔、蓄水池、核电站反应堆安全壳、冷却塔、电厂烟囱、贮油(气)罐、筒仓等建(构)筑物中也普遍采用了钢筋混凝土和预应力混凝土结构。例如,1996 年建成的广州中信广场大厦,80 层,高 391 m,是世界上较高的钢筋混凝土建筑结构;2008 年建成的上海环球金融中心,地上 101 层,地下 3 层,高 492 m,为筒中筒结构体系,其中内筒为钢筋混凝土结构,外筒为型钢混凝土框架。另外,正在建设中的上海中心 632 m,深圳平安金融中心 648 m,均为钢—混凝土混合结构。上海东方明珠电视塔由三个钢筋混凝土筒体组成,高 456 m,位居世界第三位。

铁路、公路桥梁以及城市立交桥、高架桥等工程中的中小跨度桥梁、隧道和地下工程等绝大多数采用钢筋混凝土或预应力混凝土结构建造，大跨度桥梁也有相当多的采用混凝土结构建造。例如，2008 年通车的杭州湾跨海大桥，全长 36 km，除南、北航道桥外其余引桥采用预应力混凝土连续箱梁结构，全桥总计混凝土用量 245 万 m³。

水利工程、港口与海洋工程中的水电站、水闸、大坝、引水渡槽、船坞、码头等均大量采用混凝土结构。

1.2.3 发展方向

提高材料强度是发展混凝土结构的重要途径。我国的钢筋和混凝土平均强度等级，就全国而言，均低于欧、美等发达国家。为此，国家标准《混凝土结构设计规范》(GB 50010—2002)将混凝土强度等级由 C60 提高到 C80；对普通钢筋混凝土结构优先推广 HRB400 级钢筋，对预应力混凝土结构优先推广高强钢丝和钢绞线。现行的《混凝土结构设计规范》(GB 50010—2010)(以后各章节中，将其简称为《规范》)又将钢筋的强度提高到 HRB500 级，要求梁、柱纵向受力钢筋应采用 HRB400 以上等级的钢筋，并淘汰了低强度钢筋。

因此，在材料研究方面，今后应主要向高强、高流动性、自密实、轻质、耐久及具备特异性能(如防射线、耐磨、耐腐蚀等)方向的混凝土发展。目前强度为 $100 \sim 200 \ N/mm^2$ 的高强混凝土已在工程上应用。各种轻质混凝土、纤维混凝土、聚合物混凝土、耐腐蚀混凝土、微膨胀混凝土、水下不分散混凝土以及品种繁多的外加剂在工程中的应用和发展，已使大跨度结构、高层建筑、高耸结构和具备某种特殊性能的混凝土结构的建造成为现实。近年来，轻骨料混凝土自重可仅为 $14 \sim 18 \ kN/m^3$(普通混凝土为 $20 \sim 25 \ kN/m^3$ 以上)，强度可达 $50 \ N/mm^2$。用轻骨料混凝土建造的房屋比普通混凝土建造的自重减轻约 $20\% \sim 30\%$，同时也降低了基础工程的费用，具有显著的经济效益。另外，美国专家预计，到 21 世纪末，应用纤维混凝土可将混凝土的抗拉与抗压强度比由目前的约 1/10 提高到 1/2，并具有早强、体积稳定(收缩、徐变小)等特点，使混凝土的性能得到极大地改善。

随着建筑高度的不断增加，钢-混凝土组合结构成为目前高层和超高层建筑的首选。常见的钢-混凝土组合结构有压型钢板-混凝土组合楼板、钢-混凝土组合梁、型钢混凝土(又称钢骨混凝土)结构和钢管混凝土结构等。钢-混凝土组合结构除具有钢筋混凝土结构的特点外，还具有承载力高、较好的适应变形能力(延性)、施工简单、能充分发挥材料的性能等优点，因而得到了广泛应用。例如，上海金茂大厦外围柱、上海环球金融中心大厦的外框筒柱、深圳地王大厦的外框架柱，采用了钢管混凝土柱或型钢混凝土柱。

在计算理论方面，混凝土结构经历了把材料作为弹性体的容许应力设计方法，到考虑材料塑性的破损阶段设计方法，后来又提出了极限状态设计方法，并迅速发展成以概率理论为基础的极限状态设计方法。以概率理论为基础的极限状态设计方法以可靠指标度量结构构件的可靠度，采用分项系数的设计表达式进行设计，使极限状态计算体系向更完善、更科学的方向发展。

在结构和施工方面，随着预拌混凝土(或称商品混凝土)、泵送混凝土及滑模施工新技术的应用，已显示出在保证混凝土质量、节约原材料和能源、实现文明施工等方面的优越性。在预应力混凝土结构中，近年来，采用横向张拉技术，既不需要锚具，也不需要灌浆，是一种值得推广的施工方法。另外，缓粘结预应力的应用也是今后的发展方向，因为后张法预应力混凝土结构灌浆不密实问题很难克服,而缓粘结预应力混凝土不需要后续灌浆,因此可以保证质量。

1.3 本课程的特点

1.3.1 课程内容

混凝土结构课程按内容的性质通常分为"混凝土结构构件设计"和"混凝土结构设计"两部分。前者主要讲述各种混凝土基本构件的受力性能、截面计算方法和构造措施等基本概念和基本理论,属于专业基础课内容。这些基本构件主要包括钢筋混凝土板、梁、柱、墙等,这些结构构件按主要受力特点可分为弯、压(拉)、剪、扭等受力状态。后者主要讲述梁板结构、单层厂房、多层和高层房屋等结构设计,属于专业课内容。在"混凝土结构构件设计"课程中,主要讲述以下内容:

(1)受弯构件,如梁、板等。这类构件的截面上主要受弯矩作用,因此称为受弯构件。当然,梁、板等构件也通常同时承受剪力的作用。本教程中第4章讲述受弯构件的正截面受弯承载力计算方法,第5章将讲授受弯构件的斜截面受剪承载力计算方法。

(2)受压构件,如柱、墙等。这类构件主要承受压力作用。当压力作用在构件截面形心位置时,称作轴心受压构件,否则称为偏心受压构件。偏心受压构件也包括截面同时承受轴心压力和弯矩作用的情况。受压构件承载力计算方法将在第6章介绍。

(3)受拉构件,如屋架下弦杆、拉杆拱中的拉杆等。跟受压构件类似,受拉构件也可分为轴心受拉构件和偏心受拉构件。第7章讲述受拉构件承载力计算方法。

(4)受扭构件,如曲梁、框架结构的边梁等。这类构件截面上往往除了作用有弯矩和剪力外,还会承受扭矩的作用。因此,需考虑扭矩的作用进行设计计算。这部分内容将在第8章进行介绍。

(5)钢筋混凝土构件的变形、裂缝宽度计算方法。钢筋混凝土结构构件除了要满足承载力的要求外,还要进行正常使用阶段的变形和裂缝宽度验算,以满足结构适用性和耐久性的要求。第9章将介绍这部分内容。

(6)预应力混凝土结构设计原理与方法。预应力混凝土结构构件在设计、施工流程上与普通钢筋混凝土结构有很大的不同,结构中的混凝土在遭受外荷载作用之前已经承受由施工阶段人为施加的预加应力。学习预应力的施加方法、预应力产生的过程和原理是第10章要重点介绍的内容。

1.3.2 课程特点

本课程主要讲述钢筋混凝土结构构件的基本计算原理和设计方法,从某种意义上来说,其内容相当于研究钢筋混凝土的材料力学。但材料力学研究的是均质线弹性体构件,而钢筋混凝土结构是研究钢筋和混凝土两种材料组成的构件。由于混凝土为非弹性材料,其拉压强度相差悬殊,受到很小的拉应力就会开裂,造成材料力学的公式和方法往往不能直接应用于钢筋混凝土构件。但材料力学中分析问题的基本思路,即由材料的物理关系、变形的几何关系和受力平衡关系建立计算公式的分析方法,同样适用于钢筋混凝土构件。从以上分析可知,本课程的内容更为丰富和复杂,学习时应处理好以下几个关系:

(1)计算与试验的关系。钢筋混凝土结构计算公式是在大量试验基础上经理论分析建立起来的,学习时要重视试验在建立计算公式中的地位与作用,注意每个计算公式的适用范围和条件,在实际工程设计中应正确运用这些公式,不要盲目生搬硬套。

(2)计算与基本假定的关系。由于钢筋混凝土结构的复杂性,所以计算中必须首先建立各种计算的基本假定,抓住主要矛盾而忽略次要矛盾,然后建立相应的计算公式。

(3)计算与构造的关系。由于在试验基础上建立的计算公式,还不能全面保证结构的安全,还需要利用在长期的科学试验和工程经验中总结出的构造规定,特别是配筋构造规定。构造与计算是同等重要的,应注意掌握构造规定的目的和原理。

(4)计算与设计的关系。本课程是一门很强的实践性课程。计算仅是运用基础理论计算出配筋量,而这些配筋量是否合适、如何配置等还需综合考虑材料、施工、经济、构造等各方面的因素,按相应的设计规范执行。此外,设计能力还包括计算机的应用、设计书的编写、施工图的绘制等基本技能。所以计算不是设计,而要做好设计必须综合运用所学的知识,从计算、构造等各方面全面考虑。

(5)计算方法与规范的关系。本课程的内容主要与国家标准《混凝土结构设计规范》(GB 50010—2010)、《建筑抗震设计规范》(GB 50011—2010)、《工程结构可靠性设计统一标准》(GB 50153—2008)、《建筑结构可靠性设计统一标准》(GB 50068—2018)和《建筑结构荷载规范》(GB 50009—2012)等有关。设计规范是国家颁布的有关结构设计的技术规定和标准,规范条文特别是强制性条文是设计中必须要遵守的带有法律性质的技术问题。因此,一方面要掌握课程中介绍的计算方法,还要正确理解规范中相关内容的概念和规定,不能错用规范,如桥梁规范的内容不能用于建筑规范。只有将基本原理与设计规范相结合,才能发挥设计者的主动性,从而提高分析问题和解决问题的能力。

本章小结

(1)混凝土结构是以混凝土为主,并根据需要配置钢筋、预应力筋、钢骨或钢管等形成的主要承重结构。混凝土结构发挥了钢筋(预应力筋)和混凝土两种材料各自的优点:混凝土抗压强度高而钢筋抗拉强度高。在混凝土中配置适量的钢筋,不仅使构件的承载力大大提高,而且能显著改善构件的受力性能和构件破坏时的变形能力。混凝土结构的优点和缺点并存,应通过合理设计,发挥其优点,克服或部分克服其缺点。

(2)钢筋和混凝土作为两种性质截然不同的材料能够共同工作的前提和基础是:二者之间有良好的粘结力;二者的温度线膨胀系数非常接近。

(3)混凝土结构应用的历史虽然很短,但发展非常迅速,已成为建筑领域应用最为广泛的结构型式。本课程主要讲述混凝土结构设计的基本原理和设计方法。

思考题

1.1 试分析说明素混凝土构件(如梁)与钢筋混凝土构件在承载力和受力变形性能方面的主要差异。

1.2 钢筋和混凝土两种材料能够结合在一起共同工作的基础是什么?

1.3 钢筋混凝土结构的主要优缺点各有哪些?如何克服其缺点?

1.4 本课程主要学习哪些内容?本课程的特点有哪些?

第2章 钢筋混凝土材料的物理力学性能

学习目标

　　了解钢筋的品种、级别及物理力学性能;掌握混凝土强度等级的定义;理解混凝土有关强度指标的定义和分类,了解其影响因素;理解混凝土的变形性能;了解钢筋与混凝土的粘结性能;掌握钢筋锚固长度的定义,了解钢筋连接的方式。

2.1 钢筋的品种和力学性能

2.1.1 钢筋的品种和级别

　　在我国,混凝土结构中所采用的钢筋有热轧钢筋、余热处理钢筋、钢丝、钢绞线及螺纹钢筋等。按其在结构中所起作用的不同,钢筋可分为普通钢筋和预应力筋两大类。普通钢筋是指用于钢筋混凝土结构中的钢筋以及用于预应力混凝土结构中的非预应力钢筋;预应力筋是指用于预应力混凝土结构中预先施加预应力的钢筋。热轧钢筋和余热处理钢筋主要用作普通钢筋,而钢丝、钢绞线及螺纹钢筋主要用作预应力筋。

　　钢筋的物理力学性能主要取决于其化学成分,其中铁元素是主要成分,此外还含有少量的碳、锰、硅、硫、磷等元素。混凝土结构中使用的钢材,按化学成分的不同,可分为碳素钢和普通低合金钢两大类。碳素钢的力学性能与含碳量的多少有关。含碳量增加,能使钢材强度提高,性质变硬,但也将使钢材的塑性和韧性降低,焊接性能也会变差。根据钢材中碳含量的高低,碳素钢通常可分为低碳钢(含碳量少于 0.25%)、中碳钢(含碳量 0.25%~0.6%)和高碳钢(含碳量 0.6%~1.4%)。用作钢筋的碳素钢主要是低碳钢和中碳钢。

　　炼钢时在钢材中加入少量(一般不超过 3.5%)合金元素(如锰、硅、钒、钛、铬等),即可制成普通低合金钢。合金元素等可使钢材的强度、塑性等综合性能得到提高。磷、硫则是有害杂质,其含量超过约 0.045%后会使钢材变脆,塑性显著降低,不利于焊接。普通低合金钢钢筋具有强度高、塑性及可焊性好的特点,因而应用较为广泛。为了节约合金资源,冶金行业近年来研制开发出细晶粒钢筋,这种钢筋不需要添加或只需添加很少的合金元素,通过控制轧制钢的温度形成细晶粒的金相组织,达到与添加合金元素相同的效果,其强度和延性完全满足混凝土结构对钢筋性能的要求。

　　热轧钢筋是由低碳钢、普通低合金钢或细晶粒钢在高温状态下轧制而成的,按其外形分为热轧光圆钢筋和热轧带肋钢筋两类。光圆钢筋的表面是光面的(图 2-1(a));带肋钢筋亦称为变形钢筋,有螺旋纹(图 2-1(b))、人字纹(图 2-1(c))和月牙肋(图 2-1(d))三种。

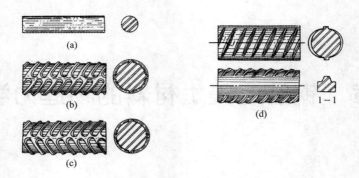

图 2-1 钢筋表面及截面形状

目前,我国普通钢筋按其屈服强度标准值的高低,分为四个强度等级:300MPa、335MPa、400MPa 和 500MPa。国产普通钢筋现有 8 个牌号。HPB300 是热轧光圆钢筋,工程符号为φ,HPB 是其英文名称 Hot Rolled Plain Steel Bar 的缩写,300 是其屈服强度标准值的标志。HRB335 是热轧带肋钢筋(Hot Rolled Ribbed Steel Bar),屈服强度标准值为335MPa,符号为Φ;与它同一强度级别的 HRBF335 是细晶粒热轧带肋钢筋,用符号Φ^F表示。同理可知,400 MPa 级的 HRB400、HRBF400 分别为热轧带肋钢筋和细晶粒热轧带肋钢筋,分别用符号Φ和Φ^F表示。强度级别为 500 MPa 的 HRB500、HRBF500 则分别用符号Φ和Φ^F表示。另外,RRB400 级钢筋为余热处理月牙肋钢筋,是在生产过程中,钢筋热轧后经淬火提高其强度,再利用芯部余热回火处理而保留一定延性的钢筋,符号为Φ^R。

钢筋混凝土结构中的纵向受力钢筋宜采用 HRB400、HRB500、HRBF400、HRBF500 钢筋,也可采用 HPB300、HRB335、HRBF335、RRB400 钢筋;梁、柱纵向受力普通钢筋应采用HRB400、HRB500、HRBF400、HRBF500 钢筋;箍筋宜采用 HRB400、HRBF400、HPB300、HRB500、HRBF500 钢筋,也可采用 HRB335、HRBF335 钢筋;RRB400 级钢筋的可焊性、机械连接性能及施工适应性降低,但强度高,一般可用于对延性及加工性能要求不高的构件中,如基础、大体积混凝土、楼板、墙体以及次要的中小结构构件中,不宜用作重要部位的受力钢筋,不应用于直接承受疲劳荷载作用的构件中。

我国预应力混凝土结构采用的钢丝都是消除应力钢丝,是将钢筋拉拔后,经中温回火消除应力并进行稳定化处理的钢丝。按照消除应力时采用的处理方式不同,消除应力钢丝可分为低松弛和普通松弛两种。钢丝以其表面形状可分为光圆、螺旋肋及刻痕三种。钢绞线是由多根高强光圆或刻痕钢丝捻制在一起经过低温回火处理清除内应力后制成的,分为 2 股、3 股和 7 股三种。钢绞线的公称直径有许多种,详见本教材附录附表 20。预应力螺纹钢筋过去习惯上称为"高强精轧螺纹钢筋",是用于预应力混凝土结构的大直径高强钢筋,抗拉强度为 980~1 230MPa。

预应力筋宜采用预应力钢丝、钢绞线和预应力螺纹钢筋。

2.1.2 钢筋的力学性能

1.应力-应变曲线

根据钢筋在受拉时应力-应变曲线的特点,可将钢筋分为有明显流幅钢筋和无明显流幅钢筋两大类。

（1）有明显流幅钢筋

热轧钢筋属于有明显流幅的钢筋，也称为软钢。软钢从开始加载到拉断，可分成四个阶段，即弹性阶段、屈服阶段、强化阶段和破坏阶段。下面以 HRB335 级钢筋的受拉应力-应变曲线为例来说明软钢的力学特性，如图 2-2 所示。

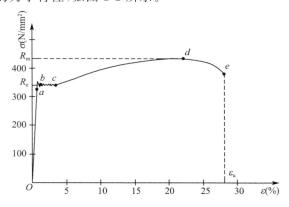

图 2-2　HRB335 级钢筋的应力-应变曲线

由图 2-2 可知，自开始加载至应力达到 a 点以前，应力与应变按比例变化，故 a 点对应的应力称为比例极限。过 a 点以后，应变的增长速度略快于应力的增长速度，但在应力达到弹性极限 b 点之前卸载，应变中的绝大部分仍能恢复。因此，$0a$ 段属于线弹性阶段，而 $0b$ 段称作弹性阶段。应力达到 b 点后，钢筋会在应力不变的情况下，产生很大的塑性变形，这种现象称为钢筋的"屈服"，对应于 b 点的应力称为屈服强度（流限），bc 段为屈服阶段，也称作流幅。这种塑性变形一直延续到 c 点。超过 c 点后，应力-应变关系重新表现为上升的曲线，达到曲线最高点 d 点，cd 段为强化阶段，钢筋的塑性变形明显，对应于 d 点的应力称为钢筋的抗拉强度。此后钢筋试件内部某个薄弱部位的截面将突然急剧缩小，发生颈缩现象，应力-应变关系成为下降曲线，应变继续增大，到 e 点钢筋试件被拉断，de 段为破坏阶段。e 点对应的应变称作钢筋的极限应变，横坐标也称为伸长率（断后伸长率），它是标志钢筋塑性的指标之一。伸长率越大，塑性越好。

软钢有两个强度指标：一个是 b 点的屈服强度，它是钢筋混凝土结构设计时钢筋强度取值的依据。因为钢筋屈服以后产生较大的塑性变形，这将使构件变形和裂缝宽度大大增加，以致影响正常使用，故设计时采用屈服强度作为钢筋的强度限值，钢筋的强化阶段只作为一种安全储备考虑。另一个强度指标是 d 点对应的极限强度，一般用作钢筋的实际破坏强度。

（2）无明显流幅钢筋

预应力螺纹钢筋和各类钢丝属于无明显流幅的钢筋，也称为硬钢。硬钢强度高，但塑性差，脆性大。从加载到拉断，其应力-应变曲线没有明显的阶段划分，基本上不存在屈服阶段。图 2-3 为硬钢的应力-应变曲线。

由于硬钢没有明显的屈服台阶，这类钢筋只有一个强度指标，即应力-应变曲线的最高点对应的极限抗拉强度 σ_b。如前所述，在设计中极限抗拉强度不能作为钢筋强度取值的依据。因此，工程上一般取残余应变 0.2% 时的应力（$\sigma_{0.2}$）作为无明显流幅钢筋的强度限值，通常称作"条件屈服强度"（亦称"协定流限"）。根据试验结果，$\sigma_{0.2} = (0.8 \sim 0.9)\sigma_b$，为简化计算，《规范》取 $\sigma_{0.2} = 0.85\sigma_b$。

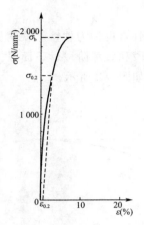

图 2-3 硬钢的应力-应变曲线

2. 钢筋的弹性模量

钢筋在弹性阶段应力与应变的比值,称为弹性模量,用符号 E_s 表示。由于钢筋在弹性阶段的受压性能与受拉性能类同,所以同一种钢筋的受压弹性模量与受拉时相同。各类钢筋的弹性模量见本教材附录附表 5。

3. 钢筋的变形性能

钢筋除了上述两个强度指标(屈服强度和极限强度)外,还有两个塑性指标:延伸率和冷弯性能。这两个指标反映了钢筋的塑性性能和变形能力。

钢筋的延伸率是指钢筋试件上标距为 $10\,d$ 或 $5\,d$(d 为钢筋试件直径)范围内的极限伸长率,记为 δ_{10} 或 δ_5。钢筋的延伸率越大,表明钢筋的塑性和变形能力越好。然而,延伸率仅能反映钢筋残余变形的大小,其中还包含了断口颈缩区域的局部变形。为此,近年来国际上已采用钢筋最大力下的总伸长率(均匀伸长率)δ_{gt} 来表示钢筋的变形能力。

钢筋在达到最大应力 σ_b 时的变形包括塑性变形和弹性变形两部分,如图 2-4 所示,故最大力下的总伸长率 δ_{gt} 可表示为

$$\delta_{gt} = \left(\frac{L - L_0}{L_0} + \frac{\sigma_b}{E_s} \right) \times 100\% \tag{2-1}$$

式中 L_0——试验前的原始标距(不包含颈缩区);

L——试验后量测标记之间的距离;

σ_b——钢筋的最大拉应力(极限抗拉强度);

E_s——钢筋的弹性模量。

式(2-1)括号中的第一项反映了钢筋的塑性变形,第二项反映了钢筋在最大拉应力下的弹性变形。

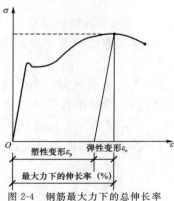

图 2-4 钢筋最大力下的总伸长率

钢筋最大力下的总伸长率 δ_{gt} 既能反映钢筋的塑性变形，又能反映钢筋的弹性变形，量测结果受原始标距 L_0 的影响较小，也不产生人为误差。因此，《规范》采用 δ_{gt} 评定钢筋的塑性性能，并要求各种钢筋最大力下的总伸长率 δ_{gt} 值不应小于表 2-1 所规定的数值。

表 2-1 　　　　　　　　　　　　普通钢筋及预应力筋最大力下的总伸长率限值

钢筋品种	普通钢筋			预应力筋
	HPB300	HRB335、HRBF335、HRB400、HRBF400、HRB500、HRBF500	RRB400	
$\delta_{gt}(\%)$	10.0	7.5	5.0	3.5

为了使钢筋在使用时不会脆断，加工时不致断裂，还要求钢筋具有一定的冷弯性能。冷弯是将钢筋围绕某个规定直径 D（D 规定为 $1d$，$2d$，$3d$ 等）的辊轴弯曲一定的角度 α（90°或 180°），如图 2-5 所示。弯曲后的钢筋应无裂纹、鳞落或断裂现象。

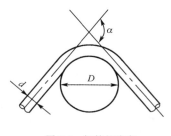

图 2-5　钢筋的冷弯

2.2　混凝土的物理力学性能

混凝土是由水泥、水及骨料按一定配合比组成，经凝固硬化后的人造石材。水泥和水在凝结硬化过程中形成水泥胶块把骨料粘结在一起，内部存在微裂缝和孔隙，水泥胶块中的结晶体和骨料组成混凝土的弹性受力骨架，使混凝土具有弹性变形的特点，同时水泥胶块中的凝胶体和内部存在的微裂缝与孔隙又使混凝土具有塑性变形的性质。由于混凝土内部结构十分复杂，因此，它的力学性能也极为复杂。

2.2.1　混凝土的强度

1. 混凝土的立方体抗压强度和强度等级

混凝土立方体试件的抗压强度比较稳定，所以我国把立方体抗压强度作为混凝土强度的基本指标，并把立方体抗压强度标准值作为评定混凝土强度等级的标准。

我国《规范》规定，混凝土强度等级应按立方体抗压强度标准值确定，立方体抗压强度标准值系指按标准方法制作、养护的边长为 150 mm 的立方体试件，在 28 d 或设计规定龄期以标准试验方法测得的具有 95% 保证率的抗压强度值，用符号 $f_{cu,k}$ 表示，下标 cu 表示立方体，k 表示标准值。我国规范规定的标准试件是边长为 150 mm 的立方体试件，标准养护条件是指温度为 20 ± 2℃、相对湿度 90% 以上、养护 28 d 或设计规定龄期。混凝土强度等级用符号 C 和立方体抗压强度标准值(以 N/mm² 计)表示,例如 C25 混凝土,表示混凝土立方体抗压强度标准值为 25 N/mm²。《规范》规定的混凝土强度等级有 C15、C20、C25、C30、C35、C40、C45、C50、C55、C60、C65、C70、C75 和 C80,共 14 个等级。

《规范》规定,素混凝土结构的混凝土强度等级不应低于 C15;钢筋混凝土结构的混凝土强度等级不应低于 C20;采用 400 MPa 及以上等级的钢筋时,混凝土强度等级不应低于 C25。预应力混凝土结构的混凝土强度等级不宜低于 C40,且不应低于 C30。

试验方法对立方体抗压强度有较大的影响。试块在压力机上受压,纵向产生压缩变形而横向产生膨胀变形。由于压力机垫板的横向变形远小于混凝土的横向变形,所以当试块与压力机垫板直接接触时,试块上下表面与垫板之间必然有摩擦力存在,从而使试块的横向变形受到约束(称为"套箍作用"),就会提高混凝土的抗压强度。靠近试块上下表面的区域内,受到摩擦力的影响较大,产生的膨胀变形较小,试块中部受到摩擦力的影响较小,产生较大的膨胀变形。随着压力的增加,试块在纵向压力和横向摩擦力的作用下,首先在中部出现纵向裂缝,然后斜向发展到试块角隅形成斜向裂缝。破坏时,中部向外鼓胀的混凝土向四周剥落,使试块只剩下如图 2-6(a)所示的角锥体。

 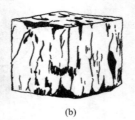

(a)　　　　　　　　(b)

图 2-6　混凝土立方体试块的破坏形态

如果在试块上、下表面涂一些润滑剂或加垫塑料薄片,则试块与压力机垫板间的摩擦力将大大减小,试块的横向膨胀变形受到的约束作用也将显著降低,受压时没有"套箍作用"的影响,试块将沿着平行于力的作用方向产生数条裂缝而破坏,如图 2-6(b)所示,测得的抗压强度较不涂润滑剂者小。

为了统一标准,我国规范规定在试验中均采用不涂润滑剂的加载方法。

当采用不涂润滑剂的方法进行加载时,对于相同的混凝土,立方体试件尺寸越小,试件中部受到摩擦力的影响就越大,测得的抗压强度也就越高。相反,立方体试件尺寸越大,测得的抗压强度就越低。因此,用非标准尺寸的试件进行试验时,应将所测得的立方体抗压强度乘以换算系数,才能换算成标准试件的立方体抗压强度。根据对试验资料的统计分析,边长为 200 mm 的立方体试件,换算系数取 1.05;边长为 100 mm 的立方体试件,换算系数取 0.95。

试验时加载速度对立方体抗压强度也有影响,加载速度越快,测得的强度越高。通常的加载速度为:混凝土强度等级低于 C30 时,取每秒钟(0.3~0.5) N/mm²;混凝土强度等级高于或等于 C30 时,取每秒钟(0.5~0.8) N/mm²。

2. 混凝土的轴心抗压强度

混凝土抗压强度与试件的形状有关。钢筋混凝土受压构件的实际长度往往远大于其截面尺寸。因此,采用棱柱体试件比采用立方体试件能更好地反映混凝土的实际受力状态。用棱柱体试件测得的抗压强度称为轴心抗压强度,又称为棱柱体抗压强度,用符号 f_c 表示。

棱柱体试件除尺寸与立方体试件不同外，其制作、养护和加载试验方法均与立方体试件相同。棱柱体试件的高宽比 h/b 较大时，两端接触面摩擦力对试件中部混凝土变形的约束作用减弱，而当 h/b 达到某一定值后，棱柱体抗压强度趋于稳定。棱柱体试件高宽比一般可取为 $h/b=2\sim3$，我国《普通混凝土力学性能试验方法标准》规定棱柱体标准试件的尺寸为 $150\ \mathrm{mm}\times150\ \mathrm{mm}\times300\ \mathrm{mm}$。

《规范》规定，根据上述棱柱体标准试件测得的具有 95% 保证率的抗压强度称为混凝土轴心抗压强度标准值，用符号 f_{ck} 表示。当试件截面尺寸相同时，国内外试验都指出，f_{ck} 与 $f_{cu,k}$ 大致呈线性关系，并给出了棱柱体抗压强度标准值 f_{ck} 与立方体抗压强度标准值 $f_{cu,k}$ 的关系式为

$$f_{ck}=0.88\alpha_{c1}\alpha_{c2}f_{cu,k} \tag{2-2}$$

式中　　α_{c1}——混凝土棱柱体抗压强度与立方体抗压强度的比值，对于 C50 及以下强度等级混凝土，取 $\alpha_{c1}=0.76$，对于 C80 取 $\alpha_{c1}=0.82$，中间按线性规律变化；

　　　　α_{c2}——考虑高强混凝土脆性的折减系数，对于 C40 取 $\alpha_{c2}=1.0$，对于 C80 取 $\alpha_{c2}=0.87$，中间按线性规律变化；

　　　　0.88——考虑实际工程中结构构件的制作、养护条件及受力情况与试件混凝土强度的差异而取用的折减系数。

3. 混凝土的轴心抗拉强度

抗拉强度是混凝土的基本力学指标之一，其标准值用 f_{tk} 表示。混凝土构件开裂、裂缝宽度、变形，以及受剪、受扭、受冲切等的承载力均与抗拉强度有关。

混凝土轴心抗拉强度远低于轴心抗压强度，仅相当于轴心抗压强度的 $1/8\sim1/13$。影响混凝土抗拉强度的因素与影响抗压强度的因素基本一致，但影响程度却有所不同。例如，水泥用量增加，可使抗压强度增加较多，而抗拉强度则增加较少。

各国测定混凝土抗拉强度的试验方法主要有直接受拉法和劈裂法。我国近年来采用的直接受拉法，其试件为 $150\ \mathrm{mm}\times150\ \mathrm{mm}\times550\ \mathrm{mm}$ 的棱柱体试件，两端设置埋深为 $125\ \mathrm{mm}$ 的带肋钢筋（直径 16 mm），钢筋外露 40 mm，钢筋轴线应与试件轴线重合，如图 2-7（a）所示。试验机夹紧两端外露钢筋，张拉试件，破坏时在试件中部产生断裂。试件破坏时的平均应力即混凝土的轴心抗拉强度。

直接受拉法由于不易将拉力对中，形成偏心影响；而且因带肋钢筋端部的应力集中，会使断裂出现在埋入钢筋末端的截面处。这些因素都对抗拉强度的量测结果有较大影响。

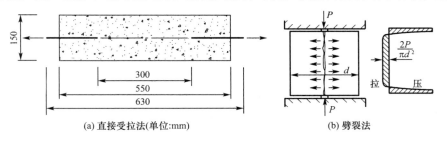

(a) 直接受拉法(单位:mm)　　　　(b) 劈裂法

图 2-7　混凝土轴心抗拉强度试验方法

国内外也常用劈裂法测定混凝土的抗拉强度。劈裂试验是将边长为 150 mm 的立方体试件(或平放的圆柱体试件)通过垫条施加线荷载 P。在试件中间的垂直截面上除上、下垫条附近为压应力外,中间绝大部分为均匀的拉应力(图 2-7(b))。当拉应力达到混凝土的抗拉强度时,试件沿中间截面劈裂成两半。根据弹性力学可求得混凝土的劈裂抗拉强度 f_{ts} 为

$$f_{ts} = \frac{2P}{\pi d^2} \tag{2-3}$$

式中　P——破坏荷载;

　　　d——立方体试件的边长。

2.2.2　混凝土的变形

混凝土的变形按其成因可分为两类:一类是由外荷载作用而产生的受力变形;一类是混凝土的收缩以及由环境温度和湿度变化而引起的体积变形。由外荷载产生的变形与加载的方式及荷载作用的持续时间有关,因此又可分为一次短期加载、长期加载和多次重复荷载作用下产生的变形。

1. 混凝土在一次短期受压时的应力-应变曲线

混凝土单轴受压时的应力-应变关系是混凝土最基本的力学性能之一。对混凝土棱柱体试件作一次短期加载的受压试验,由试验可得出其应力-应变曲线如图 2-8 所示。从试验可以看出以下几点:

(1)当试件截面上的应力小于(0.3~0.4)倍的极限强度时,即曲线上 A 点之前,混凝土基本上处于弹性阶段,其变形主要是骨料和水泥结晶体的弹性变形,应力-应变关系接近直线。

(2)当应力继续增大,由于混凝土内部微裂缝的不断产生,应力-应变曲线逐渐向下弯曲,呈现出塑性性质,但此时裂缝处于稳定扩展阶段。当应力增大到极限强度的 80% 左右(B 点)时,混凝土内部裂缝发展迅速并逐步相互贯通,裂缝已处于不稳定扩展阶段,应变增长得更快。

(3)当应力达到混凝土轴心抗压强度 f_c(C 点)时,试件表面出现与加压方向平行的裂缝,试件开始破坏。相应的应变称为峰值应变 ε_0,一般为 0.002 左右。

(4)试件达到峰值应力以后就进入下降段 CE,这时裂缝继续扩展、贯通,内部结构受到越来越严重的破坏,赖以传递荷载的传力路线不断减少,随着缓慢的卸载,应力逐渐减小,而应变持续增长,应力-应变曲线向下弯曲,直到凹向发生改变,曲线出现"拐点"D。超过拐点,曲线开始凸向应变轴,此时试件所承受的应力主要由骨料之间的咬合力、摩擦力以及残留的承压面来承担。在拐点 D 之后应力-应变曲线中曲率最大点 E 称为收敛点。E 点之后试件的主裂缝已很宽,内聚力几乎耗尽,对于无侧向约束的混凝土已失去了结构的意义。相应于 E 点的应变称为混凝土的极限压应变 ε_{cu}。ε_{cu} 越大,表示混凝土的塑性变形能力越大,也就是延性(指构件最终破坏之前经受非弹性变形的能力)越好。

混凝土应力-应变曲线的形状和特征是混凝土内部结构发生变化的力学标志。不同强度的混凝土的应力-应变曲线有着相似的形状,但也有实质性的区别。图 2-9 的试验曲线表

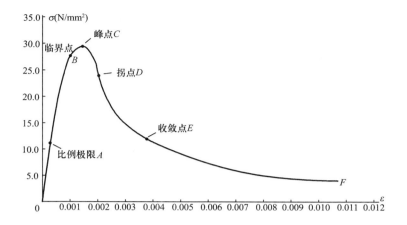

图 2-8　混凝土棱柱体受压应力-应变曲线

明,随着混凝土强度的提高,尽管上升段和峰值应变的变化不很显著,但是下降段的形状有较大的差异,混凝土强度越高,下降段的坡度越陡,即应力下降相同幅度时的变形越小,延性越差。

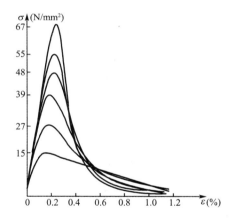

图 2-9　不同强度混凝土的受压应力-应变关系比较

　　混凝土应力-应变关系的数学模型是钢筋混凝土结构设计和理论研究的基础内容之一,但由于影响因素比较复杂,不同的研究者提出了各种各样的数学模型。一般来说,曲线的上升段比较接近,均采用二次抛物线,大体上可以表示为

$$\sigma = f_c \left[2\,\frac{\varepsilon}{\varepsilon_0} - \left(\frac{\varepsilon}{\varepsilon_0}\right)^2 \right] \tag{2-4}$$

式中　f_c——峰值应力(棱柱体极限抗压强度);

　　　ε_0——峰值应变,一般可取为 0.002。曲线的下降段则相差很大,有的假定为一斜直线,有的假定为一水平直线,有的假定为曲线或折线,有的还考虑配筋的影响。

　　图 2-10 为美国 E. Hognestad 建议的斜直线模型,下降段的表达式为

$$\sigma = f_c \left[1 - 0.15\,\frac{\varepsilon - \varepsilon_0}{\varepsilon_{cu} - \varepsilon_0} \right] \tag{2-5}$$

式中　ε_{cu}——极限压应变,取 0.003 8。

图 2-11 为德国 Rüsch 建议的水平直线模型,即当 $\varepsilon_0 \leqslant \varepsilon \leqslant \varepsilon_{cu}$ 时,$\sigma = f_c$,这里 $\varepsilon_0 = 0.002$,$\varepsilon_{cu} = 0.0035$。

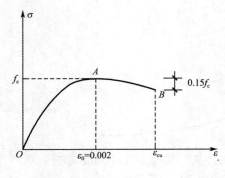

图 2-10　Hognestad 建议的应力-应变曲线　　　图 2-11　Rüsch 建议的应力-应变曲线

2. 混凝土在重复荷载作用下的应力-应变曲线

混凝土在多次重复荷载作用下,其应力-应变的性质与短期一次加载有显著不同。由于混凝土是弹塑性材料,初次卸载至应力为零时,应变不能全部恢复。可恢复的那一部分应变称为弹性应变 ε_{ce},不可恢复的残余部分称为塑性应变 ε_{cp},如图 2-12 所示。因此在一次加载、卸载过程中,混凝土的应力-应变曲线形成一个环状。但当施加的重复应力不超过某一限制,如 $0.4 \sim 0.5 f_c$,随着加载卸载重复次数的增加,残余应变会逐渐减小,一般重复 5~10 次后,加载和卸载的应力-应变曲线就会越来越闭合并接近一条直线,此时混凝土如同弹性体一样工作(图 2-13)。试验表明,这条直线与一次短期加载时的曲线在原点的切线基本平行。

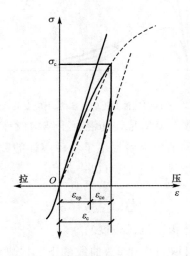

图 2-12　混凝土在一次短期加载、卸载时的 $\sigma\varepsilon$ 曲线

但当施加的重复应力超过某一限值,随着重复次数的增加,其加载段的应力-应变曲线由凸向应力轴到直线再到凸向应变轴,当重复到某一次数时,混凝土试件因裂缝过宽或变形过大而破坏(图 2-13)。这种在荷载小于极限荷载的情况下,因荷载重复作用而引起的破坏称为混凝土的疲劳破坏。相应于该荷载的应力也就是混凝土能够抵抗周期重复荷载的疲劳

强度 f_c^f。

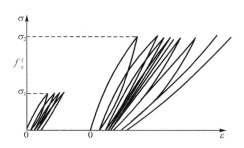

图 2-13　混凝土在重复荷载下的 $\sigma\text{-}\varepsilon$ 曲线

3. 混凝土在荷载长期作用下的变形——徐变

混凝土在荷载长期持续作用下,应力不变,其变形随时间而增长的现象,称为混凝土的徐变。图 2-14 是混凝土试件在持续荷载作用下,应变与时间的典型关系曲线。对混凝土试件加载,应力达到 $0.5f_c$ 时,在加载瞬间试件产生的应变为混凝土的初始瞬时应变 ε_0。当荷载保持不变并持续作用,应变将会随时间的延长而增长,这部分变形就是混凝土的徐变 ε_{cr}。试验指出,混凝土的徐变早期增长较快,后期则逐渐减慢,经过相当长的时间才趋于稳定。混凝土的最终徐变值 $\varepsilon_{cr,\infty}$ 约为初始瞬时应变的 $2\sim3$ 倍。

如果在徐变产生后某一时刻 t_1 卸去荷载,有一部分变形瞬间即可恢复,称为卸载瞬时应变,它属于弹性变形;在卸载之后一段时间内,应变还可以逐渐恢复一部分,称为徐回(亦称为弹性后效);剩下的应变不再恢复,为永久变形,如图 2-14 中的虚线所示。如果在以后又重新加载,则又会产生瞬时应变和徐变。

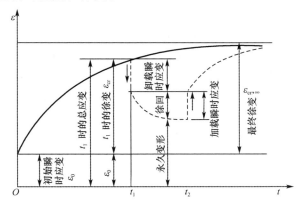

图 2-14　混凝土的徐变(应变与时间增长关系)

徐变与塑性变形不同。塑性变形主要是由于混凝土中结合面裂缝的扩展引起的,只有当应力超过了材料的弹性极限后才发生,而且是不可恢复的。徐变不仅可恢复一部分,而且在较小的应力时就会发生。

混凝土产生徐变的原因主要有两个方面:一是由于混凝土受力后,水泥石中的凝胶体产生的粘性流动(颗粒间的相对滑动)要延续一个很长的时间,因而沿混凝土的受力方向会继续发生随时间而增长的变形。二是由于混凝土内部微裂缝在荷载长期作用下不断扩展和发展,导致混凝土变形的增加。

试验表明,影响混凝土徐变的因素很多,主要有下列三个:

(1)徐变与加载应力大小的关系。加载应力越大,混凝土的徐变也越大。一般认为,当混凝土应力低于 $0.5f_c$ 时,徐变与应力为线性关系,这种徐变称为线性徐变。它的早期徐变较大,在半年中已完成了全部徐变的 $70\%\sim80\%$,一年后徐变即趋于稳定,二年以后徐变就基本完成。图 2-14 所表示的就是线性徐变。当应力超过 $0.5f_c$ 时,除了混凝土中的水泥凝胶体发生随时间而增长的粘性流动外,结合面裂缝也逐步扩展,表现为徐变与应力不成线性关系,徐变随时间增长而不断增加,不能趋于稳定,称为非线性徐变。因此,在正常使用阶段,混凝土应避免经常处于高应力状态。

(2)徐变与加载龄期的关系。加载时混凝土的龄期越长,水泥石晶体所占的比重越大,凝胶体的粘性流动就越少,徐变也就越小。

(3)周围环境湿度对徐变的影响。环境湿度越大,混凝土中水泥的水化作用越充分,凝胶体含量就越低,混凝土的徐变也就越小。例如,大体积混凝土(内部湿度接近饱和)的徐变比小构件的徐变要小。

此外,水泥用量、水灰比、水泥品种、养护条件等也对徐变有影响。水泥用量多会增加水泥凝胶体的含量,徐变也就大些。水灰比大,使水泥凝胶体的粘滞度降低,徐变就增大。水泥的活性物质低,导致水泥水化作用不充分,混凝土中凝胶体的数量就会增多,徐变也就越大。

混凝土的徐变会显著影响结构物的应力状态。如果结构受外界约束而无法自由变形,则结构的应力将会随时间的增长而降低。这种长度保持不变,应力随时间而降低的现象称为应力松弛。应力松弛与徐变是一个事物的两种表现方式。

混凝土徐变引起的应力变化,对于某些结构来说是有利的。例如局部的应力集中会因混凝土的徐变而得到缓和;支座沉陷引起的应力以及温度、湿度应力也会因混凝土的徐变而得到松弛;混凝土的徐变还能调整钢筋混凝土结构中钢筋与混凝土的应力分布状况,以钢筋混凝土柱为例,在任何时刻,柱所承受的总荷载等于混凝土承担的力与钢筋承担的力之和,在开始加载时,混凝土与钢筋的应力大体与它们的弹性模量成比例,当荷载长期作用后,混凝土发生徐变,好像变"软"了一样,就导致混凝土应力降低而钢筋应力增大,引起混凝土应力与钢筋应力的重新分布。

混凝土的徐变也有不利的一面。徐变会增大结构构件的变形;在预应力混凝土结构中,徐变还会造成较大的预应力损失,降低预应力效果。

4. 混凝土的弹性模量

在计算超静定结构的内力、温度应力以及构件在使用阶段的挠度变形时,常用到结构材料的弹性模量。对于线弹性材料,应力-应变关系为线性关系,弹性模量为一常量。但对于混凝土来说,由于其弹塑性性质,应力-应变关系为一曲线,因此,就产生了怎样恰当地规定混凝土的这项"弹性"指标的问题。

(1)混凝土的初始弹性模量

如图 2-15 所示,混凝土棱柱体受压时,在应力-应变曲线的原点(图中的 O 点)作一切线,其斜率为混凝土的初始弹性模量,习惯上称为混凝土的弹性模量 E_c。

对弹性模量的测试,通常利用多次重复加载、卸载后的应力-应变关系趋于直线的性质来确定,即对标准棱柱体试件,先加载至 $0.5f_c$,然后卸载至零,再重复加载、卸载 $5\sim10$ 次,此时应力-应变曲线逐渐趋于稳定并接近于一条直线,该直线的斜率即定为混凝土的弹性模量。

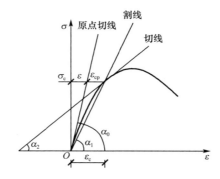

图 2-15　混凝土 σ-ε 曲线与弹性模量的确定方法

　　通过对混凝土弹性模量的大量试验和回归统计分析,我国建立了混凝土弹性模量 E_c 与混凝土强度等级 $f_{cu,k}$ 之间的关系为

$$E_c = \frac{10^5}{2.2 + \dfrac{34.7}{f_{cu,k}}} \tag{2-6}$$

　　我国现行《规范》就是采用上述公式确定混凝土的弹性模量,按上式计算的 E_c 值列于本教材附录附表 8。

　　(2)混凝土的变形模量

　　当混凝土所受应力较大时,混凝土的塑性变形比较显著,初始弹性模量 E_c 已不能反映此时的应力-应变性质,混凝土的模量随应力或应变的增长而变化,此时的模量称为混凝土的变形模量。它可用割线模量或切线模量表示。

　　①混凝土的割线模量。应力 σ_c 较大时,混凝土应力-应变曲线上任意一点(应力为 σ_c)与原点 O 的割线的斜率,称为混凝土的割线模量(图 2-15),常用 $E_c{}'$ 表示,$E_c{}' = \tan\alpha_1 = \sigma_c/\varepsilon_c$。混凝土的割线模量是个变量,它随应力的大小而变化。$E_c{}'$ 与弹性模量 E_c 的关系可用弹性系数 v 来表示:

$$E_c{}' = vE_c \tag{2-7}$$

式中,v 为混凝土受压时的弹性系数,$v \leqslant 1.0$,随着应力增大,v 值逐渐减小。

　　②混凝土的切线模量。混凝土应力-应变关系曲线上任意一点(应力为 σ_c)切线的斜率称为混凝土的切线模量,常用 $E_c{}''$ 表示。即

$$E_c{}'' = \tan\alpha_2 = \frac{\mathrm{d}\sigma}{\mathrm{d}\varepsilon} \tag{2-8}$$

　　混凝土的切线模量 $E_c{}''$ 也是一个变量,随着混凝土应力的增大,$E_c{}''$ 逐渐减小。

5. 混凝土的温度变形和干湿变形

　　混凝土因温度或湿度的变化而引起的体积变化,称为温度变形和干湿变形。

　　温度变形对混凝土结构的受力性能影响较大。外界温度变化或混凝土在凝结硬化过程中产生的水化热都会引起混凝土的温度变形,当这种变形受到约束时,就会在混凝土结构中产生温度应力。大体积混凝土常因水化热产生相当大的温度应力,甚至超过混凝土的抗拉强度,引起混凝土开裂,进而导致渗漏、钢筋锈蚀、结构整体性能下降,使结构承载力和混凝土的耐久性显著降低。

　　混凝土结构的温度应力与温差及混凝土的温度线膨胀系数有关。混凝土的温度线膨胀

系数 α_c 在 $(0.7 \sim 1.1) \times 10^{-5}/℃$。它与骨料性质有关,骨料为石英岩时最大,其次为砂岩、花岗岩、玄武岩以及石灰岩。一般计算时,可取 $\alpha_c = 1.0 \times 10^{-5}/℃$。

混凝土失水干燥时会产生体积收缩,称为混凝土的干缩变形。混凝土在潮湿环境中因体内水分得以补充而导致混凝土体积膨胀,称为混凝土的湿胀变形。混凝土的湿胀变形远小于干缩变形,而且湿胀变形常产生对结构有利的影响,所以在设计中一般不考虑湿胀变形的影响。如果构件的变形不受任何约束,则混凝土的干缩只是使构件缩短而不会引起干缩裂缝。但在实际工程中不少结构构件都不同程度地受到边界的约束作用,例如板受到四边梁的约束;梁受到支座的约束;大体积混凝土的表面混凝土受到内部混凝土的约束等。当混凝土的干缩变形受到约束时,就会在混凝土结构中产生有害的干缩应力,导致干缩裂缝的产生,此时必须加以注意。

外界相对湿度是影响干缩变形的主要因素。此外,水泥强度等级越高,水泥用量越多,水灰比越大,干缩变形也越大。应尽可能增加混凝土密实度,加强养护不使其干燥过快,减小水泥用量及水灰比。混凝土的干缩应变一般在 $(2 \sim 6) \times 10^{-4}$。

为减小温度变形及干缩变形的不利影响,应从结构形式、施工工艺及施工程序等方面加以研究。例如选择合适的骨料颗粒级配,降低水灰比以减小干缩变形;浇筑混凝土时在混凝土中添加冰块或布置循环水管道以减小温度变形;加强混凝土的振捣和养护以减小混凝土的干缩变形;间隔一定距离设置伸缩缝以降低温度变形和干缩变形对结构的不利影响。

在大体积混凝土结构中,通过配置钢筋来防止温度裂缝或干缩裂缝的“出现”是不可能的。但在素混凝土结构中,一旦出现裂缝,裂缝数目虽不多但开展宽度往往较大。适当布置钢筋后,能有效地限制裂缝的开展宽度,减轻危害。所以在水利工程中,对于遭受温度或湿度剧烈变化作用的混凝土结构表面,常配置一定数量的钢筋网以减小裂缝开展宽度。

2.3　钢筋与混凝土的粘结

2.3.1　钢筋与混凝土之间的粘结力

钢筋混凝土结构构件受力后,就会在钢筋与混凝土的接触面上产生相互作用力,这种力称为钢筋与混凝土之间的粘结力。粘结力是保证这两种材料能组成复合材料共同受力的基本前提。一般来说,外力很少直接作用在钢筋上,钢筋所受到的力通常都要通过周围的混凝土来传递,这就要依靠钢筋与混凝土之间的粘结力来实现。钢筋与混凝土之间的粘结力如果遭到破坏,就会使构件变形增大、裂缝急剧开展甚至提前破坏。在重复荷载特别是强烈地震作用下,很多结构的毁坏都是由于粘结破坏及锚固失效引起的。

钢筋与混凝土之间的粘结力可用拉拔试验来测定,即在混凝土试件的中心埋置钢筋(图 2-16),在加荷端拉拔钢筋。沿钢筋长度上的粘结力 τ_b 可由两点之间钢筋拉力的变化除以钢筋与混凝土的接触面积来计算。即

$$\tau_b = \frac{\Delta\sigma_s A_s}{u \times 1} = \frac{d}{4}\Delta\sigma_s \tag{2-9}$$

式中　$\Delta\sigma_s$ ——单位长度上钢筋应力变化值;

A_s——钢筋截面面积；

u——钢筋周长；

d——钢筋直径。

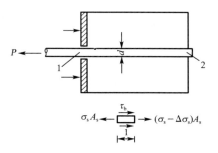

图 2-16　钢筋拉拔试验

1—加荷端；2—自由端

测量钢筋沿长度方向各点的应变，就可得到钢筋应力 σ_s 和粘结应力 τ_b 图，图 2-17 为一拔出试验的实测结果。

从试验结果可以看出，对于光圆钢筋，随着拉拔力的增加，粘结应力 τ_b 图的峰值位置由加荷端向内移动，临近破坏时，移至自由端附近。同时 τ_b 图的长度（有效埋长）也达到了自由端。对于带肋钢筋，τ_b 图的峰值位置始终在加荷端附近，有效埋长增加得也很缓慢，这说明带肋钢筋的粘结强度大得多，钢筋中的应力能够很快地向四周混凝土传递。

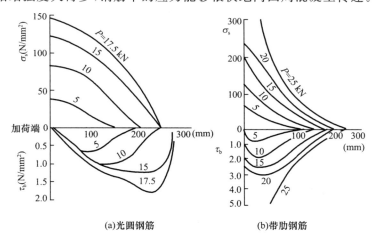

图 2-17　钢筋应力及粘结应力图

试验表明，钢筋与混凝土之间的粘结力由三部分组成：①水泥凝胶体与钢筋表面之间的化学胶结力；②混凝土凝结硬化时体积收缩，将钢筋紧紧握裹而产生的摩擦力；③钢筋表面凹凸不平与混凝土之间产生的机械咬合力。

光圆钢筋的粘结力主要由胶结力和摩擦力组成；对于带肋钢筋，虽然也存在胶结力和摩擦力，但带肋钢筋的粘结力更主要的是由于钢筋肋间嵌入混凝土阻止钢筋的滑移而产生的机械咬合作用（图 2-18）。

影响钢筋与混凝土粘结强度的因素除了钢筋的表面形状外，还有混凝土的抗拉强度、浇筑混凝土时钢筋的位置、钢筋周围混凝土的厚度等：

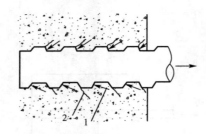

图 2-18　钢筋凸肋对混凝土的挤压力
1—钢筋凸肋上的挤压力；2—内部裂缝

（1）光圆钢筋和带肋钢筋的粘结强度都随混凝土强度的提高而提高，大体上与混凝土的抗拉强度成正比。

（2）浇筑混凝土时钢筋的位置不同，其周围混凝土的密实性不一样，也会影响到粘结强度的大小。如浇筑层厚度较大时，混凝土振捣过程中会出现沉淀收缩和离析泌水现象，使混凝土与水平放置的顶层钢筋之间产生强度较低的疏松空隙层，从而削弱钢筋与混凝土之间的粘结。

（3）试验表明，当钢筋的埋长（锚固长度）不足时，有可能发生拔出破坏。带肋钢筋的粘结强度比光圆钢筋大得多，只要带肋钢筋埋在大体积混凝土中，而且有一定的埋长，就不至于发生拔出破坏。但带肋钢筋受力时，在钢筋凸肋的角端上，混凝土会发生内部劈裂裂缝（图 2-18），如果钢筋周围的混凝土层过薄或同一排钢筋净距较小，可能会使外围混凝土产生劈裂而使粘结强度降低，甚至会由于混凝土劈裂裂缝的相互贯通和延伸而导致保护层剥落，如图 2-19 所示。因而，钢筋之间的净间距与混凝土保护层厚度都不能太小。

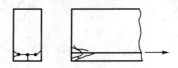

图 2-19　混凝土的撕裂裂缝

2.3.2　钢筋的锚固与连接

钢筋的锚固和连接是钢筋混凝土结构设计的重要内容之一，其力学机理是钢筋在混凝土中的粘结问题。

钢筋的锚固是指通过混凝土中钢筋埋置段或采取机械措施将钢筋所受的力传递给混凝土，使钢筋锚固于混凝土中而不会拔出。锚固包括直钢筋的锚固、带弯钩或弯折钢筋的锚固，以及采用机械措施的锚固等。钢筋的连接则是指通过混凝土中两根钢筋的连接接头，将一根钢筋所受的力通过混凝土传递给另一根钢筋，包括绑扎搭接、机械连接和焊接。

钢筋在混凝土中受拉锚固原理示意图如图 2-20 所示。取钢筋为隔离体，对直径为 d 的钢筋，当其应力达到抗拉强度设计值 f_y 时，刚好能够将钢筋拔出，则此时的锚固长度即钢筋的最小锚固长度，该拔出拉力为 $f_y \pi d^2/4$。设锚固长度 l_{ab} 范围内粘结应力的平均值为 τ，则由混凝土对钢筋提供的总粘结力为 $\tau \pi d l_{ab}$。又如前所述，钢筋的粘结强度与混凝土的抗拉强度 f_t 成正比，于是设 $\tau = f_t/(4\alpha)$，则由力的平衡条件可得

$$l_{ab} = \alpha \frac{f_y}{f_t} d \qquad (2\text{-}10)$$

式中　α——锚固钢筋的外形系数,按表 2-2 取值;

　　　　f_y——钢筋的抗拉强度设计值;

　　　　f_t——混凝土的抗拉强度设计值。

《规范》将 l_{ab} 定义为受拉钢筋的基本锚固长度。

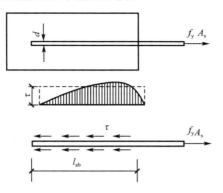

图 2-20　钢筋的受拉锚固长度计算简图

表 2-2 锚固钢筋的外形系数

钢筋类型	光圆钢筋	带肋钢筋	螺旋肋钢丝	三股钢绞线	七股钢绞线
外形系数 α	0.16	0.14	0.13	0.16	0.17

注:光圆钢筋末端应做 180°弯钩,弯后平直段长度不应小于 3d,但用作受压钢筋可不做弯钩。

实际结构中的受拉钢筋锚固长度还应根据锚固条件的不同按下列公式计算,且不应小于 200 mm:

$$l_a = \zeta_a l_{ab} \tag{2-11}$$

式中　l_a——受拉钢筋的锚固长度;ζ_a——锚固长度修正系数,取值条件为:

(1)当带肋钢筋的公称直径大于 25 mm 时取 1.10;

(2)环氧树脂涂层带肋钢筋取 1.25;

(3)施工过程中易受扰动的钢筋取 1.10;

(4)当纵向受力钢筋的实际配筋面积大于其设计计算面积时,修正系数取设计计算面积与实际配筋面积的比值,但对有抗震设防要求及直接承受动力荷载的结构构件,不应考虑此项修正;

(5)锚固区保护层厚度为 3d 时修正系数可取 0.80,保护层厚度为 5d 时修正系数可取 0.70,中间按内插取值,此处 d 为纵向受力带肋钢筋的直径。

当以上 5 项条件多于一项时,可按连乘计算,但不应小于 0.6。

当锚固钢筋保护层厚度不大于 5d 时,锚固长度范围内应配置直径小于 d/4 的横向构造钢筋。

当纵向受拉普通钢筋末端采用钢筋弯钩或机械锚固措施时,包括弯钩或锚固端头在内的锚固长度(投影长度)可取为基本锚固长度 l_{ab} 的 0.6 倍。钢筋弯钩和机械锚固的形式和技术要求如图 2-21 所示。

混凝土结构中的纵向受压钢筋,当计算中充分利用钢筋的抗压强度时,受压钢筋的锚固长度应不小于相应受拉锚固长度的 70%。

受压钢筋不应采用末端弯钩和一侧贴焊锚筋的锚固措施。

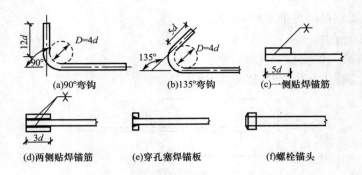

图 2-21　钢筋弯钩和机械锚固的形式和技术要求

受压钢筋锚固长度范围内的横向构造钢筋与受拉钢筋的相同。

梁、板中纵向受力钢筋在支座处的锚固将在第 5 章中讲述。

本章小结

（1）混凝土结构中所采用的钢筋有热轧钢筋、余热处理钢筋、钢丝、钢绞线及螺纹钢筋等。钢筋混凝土结构用的钢筋主要为热轧钢筋，具有明显的流幅（屈服点），俗称软钢；预应力混凝土构件主要采用钢绞线、预应力钢丝和预应力螺纹钢筋，这类钢筋没有明显的流幅，又称硬钢。钢筋有两个强度指标：屈服强度（对软钢）或条件屈服强度（对硬钢）；极限强度。结构设计时，一般采用屈服强度或条件屈服强度作为设计计算的依据。钢筋还有两个塑性指标：延伸率或最大力下的总伸长率以及冷弯性能。

（2）混凝土的强度指标有立方体抗压强度、轴心抗压强度和抗拉强度。立方体抗压强度是用来划分强度等级的，即采用标准立方体试件（150 mm×150 mm×150 mm）、在标准条件下养护 28 天、用标准试验方法测得具有 95％保证率的抗压强度定义为混凝土的强度等级。棱柱体抗压强度又称轴心抗压强度，是混凝土结构设计计算中所采用的抗压强度指标。

抗拉强度是混凝土的基本力学指标之一。

（3）混凝土的变形分为由外荷载作用产生的受力变形和由混凝土的收缩以及由环境温度和湿度变化而引起的体积变形。由荷载产生的变形又可分为一次短期加载、长期加载和多次重复荷载作用下产生的变形。

混凝土应力-应变曲线的形状和特征是混凝土内部结构发生变化的力学标志。一次短期加载下混凝土的受压应力-应变曲线一般要经历弹性阶段、稳定裂缝扩展阶段、不稳定裂缝扩展及破坏阶段等过程。不同强度混凝土的应力-应变曲线有着相似的形状，但随着混凝土强度的提高，尽管上升段和峰值应变的变化不很显著，但是下降段的形状有较大的差异，混凝土强度越高，下降段的坡度越陡。

混凝土在荷载长期持续作用下，应力不变，其变形随时间而增长的现象，称为混凝土的徐变。影响徐变的主要因素有：加载时的应力大小；加载龄期；周围环境湿度。混凝土的徐变既有有利的一面，也有不利的一面。

（4）钢筋与混凝土之间的粘结是两种材料共同工作的基础。粘结强度一般由胶结力、摩擦力和咬合力组成。

钢筋的锚固是指通过混凝土中钢筋埋置段或采取机械措施将钢筋所受的力传递给混凝土,使钢筋锚固于混凝土中而不会拔出。锚固包括直钢筋的锚固、带弯钩或弯折钢筋的锚固,以及采用机械措施的锚固等。

思 考 题

2.1 混凝土结构常用的钢筋可分成几类?各自的应力-应变曲线有什么特征?

2.2 钢筋的强度和塑性指标各有哪些?

2.3 混凝土的强度指标有哪些?混凝土强度等级是如何定义的?

2.4 对同一强度等级的混凝土,立方体抗压强度和轴心抗压(棱柱体抗压)强度的大小关系如何?为什么?

2.5 试描述棱柱体试件在一次短期受压加载过程中的应力-应变曲线的特点。混凝土试件的峰值压应变 ε_0 和极限压应变 ε_{cu} 各指什么?结构计算中如何取值?

2.5 什么是混凝土的徐变?徐变变形的特点是什么?影响徐变的主要因素有哪些?

2.6 什么是混凝土的弹性模量和变形模量?二者有何区别?

2.7 钢筋与混凝土之间的粘结力主要由哪些部分组成?光圆钢筋和带肋钢筋的粘结力组成上有哪些不同?

2.8 什么是钢筋的锚固?影响钢筋锚固长度的因素有哪些?钢筋的锚固长度是如何确定的?

第3章 结构设计方法

学习目标

了解以概率论为基础的极限状态设计方法的基本原理。掌握结构上的作用的定义和分类、荷载代表值(标准值、频遇值、准永久值)、荷载效应。掌握结构抗力的概念、抗力函数、材料强度标准值。了解结构的功能和可靠性。掌握极限状态和极限状态方程的基本概念。了解结构设计中的不确定性、失效概率和可靠指标,结构的可靠度、目标可靠指标的概念。掌握两种极限状态实用设计表达式,荷载分项系数、荷载效应组合、材料强度分项系数、材料强度设计值。

微课

结构的功能要求
及极限状态的定
义和分类

3.1 结构的功能与可靠性

任何结构及其构件,都要根据其功能要求进行设计,比如,要将钢筋混凝土板设计成具有一定的抗弯曲破坏的承载能力,使其能够承受上部荷载,这种能力即结构的设计功能之一。当上部荷载超过其承载能力后,板将无法达到安全承重的功能。

我国《工程结构可靠性设计统一标准》(GB 50153—2008)(以下简称为《统一标准》)明确规定了结构在规定的设计使用年限内应满足下列功能要求:

(1)在正常施工和正常使用时,能承受可能出现的各种作用(包括荷载及外加变形或约束变形)。

(2)在正常使用时保持良好的使用性能,如不发生过大的变形或过宽的裂缝等。

(3)在正常维护下具有足够的耐久性能,如结构材料的风化、腐蚀和老化不超过一定限度等。

(4)当发生火灾时,在规定的时间内可保持足够的承载力。

(5)当发生爆炸、撞击、人为等偶然事件时,结构能保持必需的整体稳固性。对重要的结构,应采取必要的措施,防止出现结构的连续倒塌;对一般结构,宜采取适当的措施,防止出现结构的连续倒塌。

在上述五方面要求中,第(1)、第(4)、第(5)项,属于结构的安全性要求;第(2)项属于对结构的适用性要求;第(3)项则为对结构的耐久性要求。

安全性、适用性和耐久性统称为结构的可靠性,而结构可靠度则是指结构在规定的时间(设计使用年限)内,在规定的条件(正常设计、正常施工和正常使用)下,能够实现其预定的安全性、适用性和耐久性三方面设计功能的概率。结构可靠性属于概念层面,而结构可靠度则是以概率论为基础的结构可靠性的度量。

这里,设计使用年限是指结构在上述规定的条件下所应达到的使用年限,设计使用年限并不等同于结构的实际寿命或耐久年限。当结构的实际使用年限超过设计使用年限后,结构仍可继续使用或经维修后可继续使用,但是结构的可靠度降低了。

根据我国的国情,《统一标准》规定了各类建筑结构的设计使用年限,设计时可按表 3-1的规定采用;若业主提出更高的要求,经主管部门批准,也可按业主的要求采用。

表 3-1　　　　　　　房屋建筑结构的设计使用年限及可变荷载调整系数 γ_L

类别	设计使用年限/年	示例	γ_L
1	5	临时性建筑结构	0.9
2	25	易于替换的结构构件	—
3	50	普通房屋和构筑物	1.0
4	100	标志性建筑和特别重要的建筑结构	1.1

3.2　结构的极限状态

当整个结构或结构的一部分超过某一特定状态后,就不能满足设计规定的某一功能要求,称此特定状态为该设计功能的极限状态。根据结构的安全性、适用性和耐久性的不同使用功能要求,极限状态包括承载能力极限状态、正常使用极限状态和耐久性极限状态三种类型。

1. 承载能力极限状态

该极限状态对应于结构或结构构件达到最大承载能力、出现疲劳破坏、发生不适于继续承载的变形或因结构局部破坏而引发的连续倒塌。具体来说,当结构或构件出现下列情况之一时,就认为超过了承载能力极限状态:

(1)结构构件或连接因超过材料强度而破坏,或因过度变形而不适合继续承载;

(2)整个结构或结构的某一部分作为刚体失去平衡(如倾覆、滑移、漂浮等);

(3)由于某些截面或构件破坏而使结构转变为机动体系(如超静定结构出现过多的塑性铰);

(4)结构或构件丧失稳定,如受压杆件发生屈曲;

(5)结构因局部破坏而发生连续倒塌;

(6)地基丧失承载力而破坏;

(7)结构或构件因受动力荷载作用而发生疲劳破坏。

承载能力极限状态为结构或结构构件达到允许的最大承载功能状态,承载能力极限状态的出现概率很低,任何承载的结构或结构构件都需按承载能力极限状态进行设计。

2. 正常使用极限状态

该极限状态对应于结构或结构构件达到正常使用的某项规定限值。当结构或构件出现下列状态之一时,应认为超过了正常使用极限状态:

(1)影响正常使用或外观的变形,如吊车梁变形过大使吊车不能平稳行驶;

（2）影响正常使用的局部损坏；

（3）影响正常使用的振动（如不舒适、影响精密仪器工作等）；

（4）影响正常使用的其他特定状态，如相对沉降量过大等。

3. 耐久性极限状态

该极限状态对应于结构或结构构件达到影响结构初始耐久性能的状态。当结构或结构构件出现下列状态之一时，应认为超过了耐久性极限状态：

（1）影响承载能力和正常使用的材料性能劣化，如混凝土碳化或氯盐侵蚀深度达到钢筋表面导致钢筋开始脱钝；

（2）影响耐久性能的裂缝、变形、缺口、外观、材料削弱等，如严寒地区的混凝土受到冻融循环破坏而出现表面疏松、剥落等。

（3）影响耐久性的其他特定状态。

正常使用和耐久性极限状态主要考虑有关结构的适用性和耐久性的功能，出现概率允许相对高一些。但是，过大的变形、过宽的裂缝，不仅影响结构的正常使用和耐久性，也会造成不安全感。因此，通常在对结构构件按承载能力极限状态进行承载能力设计的基础上，再按正常使用极限状态和耐久性极限状态进行验算和设计。根据其使用要求，验算基于承载能力设计的结果是否满足结构或构件对变形、裂缝宽度或抗裂等的要求，保证其能够满足正常使用的有关适用性和耐久性要求。

3.3　结构上的作用、作用效应与荷载代表值

3.3.1　结构上的作用

结构上的作用是指直接施加在结构上的集中力或分布力，或者导致结构变形的各种因素。前者称为直接作用，习惯上称为荷载；后者以变形的形式间接地作用在结构上，称为间接作用，如地震、基础差异沉降、温度变化、湿度变化、混凝土收缩等。

按照作用时间的长短分类，结构上的作用可分为以下三类：

（1）永久作用：在结构使用期间，作用值不随时间变化或变化与平均值相比可以忽略不计或变化是单调的并能趋于限值，如结构的自重、土压力、预应力、构筑物内盛水压力等，这种作用一般称为永久荷载或恒荷载，属于直接作用。

建筑结构中的屋面、楼面、梁柱等构件自重及找平层、保温层、防水层等自重都是永久荷载，其值不随时间变化或变化很小。由于构件尺寸在施工制作中的允许误差及材料组成或施工工艺对材料容重的影响，构件的实际自重是在一定范围内波动的。我国对建筑结构的各种荷载、民用房屋（包括办公楼、住宅、商店等）楼面活荷载、风荷载和雪荷载进行了大量的调查和实测工作。根据实测结果的统计分析，认为永久荷载这一随机变量符合正态分布。

（2）可变作用：在结构使用期间，其作用值随时间变化，且变化量与平均值相比不可忽略，如楼面活荷载、屋面活荷载、吊车荷载、风荷载、雪荷载，以及桥面或路面上的行车荷载、地表水和地下水的压力、结构的温湿度变化等。其中，属于直接作用的可变作用，通常称为活荷载或可变荷载。

民用房屋楼面活荷载一般分为持久性活荷载和临时性活荷载两种。在设计基准期内，持久性活荷载是经常出现的，如家具等产生的荷载，其数量和分布随着房屋的用途、家具的布置方式而变化，并且是时间的函数；诸如人员临时聚会的荷载等临时性活荷载是短暂出现的，也是时间的函数。同样，风荷载和雪荷载也均是时间的函数。因此，可变荷载随时间的变异可用随机过程来描述。对可变荷载随机过程的样本函数经处理后，可得到可变荷载及其最大值的概率分布。根据实测资料的统计分析，民用房屋楼面活荷载、风荷载和雪荷载的概率分布均可认为是服从极值Ⅰ型分布。

（3）偶然作用：在结构使用期间通常不出现，但是出现时的量值很大且持续时间很短，如地震力、爆炸力、冲击力、撞击力等引起的作用，这种作用多为间接作用，当为直接作用时，通常称为偶然荷载。

3.3.2 作用效应

不论是直接作用还是间接作用，都将使结构产生如内力和变形等的结果，比如荷载作用引起的杆件轴力、剪力、弯矩、扭矩，以及跨中挠度、截面转角和裂缝等，这些结果称为作用效应。当为直接作用（荷载）时，其作用的结果也称为荷载效应，通常用 S 表示。

荷载是一个统计量，为随机变量（或随机过程），因此荷载效应也为随机变量（或随机过程）。

3.3.3 荷载代表值

《建筑结构荷载规范》规定，对不同荷载应采用不同的荷载代表值，对永久荷载应采用荷载标准值作为代表值，对可变荷载应根据设计要求采用标准值、组合值、频遇值或准永久值作为代表值。对偶然荷载，应按建筑结构使用特点确定其代表值。

1. 荷载标准值

荷载标准值是建筑结构按极限状态设计时采用的荷载基本代表值，它是根据设计基准期内最大荷载的概率分布，运用数理统计方法确定的具有一定保证率（如 95%）的统计特征值，如图 3-1 所示。

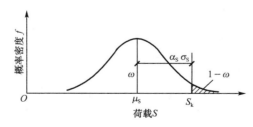

图 3-1 荷载 S 的概率分布曲线

其表达式为

$$S_k = \mu_S + \alpha_S \sigma_S = \mu_S(1 + \alpha_S \delta_S) \tag{3-1}$$

式中　S_k——某一荷载 S 的标准值；

　　　μ_S——该荷载在设计基准期内最大值的统计平均值；

　　　α_S——荷载标准值的保证率系数；

　　　σ_S——该荷载在设计基准期内最大值的统计标准差；

　　　δ_S——荷载的变异系数，$\delta_S = \dfrac{\sigma_S}{\mu_S}$。

荷载标准值理论上应为结构在使用期间,在正常情况下,可能出现的具有一定保证率的偏大荷载值。例如,当荷载最大值服从正态分布时,对应保证率为 95% 的保证率系数为 1.645。荷载具有 95% 的保证率,是指在设计基准期内超过此标准的荷载出现的概率为 5%。

目前,并非所有的荷载都能取得充分的统计资料,有些荷载尚不具备充分的统计参数。为此,需要从实际出发,根据已有的工程经验,协议一个公称值作为代表值。

(1)永久荷载标准值(G_k)

对于结构或非承重构件的自重等永久荷载,由于变异性不大,而且多为正态分布,一般以其分布的平均值作为荷载标准值。

结构自重标准值一般按照结构设计尺寸和材料容重(或单位面积的自重)平均值确定。当材料的自重变异性较大时,尤其是屋面轻质材料,在设计中应根据荷载对结构不利或有利,分别取其自重的上限值或下限值。

(2)可变荷载标准值(Q_k)

《建筑结构荷载规范》规定,办公楼、住宅楼面均布活荷载标准值均为 $2.0~\mathrm{kN/m^2}$。

风荷载标准值是由建筑物所在地的基本风压乘以风压高度变化系数、风载体型系数和风振系数确定的。基本风压是以当地比较空旷平坦地面上离地 10 m 高处统计所得的 50 年一遇 10 min 平均最大风速 v_0(m/s)为标准,按 $v_0^2/1~600$ 确定的。雪荷载标准值是由建筑物所在地区的基本雪压乘以屋面积雪分布系数确定的,而基本雪压则是以当地空旷平坦地面上统计所得的 50 年一遇的最大雪压确定的。

在结构设计中,各类可变荷载标准值及各种材料重度(或单位面积的自重)可由《建筑结构荷载规范》查取。

2. 荷载组合值

当有两种或两种以上的可变荷载作用时,由于所有可变荷载同时达到其单独出现时可能达到的最大值的概率极小,因此,除主导的可变荷载(产生效应最大的可变荷载)仍采用其标准值外,其余伴随的可变荷载均采用某一小于其标准值的值为荷载的代表值,这一代表值就是组合值,它是用标准值乘以不大于 1 的荷载组合系数 ψ_c 来表达,即 $\psi_c Q_k$。

3. 荷载准永久值

荷载的准永久值是指可变荷载在设计基准期内具有较长的总持续时间的代表值。结构设计时,准永久值主要用于考虑荷载长期效应的影响。国际标准 ISO 2394 规定,准永久值根据在设计基准期内荷载达到和超过该值的总持续时间与设计基准期的比值为 0.5 确定,因此准永久值对应的荷载概率分布的分位值为 0.5。

荷载准永久值采用荷载标准值乘以荷载准永久值系数来表达,即 $\psi_q Q_k$,ψ_q 为准永久值系数。对于住宅、办公楼等楼面活荷载,ψ_q 取 0.4;教室、会议室、阅览室、商店等,ψ_q 取 0.5;书库、档案室,ψ_q 取 0.8;风荷载,ψ_q 取 0;其他可变荷载准永久值系数可查阅《建筑结构荷载规范》。

4. 荷载频遇值

荷载频遇值是指可变荷载在设计基准期内被超越的总时间为规定的较小比率或超越频率为规定频率的荷载值。国际标准 ISO 2394 规定,频遇值取设计基准期内荷载达到和超过该值的总持续时间小于设计基准期 10% 的荷载代表值。

荷载频遇值采用荷载标准值乘以荷载频遇值系数来表达,即 $\psi_f Q_k$,ψ_f 为荷载频遇值系数,频遇值系数的具体取值可查阅《建筑结构荷载规范》。频遇值主要用于正常使用极限状态的频遇组合计算。

3.4 材料强度标准值与结构抗力

3.4.1 材料强度标准值

材料强度的变异性主要是指材质及工艺、加载、尺寸等因素引起的材料强度的不确定性。例如,按同一标准条件生产的钢材或混凝土,各批次之间的强度试验值是有变化的。材料强度标准值是极限状态设计中采用的材料性能的代表值,极限状态表达式中的材料性能标准值包括材料强度、变形模量等物理力学性能的标准值。统计资料表明,材料强度的概率分布基本符合正态分布。材料强度标准值可取其概率分布的某一分位值确定,如图 3-2 所示。

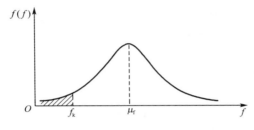

图 3-2 材料强度标准值的含义

材料强度标准值计算公式为

$$f_k = \mu_f - \alpha\sigma_f = \mu_f(1-\alpha\delta_f) \tag{3-2}$$

式中 f_k——材料强度标准值;

　　μ_f——材料强度的统计平均值;

　　α——材料强度的保证率系数;

　　σ_f——材料强度的统计标准差;

　　δ_f——材料强度的变异系数,$\delta_f = \dfrac{\sigma_f}{\mu_f}$。

材料强度标准值理论上应为实际结构材料内可能出现的具有一定保证率的偏小材料强度值。《统一标准》规定,钢筋强度标准值应具有不小于 95% 的保证率,混凝土强度标准值应具有 95% 的保证率。例如,当混凝土立方体抗压强度值 f_{cu} 服从正态分布时,对应材料强度标准值 $f_{cu,k}$ 具有保证率 95% 的分位值为 0.05,对应的保证率系数 α 为 1.645。材料强度具有 95% 的保证率是指在材料强度统计值低于该值的概率为 5%。

3.4.2 结构抗力

结构抗力 R 是指整个结构或者结构构件抵抗作用效应(内力和变形)本身所具有的能力,与荷载无关,如构件的承载力、刚度等。一旦混凝土结构构件的截面尺寸、混凝土强度等级以及钢筋的种类、配筋等确定后,构件截面的抗力就确定了。因此,影响抗力的主要因素有材料性能(强度、变形模量等)、几何参数(构件尺寸等)等。这些因素都是随机变量,因此由这些因素综合而成的结构抗力也是一个随机变量。结构或构件的抗力可以表达为材料强度参数、几何参数的一般形式,称为抗力函数。

3.5　结构的极限状态设计方法

3.5.1　结构的功能函数与极限状态方程

1. 结构的功能函数

前面已经介绍了作用效应与结构抗力的概念,现在可以用作用效应与结构抗力的关系式来描述结构安全性、适用性和耐久性等功能的状态,表达式为

$$Z = g(S, R) = R - S \tag{3-3}$$

称函数 $Z = g(S, R)$ 为结构的功能函数。通过功能函数 Z 可以判断结构所处的状态:

当 $Z > 0$ 时,结构处于可靠状态;

当 $Z < 0$ 时,结构处于失效状态;

当 $Z = 0$ 时,结构处于极限状态。

2. 结构的极限状态方程

在结构的三种状态中,称

$$Z = R - S = 0 \tag{3-4}$$

为结构的极限状态方程。结构设计中,不仅考虑结构对荷载效应的安全承载功能要求,有时还要考虑结构对变形、裂缝等适用性和耐久性的功能要求。因此,结构功能函数是一个包括了抵抗荷载效应、变形和裂缝等能力在内的广义概念。这样,结构的功能函数可以改写为下面的一般形式:

$$Z = g(X_1, X_2, \cdots, X_n) \tag{3-5}$$

当满足

$$Z = g(X_1, X_2, \cdots, X_n) = 0 \tag{3-6}$$

可以认为结构已达到极限状态,$X_i (i = 1, 2, \cdots, n)$ 是结构设计的基本变量,系指结构上的各种作用和材料性能、几何参数等。显然,当 $Z > 0$ 时,结构可靠;当 $Z < 0$ 时,结构失效;当 $Z = 0$ 时,表示结构处于极限状态。

3.5.2　结构失效概率与可靠度

1. 结构失效概率

为了度量结构的可靠性,我们将结构实现预定功能的概率,即满足 $Z \geqslant 0$ 的概率称为结构的可靠概率 p_s;而结构不能实现预定功能的概率,即 $Z < 0$ 的概率称为失效概率 p_f,如图 3-3 所示。

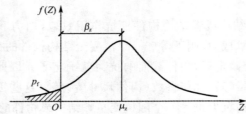

图 3-3　功能函数 Z 的概率密度曲线、失效概率与可靠度指标

当结构功能函数中仅有两个独立的随机变量 R 和 S，且它们都服从正态分布时，则功能函数 $Z=R-S$ 也服从正态分布，其平均值 $\mu_Z = \mu_R - \mu_S$，标准差 $\sigma_Z = \sqrt{\sigma_R^2 + \sigma_S^2}$，结构的失效概率 p_f 可表达为

$$p_f = 1 - p_s = P(Z<0) = \int_{-\infty}^{0} f(Z)\mathrm{d}Z = \int_{-\infty}^{0} \frac{1}{\sigma_z \sqrt{2\pi}} \exp\left[-\frac{1}{2}\left(\frac{Z-\mu_Z}{\sigma_Z}\right)^2\right]\mathrm{d}Z$$

(3-7)

按照式(3-7)度量结构的失效概率和可靠概率具有明确的物理意义，但是计算十分复杂。目前，国际上和我国标准中均采用可靠指标 β 来度量结构的可靠性。

2. 结构可靠度

如图 3-3 所示，有

$$\beta = \frac{\mu_Z}{\sigma_Z} = \frac{\mu_R - \mu_S}{\sqrt{\sigma_R^2 + \sigma_S^2}}$$

(3-8)

根据概率理论计算，β 与 p_f 在数值上具有一一对应关系，β 大则失效概率小、β 小则失效概率大，因此，β 和失效概率 p_f 一样可以作为结构可靠度的度量，称为可靠指标。表 3-2 给出了部分可靠指标 β 和失效概率 p_f 的对应结果。

表 3-2   可靠指标 β 与失效概率 p_f 的对应关系

β	p_f	β	p_f	β	p_f
1.0	1.59×10^{-1}	2.7	3.47×10^{-3}	3.7	1.08×10^{-5}
1.5	6.68×10^{-2}	3.0	1.35×10^{-3}	4.0	3.17×10^{-5}
2.0	2.28×10^{-2}	3.2	6.87×10^{-4}	4.2	1.33×10^{-6}
2.5	6.21×10^{-3}	3.5	2.33×10^{-4}	4.5	3.40×10^{-6}

3. 目标可靠指标 [β]

规范所规定的、作为设计结构或结构构件时所应达到的可靠指标，称为目标可靠指标，用 [β] 表示，它是根据设计所要求达到的结构可靠度而取定的。

对于一般建筑结构构件，根据目标可靠指标 [β]，按概率极限状态设计法进行设计，显然过于繁复。目前除对少数十分重要的结构直接按上述方法设计外，一般结构采用基本变量的标准值(如荷载标准值、材料强度标准值等)和分项系数(如荷载分项系数、材料强度分项系数等)，比照可靠指标，进行结构构件的极限状态设计，将极限状态方程转化为以基本变量标准值和分项系数形式表达的极限状态设计表达式。设计表达式中的荷载分项系数、荷载组合值系数和材料强度分项系数是根据结构构件基本变量的统计特性，以结构可靠度的概率分析为基础经优选确定的，它们起着相当于目标可靠指标 [β] 的作用。

4. 荷载分项系数、可变荷载的组合值系数

(1)荷载分项系数 γ_G、γ_Q

荷载标准值是结构在使用期间、在正常情况下可能遇到的具有一定保证率的偏大荷载值。统计资料表明，各类荷载标准值的保证率并不相同，如按荷载标准值设计，将使某些结构的实际可靠度达不到目标可靠度的要求，所以引入荷载分项系数予以调整。

荷载分项系数值的确定原则：在各项荷载标准值已给定的条件下，对各类结构构件在各种常遇的荷载效应值和荷载效应组合下，用不同的分项系数值，按极限状态设计各种构件并计算其所具有的可靠指标，然后从中选取一组分项系数，使按此设计所得的各种结构构件所

具有的可靠指标,与规定的目标可靠指标之间在总体上差异最小。

根据分析结果,《建筑结构荷载规范》规定荷载分项系数应按下列规定采用:

①永久荷载分项系数 γ_G。当永久荷载效应对结构不利(使结构内力增大)时,取 1.3;当永久荷载效应对结构有利时,不应大于 1.0。

②可变荷载分项系数 γ_Q。一般情况下应取 1.5;对工业建筑楼面结构,当活荷载标准值大于 4 kN/m² 时,从经济效果考虑,应取 1.3。

(2)荷载设计值

荷载分项系数与荷载标准值的乘积,称为荷载设计值。如永久荷载设计值为 $\gamma_G G_k$,可变荷载设计值为 $\gamma_Q Q_k$。

(3)荷载组合值系数 ψ_c 与可变荷载组合值 $\psi_c Q_k$

当结构上作用几个可变荷载时,各可变荷载最大值在同一时刻出现的概率很小,若设计中仍采用各荷载效应设计值叠加,这是不合理的,因而必须对可变荷载设计值再乘以荷载组合值系数 ψ_c 进行调整。$\psi_c Q_k$ 称为可变荷载组合值。

ψ_c 的确定原则:在荷载标准值和荷载分项系数已给定的情况下,对于有两种或两种以上的可变荷载参与组合的情况,引入 ψ_c 对荷载标准值进行折减,使按极限状态设计所得的各类结构所具有的可靠指标,与仅有一种可变荷载参与组合时的可靠指标有最佳的一致性。

根据分析结果,《建筑结构荷载规范》给出了各类可变荷载的组合值系数,除风荷载取 $\psi_c = 0.6$ 外,大部分可变荷载取 $\psi_c = 0.7$,个别可变荷载取 $\psi_c = 0.9 \sim 0.95$(例如,对于书库、贮藏室的楼面活荷载,$\psi_c = 0.9$)。

5. 材料强度分项系数与材料强度设计值

为了充分考虑材料的离散性和施工中不可避免的偏差带来的不利影响,将材料强度标准值除以一个大于 1 的系数,作为设计时采用的材料强度值,称为材料强度设计值,相应的系数称为材料强度分项系数,即

$$f_c = f_{ck}/\gamma_c, f_s = f_{sk}/\gamma_s \tag{3-9}$$

混凝土材料强度分项系数 $\gamma_c = 1.4$;HPB300、HRB335、HRBF335、HRB400、HRBF400 级钢筋的材料强度分项系数 $\gamma_s = 1.1$,HRB500、HRBF500 级钢筋的材料强度分项系数 $\gamma_s = 1.15$;预应力筋(包括钢绞线、中强度预应力钢丝、消除应力钢丝和预应力螺纹钢筋)的材料强度分项系数 $\gamma_s = 1.2$。

建筑工程中混凝土及钢筋的强度设计值分别见附录附表 7 和附表 3。

3.5.3 结构设计的三种状况

根据《建筑结构可靠度设计统一标准》的规定,建筑结构设计时,应根据结构在施工和使用中的环境条件和影响,区分下列三种设计状况:

1. 持久设计状况

在结构使用过程中一定出现,持续期很长的状况,适用于结构使用时的正常情况。持续期一般与设计使用年限为同一数量级。

2. 短暂设计状况

在结构施工和使用过程中出现概率较大,而与设计使用年限相比,持续期很短的状况,适用于结构出现的临时情况,如结构施工和维修时的情况等。

3. 偶然设计状况

在结构使用过程中出现概率很小,且持续期很短的状况,适用于结构出现的异常情况,

如火灾、爆炸、撞击等。

4.地震设计状况

发生地震时结构遭遇的状况,应进行结构的抗震设计,并满足抗震构造要求。

对于不同的设计状况,可采用相应的结构体系、可靠度水准、基本变量和作用组合等。建筑结构的四种设计状况应分别进行下列极限状态设计:

(1)对四种设计状况,均应进行承载能力极限状态设计;

(2)对持久状况,尚应进行正常使用极限状态的验算并宜进行耐久性极限状态设计;

(3)对短暂状况和地震状况,可根据需要进行正常使用极限状态的验算;

(4)对偶然状况可不进行正常使用极限状态和耐久性极限状态设计。

3.5.4　承载能力极限状态设计表达式

1.基本表达式

混凝土结构构件截面设计表达式可用内力或应力表达,结构构件的承载能力极限状态设计表达式为

$$\gamma_0 S \leqslant R \tag{3-10}$$
$$R = R(f_c, f_s, a_k, \cdots)/\gamma_{Rd} \tag{3-11}$$

式中　γ_0——结构重要性系数。结构设计时,应根据房屋的重要性采用不同的可靠度水准,《建筑结构可靠度设计统一标准》用结构的安全等级来表示房屋的重要性程度,见表 3-3。其中,大量的一般房屋列入中间等级,重要的房屋提高一级,次要的房屋降低一级。重要房屋与次要房屋的划分,应根据结构破坏可能产生后果的严重程度确定。在持久设计状况和短暂设计状况下的结构重要性系数 γ_0,对安全等级为一级的结构构件不应小于 1.1;对安全等级为二级的结构构件不应小于 1.0,对安全等级为三级的结构构件不应小于 0.9;对地震设计状况应取 1.0;

　　　S——承载能力极限状态下作用组合的效应设计值;对持久设计状态和短暂设计状态应按作用的基本组合计算,对地震设计状况应按作用的地震组合计算;

　　　R——结构构件抗力设计值,$R(\cdot)$——结构构件的抗力函数;

　　　γ_{Rd}——结构构件的抗力模型不定性系数,静力设计取 1.0,对不确定性较大的结构构件根据具体情况取大于 1.0 的数值;抗震设计时应用承载力抗震调整系数 γ_{RE} 代替 γ_{Rd};

　　　a_k——几何参数的标准值,当几何参数的变异性对结构性能有明显的不利影响时,应增减一个附加值;

　　　f_c——混凝土的抗压强度设计值;

　　　f_s——钢筋的强度设计值。

表 3-3　　　　　　　　　　　　　房屋建筑结构的安全等级

安全等级	破坏后果	示例
一级	很严重:对人的生命、经济、社会或环境影响很大	大型的公共建筑等
二级	严重:对人的生命、经济、社会或环境影响较大	普通的住宅和办公楼等
三级	不严重:对人的生命、经济、社会或环境影响较小	小型的或临时性贮存建筑等

2. 荷载组合效应的设计值 S

结构设计时，应根据所考虑的设计状况，选用不同的组合，对持久和短暂设计状况，应采用基本组合；对偶然设计状况，应采用偶然组合；对于地震设计状况，应采用作用效应的地震组合。

基本组合的效应设计值 S 按下式中最不利值计算：

由可变荷载控制的效应设计值 S

$$S = \sum_{i \geqslant 1} \gamma_{G_i} S_{G_{ik}} + \gamma_p S_p + \gamma_{Q_1} \gamma_{L_1} S_{Q_{1k}} + \sum_{j>1} \gamma_{Q_j} \psi_{c_j} \gamma_{L_j} S_{Q_{jk}} \tag{3-12}$$

式中　$S_{G_{ik}}$——第 i 个永久荷载标准值的效应；

S_p——预应力荷载有关代表值的效应；

$S_{Q_{1k}}$——第 1 个可变荷载（主导可变荷载）标准值的效应；

$S_{Q_{jk}}$——第 j 个可变荷载标准值的效应；

γ_{G_i}——第 i 个永久荷载的分项系数，应按表 3-4 取值；

γ_p——预应力荷载的分项系数，应按表 3-4 取值；

γ_{Q_1}——第 1 个可变荷载（主导可变荷载）的分项系数，应按表 3-4 取值；

γ_{Q_j}——第 j 个可变荷载的分项系数，应按表 3-4 取值；

γ_{L_1}、γ_{L_j}——第 1 个、第 j 个与结构设计使用年限有关的荷载调整系数，按表 3-1 取值；

ψ_{cj}——第 j 个可变荷载的组合值系数见 3.5.2 节的规定。

表 3-4　　建筑结构的荷载分项系数

荷载分项系数 ＼ 适用情况	当荷载效应对承载力不利时	当荷载效应对承载力有利时
γ_G	1.3	$\leqslant 1.0$
γ_P	1.3	$\leqslant 1.0$
γ_Q	1.5	0

基本组合中的设计值仅适用于荷载与荷载效应为线性的情况。当无法判断哪个可变荷载效应为 $S_{Q_{1k}}$ 时，应依次以各可变荷载效应为 $S_{Q_{1k}}$，选其中最不利的荷载效应组合。

3.5.5　正常使用极限状态设计表达式

1. 基本表达式

对于正常使用极限状态，结构构件应分别按荷载效应的标准组合、频遇组合、准永久组合或标准组合并考虑长期作用影响，采用下列设计表达式：

$$S \leqslant C \tag{3-13}$$

式中　S——正常使用极限状态的荷载组合效应的设计值（如变形、裂缝宽度、应力等的效应设计值）；

C——结构构件达到正常使用要求所规定的变形、裂缝宽度和应力等的限值。

(1) 当一个极限状态被超越时将产生严重的永久性损害的情况，应采用标准组合的效应进行设计，其设计值 S 计算公式为

$$S = \sum_{i \geqslant 1} S_{G_{ik}} + S_p + S_{Q_{1k}} + \sum_{j>1} \psi_{c_j} S_{Q_{jk}} \tag{3-14}$$

(2) 当一个极限状态被超越时将产生局部损害、较大变形或短暂振动等情况时，采用频

遇组合的效应进行设计，其设计值 S 计算公式为

$$S = \sum_{i \geqslant 1} S_{G_{ik}} + S_p + \psi_{f_1} S_{Q_{1k}} + \sum_{j>1} \psi_{q_j} S_{Q_{jk}} \tag{3-15}$$

式中，ψ_{f_1}、ψ_{q_j} 分别为可变荷载 Q_1 的频遇值系数、可变荷载 Q_j 的准永久值系数，可由《建筑结构荷载规范》查取。

（3）当荷载的长期效应是决定性因素时，应采用准永久组合效应进行设计，其设计值 S 可按下式确定：

$$S = \sum_{i \geqslant 1} S_{G_{ik}} + S_p + \sum_{j \geqslant 1} \psi_{q_j} S_{Q_{jk}} \tag{3-16}$$

应当注意，正常使用极限状态要求的设计可靠指标较小，设计时对荷载不用分项系数，对材料强度取标准值。另外，长期持续作用的荷载使混凝土产生徐变变形，使构件的变形和裂缝增大，因此在进行正常使用极限状态设计时，应考虑荷载长期效应的影响。

2. 正常使用极限状态验算规定

（1）结构构件的裂缝宽度，对钢筋混凝土构件，按荷载准永久组合的效应设计值（式(3-16)）并考虑长期作用影响进行计算；对预应力混凝土构件，按荷载标准组合的效应设计值（式(3-14)）并考虑长期作用影响进行计算；构件的最大裂缝宽度不应超过现行《混凝土结构设计规范》规定的最大裂缝宽度限值。最大裂缝宽度限值应根据结构的环境类别、裂缝控制等级及结构类别确定。

（2）受弯构件的最大挠度对钢筋混凝土构件应按荷载准永久组合的效应设计值（式(3-16)），预应力混凝土构件应按荷载标准组合的效应设计值（式(3-14)），并均应考虑荷载长期作用的影响进行计算，其计算值不应超过规范的挠度限值。

本章小结

结构可靠度是结构可靠性（安全性、适用性和耐久性的总称）的概率度量。结构的极限状态分为两类：承载能力极限状态和正常使用极限状态。

以相应于结构各种功能要求的极限状态作为结构设计依据的设计方法，称为极限状态设计法。对于一般建筑结构构件，按概率极限状态设计法进行设计过于繁复，可比照可靠指标，采用基本变量的标准值和分项系数进行结构构件的极限状态设计。设计表达中的荷载分项系数、荷载组合值系数和材料强度分项系数起着相当于设计可靠指标的作用。

作用于建筑物上的荷载可分为永久荷载、可变荷载和偶然荷载。永久荷载采用标准值为代表值；可变荷载采用标准值、组合值、频遇值和准永久值作为代表值，其中标准值是基本代表值，其他代表值可在标准值的基础上乘以相应的系数后得出。

对承载能力极限状态的荷载效应组合，应采用基本组合（对持久和短暂设计状况）或偶然组合（对偶然设计状况）；对正常使用极限状态的荷载效应组合，按荷载的持久性和不同的设计要求采用三种组合：标准组合、频遇组合和准永久组合。

钢筋强度标准值是具有不小于 95% 保证率的偏低强度值，混凝土强度标准值是具有 95% 保证率的偏低强度值。钢筋和混凝土的强度设计值是用各自的强度标准值除以相应的材料强度分项系数而得到的。正常使用极限状态设计时，材料强度一般取标准值，承载能力极限状态设计时，取用材料强度设计值。

思 考 题

3.1　什么是结构上的作用？作用效应与荷载效应有什么区别？

3.2　什么是结构抗力？影响结构抗力的主要因素有哪些？

3.3　什么是结构的可靠度，建筑结构应满足哪些功能要求？

3.4　基于概率的极限状态设计方法与基于多系数的极限状态设计方法有什么关联性？

3.5　什么是材料强度标准值、设计值？什么是荷载的标准值、设计值？如何确定？

3.6　什么是结构的可靠性、可靠度、可靠指标？

3.7　什么是结构的功能函数？

3.8　说明承载能力极限状态设计表达式中各符号的意义。

3.9　建筑结构设计时，应根据结构在施工和使用中的环境条件和影响，分为哪三种状况进行设计？

第4章 受弯构件正截面承载力计算

学习目标

了解受弯构件的基本构造要求;熟悉受弯构件的破坏特征;掌握单筋矩形截面、双筋矩形截面和 T 形截面受弯构件正截面承载力计算方法。

受弯构件是指承受弯曲的截面上弯矩 M 和剪力 V 共同作用的构件。土木工程中受弯构件的应用非常广泛,如房屋建筑中钢筋混凝土楼(屋)盖的梁、板构件,楼梯,工业厂房中的屋面梁、连系梁以及供吊车行驶的吊车梁,梁式桥的主梁和横梁,水工结构中的闸坝工作桥的纵梁等。本章主要介绍受弯构件正截面的承载力计算,包括受弯构件的基本构造要求,单筋矩形截面、双筋矩形截面和 T 形截面受弯构件正截面承载力的计算方法。

4.1 受弯构件的截面形式及计算内容

4.1.1 受弯构件的截面形式

钢筋混凝土梁常见的截面形式有矩形、T 形、倒 L 形、L 形、I 形和花篮形等,常见的板有现浇矩形截面板、预制空心板和预制槽形板等。如图 4-1 所示。

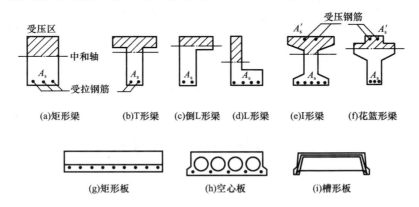

图 4-1 受弯构件常见的截面形式

受弯构件在弯矩作用下,截面中和轴的一侧受压,另一侧受拉,仅在受拉区配置纵向受力钢筋的截面称为单筋截面,如图 4-2(a)所示;受拉区和受压区都配置纵向受力钢筋的截面称为双筋截面,如图 4-2(b)所示。

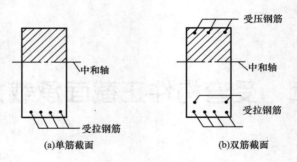

图 4-2 梁的横截面

4.1.2 受弯构件的计算内容

受弯构件在弯矩和剪力共同作用下,其破坏有两种可能:一种破坏主要是由弯矩作用引起的,破坏时破坏截面大致与构件的纵轴线垂直正交,称为正截面破坏,如图 4-3(a)所示;另一种破坏主要是由弯矩和剪力共同作用引起的,破坏时破坏截面与构件的纵轴线成一定角度斜向相交,称为斜截面破坏,如图 4-3(b)所示。因此钢筋混凝土受弯构件设计通常包括以下内容:(1)正截面受弯承载力计算——按控制截面的弯矩设计值 M,计算确定截面尺寸和纵向受力钢筋。(2)斜截面受剪承载力计算——按受剪控制截面处的剪力设计值 V,计算确定箍筋和弯起钢筋的数量,以上两项属于构件承载能力极限状态的设计范畴。(3)钢筋布置——为保证钢筋与混凝土的粘结,并使钢筋充分发挥作用,根据荷载产生的弯矩图和剪力图确定钢筋的布置。(4)根据其使用条件还需要进行挠度变形和裂缝宽度的验算,以保证适用性和耐久性的要求,这属于构件正常使用极限状态的设计范畴。(5)绘制施工图。对于混凝土结构和构件设计,通常先按承载能力极限状态进行结构构件的设计,再按正常使用极限状态进行验算。

图 4-3 受弯构件破坏情况

4.2 受弯构件的基本构造要求

4.2.1 梁的构造要求

1. 梁的截面尺寸

在梁的设计中,截面尺寸的选用既要满足承载力条件,又要满足刚度要求,还要满足施工要求。

为了能重复利用模板并方便施工,一般要求统一截面的尺寸,通常要考虑以下一些规定:矩形截面的宽度 b 及 T 形截面的腹板宽度 b 取为 120 mm、150 mm、180 mm、200 mm、220 mm、250 mm,250 mm 以上以 50 mm 为模数递增。梁高 h 常取为 250 mm、300 mm、350 mm、400 mm、…、800 mm,以 50 mm 为模数递增;800 mm 以上则以 100 mm 为模数递增。

梁的高度 h 通常可由跨度 l 决定,梁高与跨度之比 h/l 称为高跨比。肋形楼盖的主梁高跨比 h/l 一般为 1/8~1/12,次梁为 1/15~1/20,独立梁不小于 1/15(简支)和 1/20(连续)。对于一般铁路桥梁为 1/6~1/10,公路桥梁为 1/10~1/18。

梁的高度与宽度(T 形梁为腹板宽度)之比 h/b,对矩形截面梁一般取 $h/b=2$~3.5,对 T 形截面梁取 $h/b=2.5$~4.0。在预制的薄腹梁中,其高度与腹板宽度之比有时可达 6 左右。

2. 梁的钢筋

梁内钢筋有纵向受力钢筋、箍筋、弯起钢筋和架立钢筋等,如图 4-4 所示。

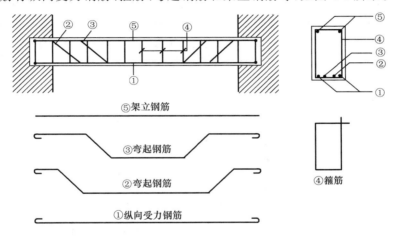

⑤架立钢筋

③弯起钢筋

②弯起钢筋

①纵向受力钢筋

④箍筋

图 4-4　梁内钢筋布置

(1)纵向受力钢筋

为使钢筋骨架有较好的刚度并便于施工,纵向受力钢筋的直径不宜过细;同时为了避免受拉区混凝土产生过宽的裂缝,直径也不宜太粗,通常采用 10~32 mm,常用的直径为 12、14、16、18、20、22、25、28 mm。当梁高 $h \geqslant 300$ mm 时,受力钢筋直径不应小于 10 mm;当梁高 $h < 300$ mm 时,其直径不宜小于 8 mm;同一截面一边的受力钢筋直径一般不要超过两种,直径差应不小于 2 mm,以便于识别,但也不宜超过 4~6 mm。

梁中受力钢筋的根数不宜太多,否则会增加浇筑混凝土的困难;但也不宜太少,最少为 2 根。伸入梁支座范围内的纵向受力钢筋不应少于 2 根。

为保证混凝土与钢筋的粘结和混凝土浇筑的密实性,梁上部纵向钢筋的净间距 d_1 不应小于 30 mm 和 1.5d;梁下部纵向钢筋的净间距不应小于 25 mm 和 d。下部纵向钢筋应尽可能布置成一排,如遇根数较多,也可排成两排,当下部纵向钢筋多于两排时,两排以上钢筋水平方向的中距应比下面两排的中距增大一倍;各排钢筋之间的净间距 d_2 不应小于 25 mm 和 d,d 为纵向钢筋的最大直径,如图 4-5 所示。当钢筋排成两排或多于两排时,要避免上下钢筋互相错位,以免使混凝土浇筑困难。

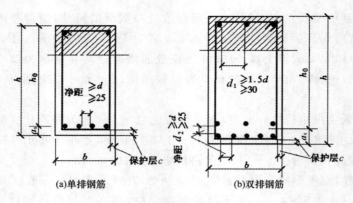

图 4-5 梁内钢筋净距

(a)单排钢筋   (b)双排钢筋

在梁的配筋密集区域,如受力钢筋单根布置导致混凝土浇筑困难时,为方便施工,可采用 2 根或 3 根钢筋并在一起配置,称为并筋(钢筋束),如图 4-6 所示。当采用并筋(钢筋束)的形式配筋时,并筋的数量不应超过 3 根。并筋可视为一根等效钢筋,其等效直径 d_e 可按截面面积相等的原则换算确定,等效直径二并筋公称直径为 $d_e=1.41d$;三并筋为 $d_e=1.73d$,d 为单根钢筋的直径。等效钢筋公称直径的概念可用于钢筋间距、保护层厚度、裂缝宽度验算、钢筋锚固长度、搭接接头面积百分率及搭接长度等的计算中。

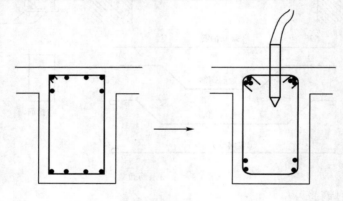

图 4-6 并筋

(2)箍筋

梁内箍筋的构造要求详见第 5 章。

(3)弯起钢筋

将跨中纵向受力钢筋(梁底的角部钢筋不应弯起,梁顶无现浇板时顶层的角部钢筋不应弯下)弯起而成。弯起钢筋承受斜截面剪力,端部水平段可承受支座处负弯矩产生的拉力。常用的直径为 12~28 mm。钢筋弯起角度一般为 45°,当梁高 $h>800$ mm 时,可采用 60°。

(4)架立钢筋

梁上部无受压钢筋时,需配置 2 根架立筋,以便与箍筋和梁底部纵筋形成钢筋骨架,并能承受混凝土收缩和温度变化所产生的内应力。架立钢筋的直径,当梁的跨度 l 小于 4 m 时,不宜小于 8 mm;当梁的跨度 l 为 4~6 m 时,不宜小于 10 mm;当梁的跨度 l 大于 6 m 时,不宜小于 12 mm。

3. 钢筋的混凝土保护层

为防止钢筋锈蚀,保证耐久性、防火性以及钢筋与混凝土的粘结,梁内钢筋的两侧和近边都应有足够的保护层。梁最外层钢筋(从箍筋外皮算起)至混凝土表面的最小距离为钢筋的混凝土保护层厚度 c,其值应满足附录附表 15 中最小保护层厚度的规定,且不小于受力钢筋的直径 d。

4. 截面的有效高度

在进行截面配筋计算时,通常需预先估计截面的有效高度 h_0。截面的有效高度是指受拉钢筋的重心至混凝土受压边的垂直距离,它与保护层厚度、箍筋和受拉钢筋的直径及排放有关。当受拉钢筋放置一排时,$h_0 = h - c - d_{sv} - d/2$;当受拉钢筋放置两排时,$h_0 = h - c - d_{sv} - d - d_2/2$;$d_{sv}$ 为箍筋直径,d 为受拉钢筋直径,d_2 为两排钢筋之间的净距,如图 4-5 所示。

梁中受拉钢筋常用直径为 12~28 mm,平均按 20 mm 计算,在室内干燥环境下,当混凝土强度等级大于 C25 时,钢筋的混凝土保护层最小厚度为 $c = 20$ mm,则其有效高度为:

当为一排钢筋时 $h_0 = h - 20 - d_{sv} - d/2 = h - (35 \sim 40)$

当为两排钢筋时 $h_0 = h - 20 - d_{sv} - d - 25/2 = h - (60 \sim 65)$

混凝土强度等级不大于 C25 时,保护层厚度数值增加 5 mm。

综上所述,有效高度统一写为

$$h_0 = h - a_s \tag{4-1}$$

式中,a_s 为受拉钢筋的重心至混凝土受拉边缘的垂直距离。

若取受拉钢筋直径为 20 mm,则不同环境类别下钢筋混凝土梁设计计算中 a_s 参考取值见表 4-1。

表 4-1   钢筋混凝土梁 a_s 取近似值(mm)

环境类别	梁混凝土保护层最小厚度	箍筋直径φ6		箍筋直径φ8	
		受拉钢筋一排	受拉钢筋两排	受拉钢筋一排	受拉钢筋两排
一	20	35	60	40	65
二 a	25	40	65	45	70
二 b	35	50	75	55	80
三 a	40	55	80	60	85
三 b	50	65	90	70	95

5. 受拉钢筋的配筋率

纵向受拉钢筋总截面面积 A_s 与正截面的有效截面面积 bh_0 的比值,称为受拉钢筋的配筋百分率,用 ρ 表示,或简称配筋率,用百分数计量,即

$$\rho = \frac{A_s}{bh_0} (\%) \tag{4-2}$$

式中 ρ——纵向受拉钢筋配筋率;

A_s——纵向受拉钢筋总截面面积;

b——梁的截面宽度;

h_0——截面的有效高度。

受拉钢筋的配筋率 ρ 在一定程度上标志了正截面纵向受拉钢筋与混凝土之间的面积比率,它是对梁的受力性能有很大影响的一个重要指标。

4.2.2 板的构造要求

1. 现浇板的厚度

在设计钢筋混凝土楼盖时,由于板的混凝土用量将占整个楼盖混凝土用量的一半甚至更多,从经济方面考虑不宜采用较大的板厚。另一方面,板的厚度较小时,施工误差的影响就相对较大。为此,《规范》规定现浇钢筋混凝土板的厚度 h 取 10 mm 为模数,最小厚度不应小于表 4-2 规定的数值。

表 4-2 　　　　　　　　　现浇钢筋混凝土板的最小厚度

板的类别		最小厚度/mm
单向板	屋面板	60
	民用建筑楼板	60
	工业建筑楼板	70
	行车道下的楼板	80
双向板		80
密肋楼盖	面板	50
	肋高	250
悬臂板(根部)	悬臂长度不大于 500 mm	60
	悬臂长度 1 200 mm	100
无梁楼板		150
现浇空心楼板		200

2. 板内配筋

板内配筋一般有纵向受力钢筋和分布钢筋两种。板的基本构造如图 4-7 所示。

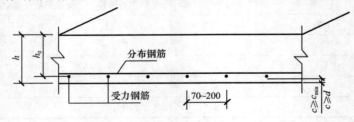

图 4-7　板的配筋构造要求

(1)钢筋直径通常为 6~12 mm,板厚度较大时,钢筋直径可用 14~18 mm;

(2)受力钢筋的间距:当板厚 $h \leqslant 150$ mm 时,应在 70~200 mm;当板厚 $h > 150$ mm 时,不宜大于 $1.5h$,且不宜大于 250 mm;

(3)垂直于受力钢筋的方向应布置分布钢筋,以便将荷载均匀地传递给受力钢筋,并便于在施工中固定受力钢筋的位置,同时也可抵抗温度和收缩等产生的应力。

3. 钢筋的混凝土保护层

板的混凝土最小保护层厚度是指最外层钢筋边缘至板边混凝土表面的距离 c,其值应满足附录附表 15 中最小保护层厚度的规定,也不应小于受力钢筋直径 d。

4.3 受弯构件正截面的受力性能试验

钢筋混凝土受弯构件的受力性能与截面尺寸、配筋量、材料强度等有关,加之构件是由钢筋和混凝土两种力学性能不同的材料所组成的,由于混凝土的非弹性、非均质和抗拉、抗压强度存在巨大差异的特点,如仍按材料力学的公式进行强度计算,则计算结果肯定与实际情况不符。目前,钢筋混凝土构件的计算理论一般都是建立在大量试验基础之上的。

4.3.1 梁的试验和工作阶段

为使研究的问题具有普遍性,试验首先从配筋率比较合适的钢筋混凝土矩形截面试验梁开始,如图 4-8 所示。为着重研究正截面的应力-应变规律,试验梁采用两点对称加荷,在不考虑自重的情况下,在梁跨中两集中荷载之间就形成了只有弯矩没有剪力的纯弯段。为研究分析梁截面的受弯性能,在纯弯段内沿梁高两侧布置了一系列应变计,量测混凝土的纵向应变沿截面高度的分布。同时,在受拉钢筋上也布置了应变计,量测钢筋的受拉应变。通过安装在跨中和两端的百分表测定梁的跨中挠度,并使用读数放大镜或裂缝测宽仪观察裂缝的出现与开展。试验时按预计的破坏荷载由零开始分级加荷,并逐级观察梁的变化,分别记录在各级荷载作用下的挠度、裂缝宽度和开展深度、钢筋和混凝土的应变,一直加荷到梁破坏。

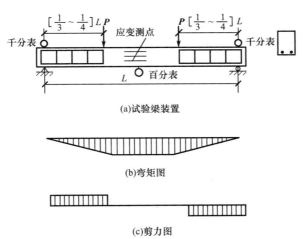

图 4-8 钢筋混凝土梁受弯试验

由试验可知,在受拉区混凝土开裂之前,截面在变形后仍保持为平面。在裂缝发生之后对特定的裂缝截面来说,截面不再保持为平面。但只要测量应变的应变计有一定的标距,所测得的变形数值实际上表示标距范围内平均应变值。如图 4-9 所示为实测沿梁高的应变分布图,由图可见,沿截面高度测得的各纤维层的平均应变值从开始加荷到接近破坏,基本上是按直线分布的,即可以认为始终符合平截面假定。由试验还可以看出,随着荷载的增加,受拉区裂缝向上延伸,中和轴不断上移,受压区高度逐渐减小。

如图 4-10 所示为配筋适中梁的弯矩与挠度的实测关系曲线。图 4-10 中纵坐标为各级

荷载作用下的弯矩 M 相对于梁破坏时极限弯矩 M_u 的比值,M/M_u 为无量纲值,横坐标为梁跨中挠度 f 的实测值。试验表明,钢筋混凝土梁从加荷到破坏,正截面上的应力和应变不断变化,在 M/M_u-f 关系曲线上具有两个明显的转折点(转折点 1 和转折点 2)。适筋梁从加荷到破坏整个过程可以分为三个阶段,如图 4-11 所示。

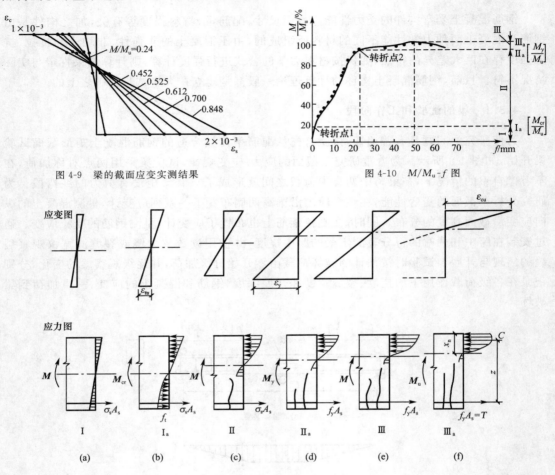

图 4-9 梁的截面应变实测结果   图 4-10 M/M_u-f 图

图 4-11 梁的应力-应变阶段

1. 混凝土开裂前的工作阶段(第Ⅰ阶段)

从开始加荷到受拉区混凝土即将开裂的整个受力过程,称为第Ⅰ阶段(混凝土开裂前的工作阶段)。加荷初期,由于荷载较小,混凝土处于弹性阶段,截面应变分布符合平截面假定,故截面应力分布为直线变化,如图 4-11(a)所示,受拉区的拉力由受拉钢筋和拉区的混凝土共同承担。随着荷载的逐渐增加,当截面受拉边缘的拉应变达到混凝土极限拉应变时($\varepsilon_t = \varepsilon_{tu}$),截面达到即将开裂的临界状态,标志着第Ⅰ阶段终结,称为Ⅰ_a状态,相应截面的弯矩为开裂弯矩 M_{cr},拉区混凝土应力为 f_t。此时,截面受拉区混凝土出现了明显的塑性变形,应力图呈曲线形,在受压区,由于混凝土应变相对较小,仍处于弹性状态,其应力图仍为三角形,如图 4-11(b)所示。Ⅰ_a的应力状态是受弯构件抗裂计算的依据。

2. 带裂缝工作阶段 (第 Ⅱ 阶段)

从梁纯弯段最薄弱截面位置处出现第一条裂缝开始 (如图 4-10 所示出现了第 1 个转折点),到受拉区钢筋即将屈服的整个受力力过程,称为第 Ⅱ 阶段 (带裂缝工作阶段)。开裂瞬间,裂缝截面受拉区混凝土退出工作,其开裂前承担的拉力将转给钢筋承担,导致裂缝截面钢筋应力发生突然增加,这使中和轴比开裂前有较大上移,中和轴附近受拉区未开裂的混凝土仍能承受部分拉力。此后,随着荷载的增加,裂缝不断扩大并向上延伸,同时梁受拉区还会不断出现一些裂缝,使中和轴逐渐上移,梁的刚度降低,挠度比开裂前有较快的增长。随荷载增大,截面应变增大,只要测量应变的应变计有一定的长度,则平均应变沿截面高度的分布近似为直线,即仍符合平截面假定。由于混凝土受压区高度减小、压应力增加,受压区混凝土出现塑性变形,压应力图呈曲线形,如图 4-11(c) 所示。当钢筋应力刚到达屈服时 (如图 4-10 所示出现了第 2 个转折点),为第 Ⅱ 阶段的终结,称为 Ⅱ$_a$ 状态,相应的截面弯矩为 M_y,如图 4-11(d) 所示。对于一般钢筋混凝土结构构件,在正常使用时都是带裂缝工作的。故第 Ⅱ 阶段的应力状态是受弯构件在正常使用阶段变形和裂缝宽度计算的依据。

3. 破坏阶段 (第 Ⅲ 阶段)

钢筋应力达到屈服强度 f_y 以后,即认为梁已进入第 Ⅲ 阶段 (破坏阶段)。此时钢筋应力不增大而应变急剧增大,促使裂缝显著开展并向上延伸,中和轴迅速上移。随着中和轴的迅速上移,受压区高度减小将使混凝土的压应力和压应变迅速增大,混凝土受压的塑性特征表现得更加明显,压应力图呈现显著的曲线形,如图 4-11(e) 所示。钢筋屈服后,截面应变已不再保持直线,但在受压区仍为直线变化。当受压区最外边缘处混凝土的压应变达到极限压应变 ε_{cu} 值时,受压混凝土出现纵向水平裂缝而被压碎,梁达到极限承载力 M_u,梁随之破坏,此时称为 Ⅲ$_a$ 状态,如图 4-11(f) 所示。Ⅲ$_a$ 状态是梁破坏的极限状态,可作为梁正截面承载力计算的依据。

4.3.2 钢筋混凝土梁正截面破坏特征

钢筋混凝土受弯构件正截面承载力计算,是以构件截面破坏阶段的 Ⅲ$_a$ 应力状态为依据的。为了正确进行承载力计算,有必要对截面在破坏时的破坏特征加以研究。试验表明,正截面的破坏特征主要与纵向钢筋的配筋率 ρ 有关。按配筋率对破坏的影响不同,可分为三种破坏形态:

1. 适筋破坏

受拉钢筋配置适中 ($\rho_{min} \dfrac{h}{h_0} \leqslant \rho \leqslant \rho_{max}$) 的钢筋混凝土梁称为适筋梁。在开始破坏时,裂缝截面受拉钢筋的应力首先到达屈服强度,发生很大的塑性变形,有一根或几根裂缝迅速开展并向上延伸,受压区面积减小,最终混凝土最外边缘处压应变达到极限压应变 ε_{cu} 值,混凝土被压碎,构件宣告破坏。从屈服弯矩 M_y 到极限弯矩 M_u 有一个较长的变形过程,构件可吸收较大的变形能,破坏前有明显的预兆,这种破坏属于延性破坏,如图 4-12(a) 所示。

2. 超筋破坏

若钢筋用量过多 ($\rho > \rho_{max}$),加载后受拉钢筋应力尚未达到屈服前,受压区边缘混凝土应变就已经达到极限压应变 ε_{cu} 而被压坏,表现为没有明显预兆的混凝土受压脆性破坏的特征,这种梁称为超筋梁,如图 4-12(b) 所示。因为梁的承载力取决于受压区混凝土的压坏,所以虽然配置了很多受拉钢筋,也不能增大截面承载力,这时钢筋未能发挥其应有的作用,这种配筋

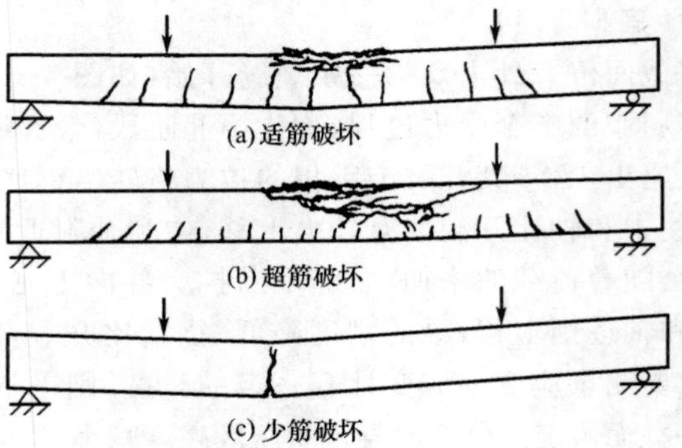

图 4-12　梁正截面破坏情况

情况称为超筋。超筋梁在破坏时裂缝根数较多,裂缝宽度比较细,挠度也比较小。由于超筋构件混凝土压坏前无明显预兆,属于脆性破坏,而且浪费钢材,因此,在设计中尽量避免采用。

3. 少筋破坏

随着配筋率 ρ 的减小,构件中受拉钢筋屈服时的总拉力相应减小。梁开裂时受拉区混凝土的拉力释放,使受拉钢筋应力突然增大。当梁的配筋率小于一定值时,受拉钢筋应力增量很大,钢筋应力在混凝土开裂瞬间达到屈服强度,即"Ⅰ$_a$状态"与"Ⅱ$_a$状态"重合,无第Ⅱ阶段的受力过程。此状态的配筋率为最小配筋率 $\rho_{\min}\dfrac{h}{h_0}$。

若配筋量过少($\rho<\rho_{\min}\dfrac{h}{h_0}$),受拉区混凝土一旦出现裂缝,导致裂缝截面钢筋的应力突然增大,因钢筋的配筋面积过小,其应力会很快达到屈服极限,并可能经过流幅段而进入强化阶段,甚至钢筋被拉断。这种少筋梁在破坏时往往只出现一条裂缝,但裂缝开展较宽,梁的挠度也较大,如图 4-12(c)所示。尽管梁开裂后受压区混凝土尚未压坏,但梁已严重开裂下垂而不能再继续使用。因此梁的开裂就标志着梁的破坏。少筋梁的承载力取决于混凝土的抗拉强度,开裂前没有明显预兆,也属于脆性破坏,而且梁的承载力又很低,所以设计中严禁采用。

综上所述,当受弯构件的截面尺寸、混凝土强度等级相同时,正截面的破坏特征随配筋量多少而变化的规律是:

(1)配筋量太少时,破坏弯矩接近于开裂弯矩,其大小取决于混凝土的抗拉强度及截面大小。

(2)配筋量过多时,配筋不能充分发挥作用,构件的破坏弯矩取决于混凝土的抗压强度及截面大小,破坏呈脆性。

(3)合理的配筋量应在这两个限度之间,避免发生超筋或少筋的破坏情况。因此,工程中的受弯构件应以适筋构件为设计目的,在下面计算公式推导中所取用的应力图,也是以适筋截面计算简图来推导的。

4.4　受弯构件正截面承载力计算的基本规定

4.4.1　基本假定

正截面承载力应按下列基本假定进行计算:

（1）受弯构件正截面弯曲变形后，截面平均应变保持平面，即截面各点应变与该点到中和轴的距离成正比。

（2）不考虑混凝土的抗拉强度，全部拉力均由纵向受拉钢筋承担。

（3）混凝土受压的应力与应变关系采用如图 4-13 所示 σ_c-ε_c 曲线，按下列公式取用：

当 $\varepsilon_c \leqslant \varepsilon_0$ 时
$$\sigma_c = f_c\left[1-\left(1-\frac{\varepsilon_c}{\varepsilon_0}\right)^n\right] \tag{4-3}$$

当 $\varepsilon_0 < \varepsilon_c \leqslant \varepsilon_{cu}$ 时
$$\sigma_c = f_c \tag{4-4}$$

$$n = 2-\frac{1}{60}(f_{cu,k}-50) \tag{4-5}$$

$$\varepsilon_0 = 0.002+0.5(f_{cu,k}-50)\times 10^{-5} \tag{4-6}$$

$$\varepsilon_{cu} = 0.0033-(f_{cu,k}-50)\times 10^{-5} \tag{4-7}$$

式中　σ_c——混凝土压应变为 ε_c 时的混凝土压应力；

f_c——混凝土轴心抗压强度设计值；

ε_0——混凝土压应力达到 f_c 时的混凝土压应变，当按式（4-6）计算的 ε_0 值小于 0.002 时，应取为 0.002；

ε_{cu}——正截面的混凝土极限压应变，当处于非均匀受压且按式（4-7）计算的 ε_{cu} 值大于 0.0033 时，应取为 0.0033；当处于轴心受压时取为 ε_0；

$f_{cu,k}$——混凝土立方体抗压强度标准值；

n——系数，当计算的 n 值大于 2 时，应取为 2。

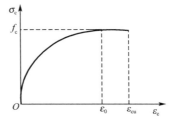

图 4-13　混凝土的应力-应变关系

（4）纵向钢筋的应力取钢筋应变与其弹性模量的乘积，但其值应符合 $-f_y' \leqslant \sigma_s \leqslant f_y$，纵向受拉钢筋的极限拉应变取为 0.01，这是为了避免过大的塑性变形。

4.4.2　等效矩形应力图形

如上节所述，确定钢筋混凝土梁达到极限弯矩 M_u 的准则是压区混凝土边缘纤维最大应变达到其极限压应变 ε_{cu}，破坏时混凝土压应力分布与混凝土的应力-应变曲线形状相似，在正截面承载力计算中，并不需要精确地知道受压区混凝土的应力分布图形，只要能够确定混凝土的压应力合力 C 及其作用位置 y_c 就足够了。因此，为简化计算，《规范》规定取等效矩形应力图来代替受压区混凝土实际应力图，如图 4-14 所示。进行等效代换的条件是：等效矩形应力图的合力与原来受压区混凝土的合力大小相等，且合力作用点位置不变。这个等效矩形应力图的应力值取 $\alpha_1 f_c$，α_1 为矩形应力图形中混凝土的抗压强度与混凝土轴心抗压强度的比值。应力图的高度为 $x=\beta_1 x_n$，β_1 为等效受压区高度 x 与实际应力图受压区高度 x_n 的比值。α_1、β_1 的取值按表 4-3 直接查用。

表 4-3　　　　混凝土压区等效矩形应力图形系数 α_1、β_1

混凝土强度等级	≤C50	C55	C60	C65	C70	C75	C80
α_1	1.00	0.99	0.98	0.97	0.96	0.95	0.94
β_1	0.80	0.79	0.78	0.77	0.76	0.75	0.74

受压混凝土的曲线应力分布图用等效矩形应力图代替后,即可得到正截面承载力计算的计算应力图,如图 4-14(d)所示。

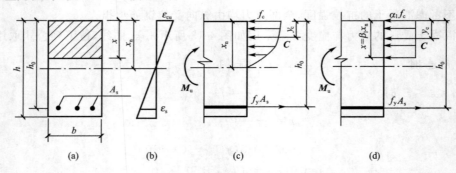

图 4-14 受弯构件正截面计算简图

4.4.3 界限相对受压区高度

为研究问题方便,引入相对受压区高度的概念。等效矩形应力图受压区高度 x 与截面有效高度 h_0 的比值称为相对受压区高度,用 ξ 表示,即

$$\xi = \frac{x}{h_0} \tag{4-8}$$

如前所述,适筋破坏的特点是纵向受拉钢筋的应力首先达到屈服强度 f_y,经过一段流幅变形后,受压区混凝土边缘纤维最大应变达到其极限压应变 ε_{cu},截面发生破坏。此时,$\varepsilon_s > \varepsilon_y = f_y/E_s$,而 $\varepsilon_c = \varepsilon_{cu}$。超筋破坏的特点是在受拉钢筋的应力尚未达到屈服强度时,受压区边缘混凝土的压应变已经达到极限压应变 ε_{cu} 而被破坏。此时,$\varepsilon_s < \varepsilon_y = f_y/E_s$,而 $\varepsilon_c = \varepsilon_{cu}$。显然,在适筋破坏和超筋破坏之间必定存在着一种界限状态。这种状态的特征是受拉钢筋达到屈服强度的同时,受压区混凝土边缘的压应变恰好达到极限压应变而破坏,即界限破坏。此时,$\varepsilon_s = \varepsilon_y = f_y/E_s$,$\varepsilon_c = \varepsilon_{cu}$,如图 4-15 所示。

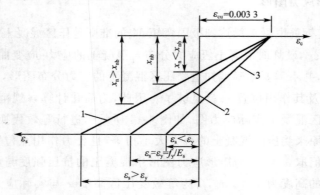

图 4-15 适筋、超筋、界限破坏时的截面平均应变图
1—适筋破坏;2—界限破坏;3—超筋破坏

界限破坏时,实际曲线应力图中的中和轴高度 x_{nb} 与截面有效高度 h_0 的比值,可按三角形相似原理求得

$$\xi_{nb} = \frac{x_{nb}}{h_0} = \frac{\varepsilon_{cu}}{\varepsilon_{cu} + \varepsilon_y} \tag{4-9}$$

按基本假定,取 $\varepsilon_y = \dfrac{f_y}{E_s}$,代入式(4-9),则

$$\xi_{nb} = \frac{\varepsilon_{cu}}{\varepsilon_{cu} + \dfrac{f_y}{E_s}} = \frac{1}{1 + \dfrac{f_y}{\varepsilon_{cu} E_s}} \tag{4-10}$$

在界限破坏时,将实际的曲线应力图简化为矩形应力图之后,等效矩形截面的受压区高度 x_b 与截面有效高度 h_0 的比值,称为界限相对受压区高度,用 ξ_b 表示。因 $x = \beta_1 x_n$,相应的有 $x_b = \beta_1 x_{nb}$,则界限相对受压区高度 ξ_b 为

$$\xi_b = \frac{x_b}{h_0} = \frac{\beta_1 x_{nb}}{h_0} = \frac{\beta_1}{1 + \dfrac{f_y}{\varepsilon_{cu} E_s}} \tag{4-11}$$

当相对受压区高度 $\xi \leqslant \xi_b$ 时,受拉钢筋首先达到屈服极限,然后混凝土受压破坏,属于适筋梁情况;当 $\xi > \xi_b$ 时,受拉钢筋未达到屈服,受压区混凝土先发生破坏,属超筋梁情况。

对于常用的有明显屈服点的热轧钢筋,将其抗拉设计强度 f_y 和弹性模量 E_s 代入式(4-11)中,可算得有明显屈服点配筋受弯构件的界限相对受压区高度 ξ_b,见表 4-4,设计时可直接查用。

表 4-4　　　　　有明显屈服点配筋受弯构件的界限相对受压区高度 ξ_b 值

混凝土强度等级	≤C50	C55	C60	C65	C70	C75	C80
HPB300	0.576	0.566	0.556	0.547	0.537	0.528	0.518
HRB335、HRBF335	0.550	0.541	0.531	0.522	0.512	0.503	0.493
HRB400、HRBF400、RRB400	0.518	0.508	0.499	0.490	0.481	0.472	0.463
HRB500、HRBF500	0.482	0.473	0.464	0.455	0.447	0.438	0.429

对于没有明显屈服点的钢筋,取残余应变为 0.2% 时所对应的应力 $\sigma_{0.2}$ 作为条件屈服点,即取 $f_y = \sigma_{0.2}$,这时对应于屈服点 $\sigma_{0.2}$ 时钢筋应变为 $\varepsilon_y = f_y/E_s + 0.002$,于是,界限相对受压区高度 ξ_b 的计算公式为

$$\xi_b = \frac{\beta_1}{1 + \dfrac{0.002}{\varepsilon_{cu}} + \dfrac{f_y}{\varepsilon_{cu} E_s}} \tag{4-12}$$

显然,若计算出来的相对受压区高度 $\xi = x/h_0 > \xi_b$ 或 $x > \xi_b h_0$,则为超筋破坏。

4.4.4　最小配筋率

从理论上讲,应以钢筋混凝土构件破坏时的极限弯矩 M_u 等于同截面、同强度素混凝土受弯构件所能承担的极限弯矩 M_{cr} 时的受力状态,为适筋破坏与少筋破坏的界限,这时梁的配筋率应是适筋受弯构件的最小配筋率 ρ_{min}。《规范》在确定最小配筋率 ρ_{min} 时,不仅考虑了这种"等承载力"原则,而且还考虑了温度应力、混凝土收缩的影响以及以往工程设计经验。《规范》规定钢筋混凝土结构构件中纵向受力钢筋的配筋百分率不应小于附录附表 16 规定的数值。

4.5 单筋矩形截面受弯构件正截面承载力计算

4.5.1 基本计算公式

根据基本假定,用等效矩形应力图代替受压混凝土实际应力图,可得到单筋矩形截面梁正截面承载力的计算简图,如图 4-16 所示。

钢筋混凝土受弯构件正截面承载力计算方法

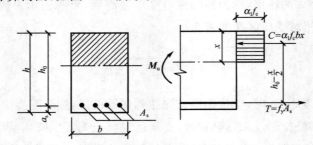

图 4-16 单筋矩形截面梁正截面承载力计算简图

根据图 4-16 所示计算应力图,分别考虑轴向力平衡条件 $\sum X = 0$ 和力矩平衡条件 $\sum M = 0$,并满足承载能力极限状态的计算要求,即可得出基本计算公式:

$$\sum X = 0 \qquad \alpha_1 f_c bx = f_y A_s \tag{4-13}$$

$$\sum M = 0 \qquad M \leqslant M_u = \alpha_1 f_c bx \left(h_0 - \frac{x}{2}\right) \tag{4-14a}$$

或

$$M \leqslant M_u = f_y A_s \left(h_0 - \frac{x}{2}\right) \tag{4-14b}$$

式中　M——弯矩设计值,按承载能力极限状态荷载效应组合计算,并考虑结构重要性系数 γ_0 在内;

M_u——正截面受弯载力设计值;

f_c——混凝土轴心抗压强度设计值,按附录附表 7 取用;

b——矩形截面的宽度;

x——等效矩形应力图的混凝土受压区高度;

f_y——钢筋抗拉强度设计值,按附录附表 3 取用;

α_1——系数,按表 4-3 取用;

A_s——受拉区纵向钢筋的截面面积;

h_0——截面的有效高度,$h_0 = h - a_s$。

由式(4-13)可得

$$x = \frac{f_y A_s}{\alpha_1 f_c b} \tag{4-15}$$

相对受压区高度可表示为

$$\xi = \frac{x}{h_0} = \frac{f_y A_s}{\alpha_1 f_c b h_0} = \rho \frac{f_y}{\alpha_1 f_c} \tag{4-16}$$

由式(4-16)可得

$$\rho = \xi \frac{\alpha_1 f_c}{f_y} \tag{4-17}$$

4.5.2　适用条件

上述基本公式是根据适筋截面的受拉钢筋应力达到设计强度 f_y 和受压混凝土的应变达到混凝土极限压变 ε_{cu} 推导出的,故仅适用于适筋截面。因为超筋截面破坏时,纵向受拉钢筋应力达不到 f_y;少筋截面破坏时,受压区混凝土未压坏,故不能像适筋截面那样用 $\alpha_1 f_c bx$ 来表示压区混凝土压力的合力。因此,基本公式必须限制在满足适筋破坏的条件下才能使用。

1.为了避免超筋破坏,应用基本公式和由它派生出来的计算公式计算时,必须满足

$$\xi \leqslant \xi_b$$

或
$$x \leqslant \xi_b h_0 \tag{4-18}$$

或
$$\rho \leqslant \rho_{max} = \xi_b \frac{\alpha_1 f_c}{f_y} \tag{4-19}$$

式(4-19)与式(4-18)含义相同,同为防止超筋破坏的条件。

将式(4-18)代入式(4-14a),可得

$$M \leqslant M_u = \xi_b (1 - 0.5\xi_b) \alpha_1 f_c bh_0^2$$

因此,适筋受弯构件所能承受的最大弯矩为

$$M_{umax} = \xi_b (1 - 0.5\xi_b) \alpha_1 f_c bh_0^2$$

令
$$\alpha_{smax} = \xi_b (1 - 0.5\xi_b) \tag{4-20}$$

则有
$$M_{umax} = \alpha_{smax} \alpha_1 f_c bh_0^2 \tag{4-21}$$

式中,α_{smax} 为截面最大的抵抗矩系数。

对于有明显屈服点配筋的受弯构件,其截面最大的抵抗矩系数见表 4-5。

表 4-5　　　　受弯构件截面最大抵抗矩系数 α_{smax} 值

混凝土强度等级	≤C50	C55	C60	C65	C70	C75	C80
HPB300	0.410 1	0.405 8	0.401 4	0.397 4	0.392 8	0.388 6	0.383 8
HRB335、HRBF335	0.398 8	0.394 7	0.390 0	0.385 8	0.380 9	0.376 5	0.371 5
HRB400、HRBF400、RRB400	0.383 8	0.379 0	0.374 5	0.370 0	0.365 3	0.360 6	0.355 8
HRB500、HRBF500	0.365 8	0.361 1	0.356 4	0.351 5	0.347 1	0.342 1	0.337 0

2.为了避免发生少筋破坏,使用基本公式计算的另一个适用条件是

$$\rho \geqslant \rho_{min} \frac{h}{h_0} \tag{4-22}$$

式中,ρ_{min} 为纵向受拉钢筋的最小配筋率。

当计算所得的配筋率小于最小配筋率($\rho < \rho_{min} \frac{h}{h_0}$)时,则按 $\rho = \rho_{min} \frac{h}{h_0}$ 配筋,即取

$$A_s \geqslant A_{s,min} = \rho_{min} bh$$

4.5.3　采用参数计算的公式

按基本公式式(4-13)和式(4-14)进行截面配筋计算时,由于截面受压区高度 x 和钢筋截面积 A_s 均为未知,必须解二元二次联立方程组,比较麻烦。为了方便,工程中常引入参数进行分析和计算。

将 $\xi = x/h_0$ 代入式(4-14a)和式(4-14b),并取 $M_u = M$,得

$$M = \alpha_1 f_c bx \left(h_0 - \frac{x}{2}\right) = \alpha_1 f_c bh_0^2 \xi (1 - 0.5\xi) \tag{4-23}$$

令
$$\alpha_s = \xi (1 - 0.5\xi) \tag{4-24}$$

则有
$$M = \alpha_s \alpha_1 f_c bh_0^2 \tag{4-25}$$

$$M = f_y A_s \left(h_0 - \frac{x}{2}\right) = f_y A_s h_0 (1 - 0.5\xi) \tag{4-26}$$

令
$$\gamma_s = 1 - 0.5\xi \tag{4-27}$$
$$M = f_y A_s \gamma_s h_0 \tag{4-28}$$

由式(4-28)可得纵向钢筋截面面积为

$$A_s = \frac{M}{f_y \gamma_s h_0} \tag{4-29}$$

由式(4-13)亦可得纵向钢筋截面面积为

$$A_s = \frac{\alpha_1 f_c b x}{f_y} = \frac{x}{h_0} b h_0 \frac{\alpha_1 f_c}{f_y} = \xi b h_0 \frac{\alpha_1 f_c}{f_y} \tag{4-30}$$

式中　α_s——截面抵抗矩系数；

　　　γ_s——内力臂系数。

α_s、γ_s都是相对受压区高度ξ的函数，根据不同的ξ值可由式(4-24)、式(4-27)计算出α_s及γ_s，并编制计算表格，见表4-6，当已知ξ、α_s、γ_s三个系数中的任一值时，就可以查出相对应的另外两个系数。

利用表4-6求ξ及γ_s有时要用插入法。这时，ξ及γ_s可直接按下列公式计算

$$\xi = 1 - \sqrt{1 - 2\alpha_s} \tag{4-31}$$
$$\gamma_s = 0.5(1 + \sqrt{1 - 2\alpha_s}) \tag{4-32}$$

表 4-6　　　　　　　　　　钢筋混凝土受弯构件正截面承载力计算系数表

ξ	γ_s	α_s	ξ	γ_s	α_s
0.01	0.995	0.010	0.31	0.845	0.262
0.02	0.990	0.020	0.32	0.840	0.269
0.03	0.985	0.030	0.33	0.835	0.276
0.04	0.980	0.039	0.34	0.830	0.282
0.05	0.975	0.048	0.35	0.825	0.289
0.06	0.970	0.058	0.36	0.820	0.295
0.07	0.965	0.067	0.37	0.815	0.302
0.08	0.960	0.077	0.38	0.810	0.308
0.09	0.955	0.085	0.39	0.805	0.314
0.10	0.950	0.095	0.40	0.800	0.320
0.11	0.945	0.104	0.41	0.795	0.326
0.12	0.940	0.113	0.42	0.790	0.332
0.13	0.935	0.121	0.43	0.785	0.338
0.14	0.930	0.130	0.44	0.780	0.343
0.15	0.925	0.139	0.45	0.775	0.349
0.16	0.920	0.147	0.46	0.770	0.354
0.17	0.915	0.155	0.47	0.765	0.360
0.18	0.910	0.164	0.48	0.760	0.365
0.19	0.905	0.172	0.482	0.759	0.366
0.20	0.900	0.180	0.49	0.755	0.370
0.21	0.895	0.188	0.50	0.750	0.375
0.22	0.890	0.196	0.51	0.745	0.380
0.23	0.885	0.203	0.518	0.741	0.384
0.24	0.880	0.211	0.52	0.740	0.385
0.25	0.875	0.219	0.53	0.735	0.390
0.26	0.870	0.226	0.54	0.730	0.394
0.27	0.865	0.234	0.55	0.725	0.399
0.28	0.860	0.241	0.56	0.720	0.403
0.29	0.855	0.248	0.57	0.715	0.408
0.30	0.850	0.255	0.576	0.713	0.410

注：1. $M = \alpha_s \alpha_1 f_c b h_0^2$，$\xi = \frac{x}{h_0} = \frac{f_y A_s}{\alpha_1 f_c b h_0}$，$A_s = \frac{M}{f_y \gamma_s h_0}$ 或 $A_s = \xi b h_0 \frac{\alpha_1 f_c}{f_y}$；

2. 本表数值适用于混凝土强度等级不超过C50的受弯构件；

3. 表中$\xi = 0.482$以下数值不适用于500 MPa级钢筋，$\xi = 0.518$以下数值不适用于400 MPa级钢筋，$\xi = 0.550$以下数值不适用于335 MPa级钢筋。

4.5.4　设计计算方法

工程设计中,受弯构件正截面承载力的计算分为截面设计和截面复核两种情况。

1. 截面设计

(1)截面设计的基本方法和经济配筋率

截面设计是在结构形式、结构布置确定之后,要求确定构件的截面形式、尺寸,混凝土强度等级,钢筋的品种和数量,以及钢筋在截面中的相对位置。在进行截面设计时,基本计算公式仅有两个,不确定因素却很多,因此需要根据构造要求并参考类似结构,先确定构件的截面尺寸和材料强度等级,再进行配筋计算。

衡量截面设计是否经济合理的一个重要指标是配筋率。配筋率除了应满足式(4-22)最小配筋率的条件外,亦应符合下列经济配筋率的要求:

实心板:$\rho=0.4\%\sim0.8\%$;

矩形梁:$\rho=0.6\%\sim1.5\%$;

T 形梁:$\rho=0.9\%\sim1.8\%$。

如果在计算过程中,不符合基本公式的适用条件或配筋率不在经济范围内,一般需要调整截面尺寸、材料强度等设计参数,使之合适为止。

(2)正截面抗弯配筋的设计步骤

①计算简图和内力计算

计算简图中应表示支座及荷载情况、梁的计算跨度等。

简支梁(图 4-17)的计算跨度 l_0 可取下列各 l_0 值的较小者:

$$l_0=l_n+a$$

或

$$l_0=1.05l_n$$

式中　l_n——板或梁的净跨度;

　　　　a——梁的支承长度。

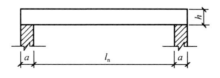

图 4-17　简支梁

板的计算跨度 l_0 是指在内力计算时所采用的跨间长度,该值与支座反力分布有关,即与构件本身的抗弯刚度和支承长度有关。在设计中,单跨板的计算跨度 l_0 一般按表 4-7 的规定取用。

表 4-7　　　　　　　　　　单跨板的计算跨度 l_0

支承情况	计算跨度 l_0
两端搁置在墙上	$l_0=l_n+h$
一端与梁整体连接,另一端搁置在墙上	$l_0=l_n+h/2$
两端与梁整体连接	$l_0=l_n$

注:l_n 为支座间净跨,h 为板的厚度。

对于简支梁或板,按作用在板或梁上的全部荷载(永久荷载及可变荷载),由式(3-12)或式(3-13)求出跨中最大弯矩设计值。对于外伸梁和连续梁,应根据永久荷载及最不利位置的可变荷载,分别求出跨中最大正弯矩和支座最大负弯矩设计值。

②材料选择

对于普通钢筋混凝土构件,由于适筋梁、板正截面受弯承载力主要取决于受拉钢筋,因此,钢筋混凝土梁、板混凝土强度等级不宜过高或过低,现浇混凝土通常采用C20~C30,预制构件为减轻自重,混凝土强度等级可适当提高。尽量采用高强和高性能钢筋,普通钢筋混凝土中常用钢筋为 HRB400 级、HRBF400 级、RRB400 级、HRB500 级和 HRBF500 级钢筋,也可采用 HPB300 级、HRB335 级、HRBF335 级钢筋。

③确定截面尺寸(b、h)

按常用的高跨比、高宽比及模数尺寸,根据设计经验,确定截面尺寸 b、h;也可以先假定构件截面宽度 b 和配筋率 ρ(在经济配筋率范围内),估算 h_0 后再选定 b、h,即按 $\xi = \rho \dfrac{f_y}{\alpha_1 f_c}$,$\alpha_s = \xi(1-0.5\xi)$,$h_0 = \sqrt{\dfrac{M}{\alpha_s \alpha_1 f_c b}}$,$h = h_0 + a_s$,梁高常取 50 mm 的倍数。

④配筋计算

已知构件的截面尺寸($b \times h$)、材料强度设计值(f_c、f_y)、截面承受的弯矩设计值(M),求受拉钢筋截面面积 A_s。

● 公式法

A. 先估计钢筋一排或两排放置,取定 a_s,计算 $h_0 = h - a_s$。

B. 根据式(4-14a),利用求根公式求出 x

$$x = h_0 - \sqrt{h_0^2 - \frac{2M}{\alpha_1 f_c b}}$$

若根号内出现负值,或 $x > \xi_b h_0$,应加大截面尺寸或提高混凝土强度等级(其中以加大截面高度 h 最为有效)后重新设计。

C. 当 $x \leqslant \xi_b h_0$ 时,由式(4-13)求 A_s

$$A_s = \frac{\alpha_1 f_c b x}{f_y}$$

D. 根据计算的 A_s 在附录附表 19 和附表 22 中选择合适的钢筋直径及根数。实际采用的钢筋面积一般宜等于或大于计算所需的钢筋面积,其差值宜控制在 5% 以内。应注意满足有关构造要求,特别是钢筋的间距。

E. 验算最小配筋率,实际配筋面积应满足 $A_s \geqslant \rho_{min} bh$。

若 $A_s < \rho_{min} bh$,应取 $A_s = \rho_{min} bh$。

● 表格法

A. 估计钢筋一排或两排放置,取定 a_s,计算 $h_0 = h - a_s$。

B. 根据式(4-25)求 α_s

$$\alpha_s = \frac{M}{\alpha_1 f_c b h_0^2}$$

验算 $\alpha_{s} \leqslant \alpha_{smax}$，若不满足,则应加大截面尺寸或提高混凝土强度等级后重新设计。

C. 当 $\alpha_{s} \leqslant \alpha_{smax}$ 时,计算 $\gamma_{s} = \dfrac{1 + \sqrt{1-2\alpha_{s}}}{2}$ 或 $\xi = 1 - \sqrt{1-2\alpha_{s}}$；或查表得出相应的 γ_{s} 或 ξ。

D. 由式(4-29)求 A_{s}

$$A_{s} = \frac{M}{f_{y}\gamma_{s}h_{0}}$$

或由式(4-30)求 A_{s}

$$A_{s} = \xi bh_{0} \frac{\alpha_{1}f_{c}}{f_{y}}$$

E. 根据计算的 A_{s} 在附录附表 19 和附表 22 中选择合适的钢筋直径及根数。

F. 验算最小配筋率,实际配筋面积应满足 $A_{s} \geqslant \rho_{min}bh$。

若 $A_{s} < \rho_{min}bh$,应取 $A_{s} = \rho_{min}bh$。

【例题 4-1】 如图 4-18 所示,某教学楼的内廊为简支在砖墙上的现浇钢筋混凝土板(重力密度为 25 kN/m³),计算跨度 $l_{0} = 2.46$ m,板上作用的均布活荷载标准值为 $q_{k} = 2.5$ kN/m²。水磨石地面及细石混凝土垫层共 30 mm 厚(平均重力密度为 22 kN/m³),板底白灰砂浆粉刷 12 mm 厚(重力密度为 17 kN/m³),混凝土强度等级为 C30,采用 HRB400 级钢筋,环境类别为一类,构件的安全等级为二级。求板所需的纵向受拉钢筋。

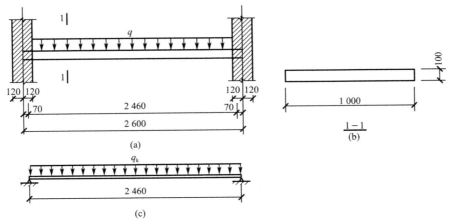

图 4-18　例题 4-1 计算简图

解 (1)确定基本数据

由附录附表 7 查得,混凝土的设计强度 $f_{c} = 14.3$ N/mm², $f_{t} = 1.43$ N/mm²; $\alpha_{1} = 1.0$；

由附录附表 3、表 4-4 查得,钢筋的设计强度 $f_{y} = 360$ N/mm², $\xi_{b} = 0.518$；

由附录附表 15 查得,钢筋的混凝土保护层最小厚度为 15 mm,取 $a_{s} = 20$ mm,则板的有效高度

$$h_{0} = h - a_{s} = 100 - 20 = 80 \text{ mm}$$

截面尺寸:取 1 m 宽的板带作为计算单元。即 $b = 1\,000$ mm,板厚 $\geqslant l/30 = 2\,600/30 = 86.7$ mm,取板厚 $h = 100$ mm,如图 4-18(b)所示。

（2）荷载设计值的计算

①永久荷载标准值

30 mm 厚水磨石地面　　　　　　　　　$(1.0\times0.03\times22)$kN/m$=0.66$ kN/m

100 mm 厚现浇钢筋混凝土板　　　　$(1.0\times0.10\times25)$kN/m$=2.5$ kN/m

12 mm 厚底板白灰砂浆粉刷　　　　　$(1.0\times0.012\times17)$kN/m$=0.204$ kN/m

$$g_k=(0.66+2.5+0.204)\text{kN/m}=3.364\text{ kN/m}$$

②可变荷载标准值　　　$q_k=(2.5\times1.0)$kN/m$=2.5$ kN/m

③荷载设计值

永久荷载与可变荷载分项系数分别为 $\gamma_G=1.3,\gamma_Q=1.5$

$$q=\gamma_G g_k+\gamma_Q q_k=(1.3\times3.364+1.5\times2.5)\text{kN/m}=8.123\text{ kN/m}$$

（3）跨中截面的弯矩设计值

构件的安全等级为二级，$\gamma_0=1.0$

$$M=\gamma_0\frac{1}{8}ql_0^2=1.0\times\frac{1}{8}\times8.123\times2.46^2=6.145(\text{kN}\cdot\text{m})$$

（4）求 α_s

$$\alpha_s=\frac{M}{\alpha_1 f_c bh_0^2}=\frac{6.145\times10^6}{1\times14.3\times1\,000\times80^2}=0.067$$

$\xi=1-\sqrt{1-2\alpha_s}=1-\sqrt{1-2\times0.067}=0.069<\xi_b=0.518$，满足要求。

（5）求受拉钢筋 A_s

$$A_s=\xi bh_0\frac{\alpha_1 f_c}{f_y}=0.069\times1\,000\times80\times\frac{1.0\times14.3}{360}=219.27\text{ mm}^2$$

（6）选配钢筋直径及根数

查表 4-11 选配ϕ6@120，实际配筋面积 $A_s=236$ mm^2，配筋如图 4-19 所示。

（7）验算适用条件

ρ_{min} 取 0.2% 和 $45f_t/f_y$(%) 中的较大值，$45f_t/f_y$(%)$=45\times1.43/360$(%)$=0.18$%，

故取 $\rho_{min}=0.2$%

$A_{smin}=\rho_{min}bh=0.2\%\times1\,000\times100=200$ mm$^2<A_s=236$ mm^2，满足要求。

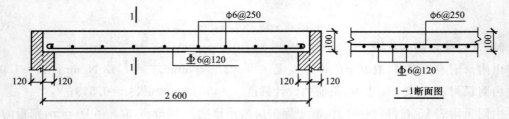

图 4-19　例题 4-1 截面配筋图

例题 4-2　已知某办公楼钢筋混凝土楼面简支梁，计算跨度 $l_0=6.2$ m，梁的截面尺寸 $b\times h=250$ mm$\times500$ mm，永久荷载（包括梁自重）标准值 $g_k=16.5$ kN/m，可变荷载标准值 $q_k=8.2$ kN/m，混凝土强度等级为 C35，HRB500 级钢筋，构件的安全等级为二级，环境类别为一类。求梁所需的纵向受拉钢筋面积 A_s。

解　(1)确定基本数据

由附录附表 7 查得,混凝土的设计强度 $f_c=16.7$ N/mm², $f_t=1.57$ N/mm²; $\alpha_1=1.0$;

由附录附表 3、表 4-5 查得,钢筋的设计强度 $f_y=435$ N/mm², $\xi_b=0.482$;

由附录附表 15 查得,钢筋的混凝土最小保护层厚度为 20 mm,设纵向受拉钢筋按一排放置,设箍筋直径为 6 mm,取 $a_s=35$ mm,则梁的有效高度

$$h_0=h-a_s=500-35=465 \text{ mm}$$

构件的安全等级为二级,重要性系数 $\gamma_0=1.0$

(2)跨中截面最大设计弯矩

$$M=\gamma_0\times\frac{1}{8}(1.3\times g_k+1.5\times q_k)l_0^2=1.0\times\frac{1}{8}(1.3\times16.5+1.5\times8.2)\times6.2^2=162.17 \text{ kN}\cdot\text{m}$$

(3)求受压区高度

$$x=h_0-\sqrt{h_0^2-\frac{2M}{\alpha_1 f_c b}}=465-\sqrt{470^2-\frac{2\times162.17\times10^6}{1.0\times16.7\times250}}=86.56 \text{ mm}$$

(4)验算适用条件

$x=86.56$ mm$<\xi_b h_0=0.482\times465=224.13$ mm,满足要求。

(5)求受拉钢筋 A_s

$$A_s=\frac{\alpha_1 f_c bx}{f_y}=\frac{1.0\times16.7\times250\times86.56}{435}=830.78 \text{ mm}^2$$

(6)选配钢筋直径及根数

选配 4Φ18,实际配筋面积 $A_s=1017$ mm²,配筋如图 4-20 所示。

钢筋净距 $s=(250-2\times20-2\times6-4\times18)/3=42$ mm>25 mm。

(7)验算适用条件

ρ_{min} 取 0.2% 和 $45f_t/f_y$(%)中的较大值,$45f_t/f_y$(%)$=45\times1.57/435$(%)$=0.16$%,故取 $\rho_{min}=0.2$%

$A_{smin}=\rho_{min}bh=0.2\%\times250\times500=250$ mm²$<A_s=1017$ mm²,满足要求。

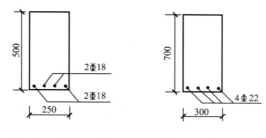

图 4-20　例题 4-2 图　　　图 4-21　例题 4-3 图

【例题 4-3】　已知钢筋混凝土矩形梁截面尺寸 $b\times h=300$ mm$\times700$ mm,承受弯矩设计值 $M=310$ kN·m,混凝土强度等级 C30,采用 HRB400 级钢筋,环境类别为二 a 类。求梁所需的纵向受拉钢筋面积 A_s。

解　(1)确定基本数据

由附录附表 7 查得,混凝土的设计强度 $f_c=14.3$ N/mm², $f_t=1.43$ N/mm²; $\alpha_1=1.0$;

由附录附表 3、表 4-5 查得,钢筋的设计强度 $f_y=360$ N/mm^2,$\xi_b=0.518$;

由附录附表 15 查得,钢筋的混凝土最小保护层厚度为 25 mm,设纵向受拉钢筋按一排放置,设箍筋直径为 6 mm,取 $a_s=40$ mm,则梁的有效高度

$$h_0=h-a_s=700-40=660 \text{ mm}$$

(2)求 α_s

$$\alpha_s=\frac{M}{\alpha_1 f_c b h_0^2}=\frac{310\times10^6}{1.0\times14.3\times300\times660^2}=0.166$$

$\xi=1-\sqrt{1-2\alpha_s}=1-\sqrt{1-2\times0.166}=0.183<\xi_b=0.518$,满足要求。

(3)求受拉钢筋 A_s

$$A_s=\xi b h_0 \frac{\alpha_1 f_c}{f_y}=0.183\times300\times660\times\frac{1.0\times14.3}{360}=1\,439.3 \text{ mm}^2$$

(4)选配钢筋直径及根数

选配 4Φ22,实际配筋面积 $A_s=1\,520$ mm^2,配筋如图 4-21 所示。

钢筋净距 $s=(300-2\times25-2\times6-4\times22)/3=50$ mm>25 mm。

(5)验算适用条件

ρ_{min} 取 0.2% 和 $45f_t/f_y$(%)中的较大值,$45f_t/f_y$(%)$=45\times1.43/360$(%)$=0.18$%,故取 $\rho_{min}=0.2$%

$A_{smin}=\rho_{min} bh=0.2\%\times300\times700=420$ mm$^2<A_s=1\,520$ mm^2,满足要求。

【例题 4-4】 已知某梁由设计荷载产生的最大弯矩 $M=225$ kN·m,混凝土强度等级为 C25,HRB400 级钢筋,环境类别为一类。试确定梁的截面尺寸及所需受拉钢筋面积 A_s。

解 (1)确定基本数据

由附录附表 7 查得,混凝土的设计强度 $f_c=11.9$ N/mm^2,$f_t=1.27$ N/mm^2;$\alpha_1=1.0$;

由附录附表 3、表 4-5 查得,钢筋的设计强度 $f_y=360$ N/mm^2,$\alpha_{smax}=0.383\,8$;

(2)初选截面尺寸

先假定配筋率 $\rho=1$%,梁宽 $b=250$ mm;

$$\xi=\rho\frac{f_y}{\alpha_1 f_c}=0.01\times\frac{360}{1.0\times11.9}=0.3$$

$$\alpha_s=\xi(1-0.5\xi)=0.3(1-0.5\times0.3)=0.255$$

$$h_0=\sqrt{\frac{M}{\alpha_s \alpha_1 f_c b}}=\sqrt{\frac{225\times10^6}{0.255\times1.0\times11.9\times250}}=544.6 \text{ mm}$$

由附录附表 15 查得,钢筋的混凝土最小保护层厚度为 25 mm,设纵向受拉钢筋按一排放置,设箍筋直径为 6 mm,取 $a_s=40$ mm,$h=h_0+a_s=544.6+40=584.6$ mm,为施工方便,取 $h=600$ mm,实际的 $h_0=h-a_s=600-40=560$ mm。

(3)求 α_s

$$\alpha_s=\frac{M}{\alpha_1 f_c b h_0^2}=\frac{225\times10^6}{1.0\times11.9\times250\times560^2}=0.242<\alpha_{smax}=0.383\,8$,满足要求。

$$\gamma_s=\frac{1+\sqrt{1-2\alpha_s}}{2}=\frac{1+\sqrt{1-2\times0.242}}{2}=0.859$$

（3）求受拉钢筋 A_s

$$A_s = \frac{M}{f_y \gamma_s h_0} = \frac{225 \times 10^6}{360 \times 0.859 \times 560} = 1\,299 \text{ mm}^2$$

（4）选配钢筋直径及根数

选配 4Φ20，实际配筋面积 $A_s = 1\,256 \text{ mm}^2$，配筋如图 4-22 所示。

钢筋净距 $s = (250 - 2 \times 25 - 2 \times 6 - 4 \times 20)/3 = 36 \text{ mm} > 25 \text{ mm}$。

（5）验算适用条件

ρ_{min} 取 0.2% 和 $45 f_t/f_y$（%）中的较大值，$45 f_t/f_y$（%）$= 45 \times 1.27/360$（%）$= 0.16\%$，故取 $\rho_{min} = 0.2\%$

$A_{smin} = \rho_{min} bh = 0.2\% \times 250 \times 600 = 300 \text{ mm}^2 < A_s = 1\,299 \text{ mm}^2$，满足要求。

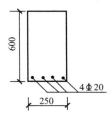

图 4-22　例题 4-4 图

2. 截面承载力复核

实际工程中经常遇到已建成或已完成的设计，截面尺寸、材料强度、钢筋直径与根数已确定，要求计算构件的极限承载力，或复核构件的安全性能。

受弯构件正截面承载力复核时，已知构件的尺寸（$b \times h$）、材料强度设计值（f_c，f_y）、受拉钢筋截面面积（A_s）以及截面所需承受的弯矩设计值（M），按下列步骤进行截面承载力复核：

（1）由式（4-13）计算受压区高度 $x = \dfrac{f_y A_s}{\alpha_1 f_c b}$

（2）求截面受弯极限承载力设计值 M_u

①当 $x \leqslant \xi_b h_0$ 时，由式（4-14b）计算 $M_u = f_y A_s (h_0 - \dfrac{x}{2})$

②当 $x > \xi_b h_0$ 时，由式（4-21）计算 $M_u = \xi_b (1 - 0.5\xi_b) \alpha_1 f_c b h_0^2 = \alpha_{smax} \alpha_1 f_c b h_0^2$

（3）承载力校核。按承载能力极限状态计算要求，应满足 $M \leqslant M_u$。

【例题 4-5】 已知单筋矩形截面梁如图 4-23 所示，$b \times h = 250 \text{ mm} \times 700 \text{ mm}$，环境类别为一类，混凝土强度等级 C25，钢筋采用 5Φ22，$A_s = 1\,900 \text{ mm}^2$。求该截面能否承受弯矩设计值 $M = 305 \text{ kN} \cdot \text{m}$。

解　（1）确定基本数据

由附录附表 7 查得，混凝土的设计强度 $f_c = 11.9 \text{ N/mm}^2$，$f_t = 1.27 \text{ N/mm}^2$；$\alpha_1 = 1.0$；

由附录附表 3、表 4-5 查得，钢筋的设计强度 $f_y = 300 \text{ N/mm}^2$，$\xi_b = 0.550$；

（2）求 a_s 和 h_0

判别 5Φ22 能否放在一排：混凝土保护层最小厚度为 25 mm，则

$$5 \times 22 + 4 \times 25 + 2 \times 25 = 260 \text{ mm} > b = 250 \text{ mm}$$

改为二层，第一层 3Φ22，第二层 2Φ22。

$$a_s = \frac{3\times(25+11)+2\times(25+22+25+11)}{5}+8 = 62.8 \text{ mm}$$

$$h_0 = 700-62.8 = 637.2 \text{ mm}$$

(3)验算适用条件

$\rho_{\min}$取 0.2%和 $45f_t/f_y(\%)$中的较大值，$45f_t/f_y(\%)=45\times1.27/300(\%)=0.19\%$，故取 $\rho_{\min}=0.2\%$

$A_{smin}=\rho_{\min}bh=0.2\%\times250\times700=350 \text{ mm}^2 < A_s=1\,900 \text{ mm}^2$，满足要求。

(4)求受压区高度 x

$$x=\frac{f_yA_s}{\alpha_1 f_c b}=\frac{300\times1\,900}{1.0\times12\times250}=190 \text{ mm} < \xi_b h_0 = 0.55\times637.2=350.46 \text{ mm}$$

(5)计算正截面受弯极限承载力

$$M_u=f_yA_s\left(h_0-\frac{x}{2}\right)=300\times1\,900\times\left(637.2-\frac{190}{2}\right)=309.05\times10^6 \text{ N·mm}=309.05 \text{ kN·m}$$

(6)承载力复核

$$M=305 \text{ kN·m} < M_u=309.05 \text{ kN·m}$$

该梁正截面是安全的。

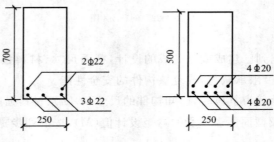

图 4-23　例题 4-5 图　　　图 4-24　例题 4-6 图

【例题 4-6】 已知钢筋混凝土矩形梁如图 4-24 所示，截面尺寸 $b\times h=250\times500 \text{ mm}$，混凝土强度等级 C30，钢筋采用 8$\Phi$20，$A_s=2\,513 \text{ mm}^2$，HRB400 级钢筋，环境类别为一类。试求此截面受弯极限承载力 M_u。

解　(1)确定基本数据

由附录附表 7 查得，混凝土的设计强度 $f_c=14.3 \text{ N/mm}^2$，$f_t=1.43 \text{ N/mm}^2$；$\alpha_1=1.0$；

由附录附表 3、表 4-5 查得，钢筋的设计强度 $f_y=360 \text{ N/mm}^2$，$\xi_b=0.518$；

由附录附表 15 查得，钢筋的混凝土最小保护层厚度为 20 mm，纵向受拉钢筋按两排放置，$a_s=20+8+20+12.5=60.5 \text{ mm}$，则梁的有效高度

$$h_0=h-a_s=500-60.5=439.5 \text{ mm}$$

(2)验算适用条件

$\rho_{\min}$取 0.2%和 $45f_t/f_y(\%)$中的较大值，$45f_t/f_y(\%)=45\times1.43/360(\%)=0.18\%$，故取 $\rho_{\min}=0.2\%$

$A_{smin}=\rho_{\min}bh=0.2\%\times250\times500=250 \text{ mm}^2 < A_s=2\,513 \text{ mm}^2$，满足要求。

(3)求受压区高度 x

$$x=\frac{f_yA_s}{\alpha_1 f_c b}=\frac{360\times2\,513}{1.0\times14.3\times250}=253.06 \text{ mm} > \xi_b h_0 = 0.518\times439.5=227.66 \text{ mm}$$

属超筋梁情况。

（4）计算正截面受弯极限承载力

$M_u = \xi_b(1-0.5\xi_b)\alpha_1 f_c b h_0^2 = 0.518(1-0.5\times0.518)\times1.0\times14.3\times250\times439.5^2 = 265.06\ kN\cdot m$

4.6　双筋矩形截面受弯构件正截面承载力计算

钢筋混凝土结构中，钢筋不但可以设置在构件的受拉区，而且也可以配置在受压区与混凝土共同抗压。这种在梁的受拉区和受压区都配置纵向受力钢筋的截面，称为双筋截面。由于混凝土抗压性能好，价格比钢筋便宜，在梁中用钢筋协同混凝土受压是不经济的。因此只有在下列情况下才考虑使用双筋截面。

（1）截面承受的弯矩很大，按单筋截面计算，出现 $\xi>\xi_b$，同时截面尺寸及混凝土强度等级受到使用和施工条件限制不便加大或提高，则应采用双筋截面。

（2）在实际工程中，有些构件在不同荷载组合下，同一控制截面可能承受正、负两向弯矩，则在截面顶、底两侧均应配置受力钢筋，因而形成了双筋截面。

（3）在截面的受压区配置一定数量的受压钢筋，可提高混凝土的极限压应变，增加构件的延性，使构件在最终破坏之前产生较大的塑性变形，吸收大量的能量，对结构抗震有利。因此，在设计地震区的构件时，可考虑采用双筋截面。

4.6.1　计算应力图

双筋截面梁与单筋截面梁的区别，只是在截面的受压区配置了纵向受压钢筋。双筋截面梁在破坏时截面的应力图与单筋截面梁相似。试验证明，若双筋截面满足适筋梁条件 $\xi\leqslant\xi_b$，双筋梁仍为适筋破坏。

与单筋截面梁一样，双筋截面梁破坏时仍然是受拉钢筋应力先达到屈服强度 f_y，然后受压区最外边缘混凝土的应变达到极限压应变 ε_{cu}，压区混凝土应力分布图仍采用等效矩形应力图，其应力值取为 $\alpha_1 f_c$，如图4-25所示。由于构件中混凝土受配箍约束，极限受压应变加大，受压钢筋可以达到较高的强度，其抗压强度 f_y' 取抗压屈服强度。

双筋矩形截面梁截面计算应力图如图4-25所示。

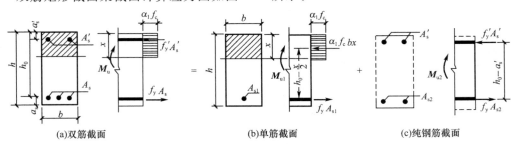

(a)双筋截面　　　　　　　(b)单筋截面　　　　　　　(c)纯钢筋截面

图 4-25　双筋矩形截面

4.6.2 基本计算公式

双筋矩形截面达到受弯承载力极限状态时的截面应力如图 4-25(a)所示,由平衡条件可得其基本公式为

$$\alpha_1 f_c bx + f_y'A_s' = f_y A_s \tag{4-33}$$

$$M \leqslant M_u = \alpha_1 f_c bx\left(h_0 - \frac{x}{2}\right) + f_y'A_s'(h_0 - a_s') \tag{4-34}$$

式中 f_y'——钢筋抗压强度设计值,按附录附表 3 取用;

A_s'——受压区纵向钢筋的截面面积;

a_s'——受压钢筋合力点到受压区边缘的距离。

其余符号意义同单筋矩形截面。

双筋矩形截面的受弯承载力设计值 M_u 及纵向受拉钢筋 A_s 可分解为两部分之和,即

$$M_u = M_{u1} + M_{u2}, A_s = A_{s1} + A_{s2}$$

由图 4-25(b)得

$$\alpha_1 f_c bx = f_y A_{s1} \tag{4-35}$$

$$M_{u1} = \alpha_1 f_c bx\left(h_0 - \frac{x}{2}\right) \tag{4-36}$$

由图 4-25(c)得

$$f_y'A_s' = f_y A_{s2} \tag{4-37}$$

$$M_{u2} = f_y'A_s'(h_0 - a_s') \tag{4-38}$$

第一部分是由受压区混凝土与相应部分受拉钢筋 A_{s1} 组成的单筋矩形截面部分的受弯承载力 M_{u1};第二部分则是由受压钢筋 A_s' 与相应其余部分受拉钢筋 A_{s2} 组成的"纯钢筋截面"部分的受弯承载力 M_{u2}。

4.6.3 适用条件

1. $\xi \leqslant \xi_b$ 或 $A_{s1} \leqslant \rho_{max}bh$ 或 $M_{u1max} \leqslant \alpha_{smax}\alpha_1 f_c bh_0^2$,其意义与单筋截面相同,为了避免发生超筋破坏,保证受拉钢筋在截面破坏时应力能够达到抗拉强度设计值 f_y。

2. $x \geqslant 2a_s'$,其意义是保证受压钢筋具有足够的变形,在截面破坏时应力能够达到抗压设计强度值 f_y'。

在实际的设计计算中,如果出现 $x < 2a_s'$,表明受压钢筋离中和轴太近,受压钢筋的压应变 ε_s' 太小,应力达不到抗压强度设计值 f_y'。对此情况,在计算中可近似的假定混凝土的压力合力点与受压钢筋的合力点重合,即取 $x = 2a_s'$,如图 4-26 所示。对受压钢筋合力点取矩,可得正截面受弯承载力计算公式为

$$M \leqslant M_u = f_y A_s(h_0 - a_s') \tag{4-39}$$

若计算中不考虑受压钢筋 A_s' 的受压作用,则不需要满足 $x \geqslant 2a_s'$ 的条件,按单筋矩形截面计算 A_s。

双筋截面因纵向受拉钢筋配置较多,通常不会出现少筋破坏情况,故不必验算最小配筋率 ρ_{min}。

此外,为了充分利用受压钢筋的强度,防止受压钢筋过早压屈外凸,将受压区保护层崩

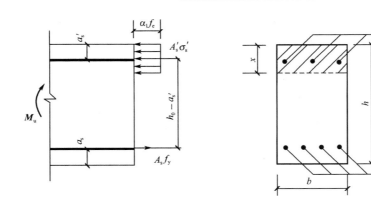

图 4-26　$x<2a'_s$ 时双筋截面的计算简图

裂,使构件提前发生破坏,降低构件承载力。《规范》规定:

(1)当梁中配有按计算需要的纵向受压钢筋时,箍筋应做成封闭式;

(2)箍筋的间距 s 不应大于 $15d$,同时不应大于 400 mm,d 为受压钢筋的最小直径;当一层内的纵向受压钢筋多于 5 根且直径大于 18 mm 时,箍筋间距 s 不应大于纵向受压钢筋的最小直径的 10 倍;

(3)箍筋直径应不小于 $d/4$,d 为受压钢筋的最大直径;

(4)当梁的宽度 b 大于 400 mm 且一层内的纵向受压钢筋多于 3 根时,或当梁的宽度 b 不大于 400 mm 但一层内的纵向受压钢筋多于 4 根时,应设置复合箍筋。

4.6.4　设计计算方法

1. 截面设计

双筋截面设计时,可能会遇到下面两种情况。

(1)第一种情况

已知截面尺寸($b×h$),截面弯矩设计值(M),混凝土的强度等级和钢筋的种类(f_c、f_y、f'_y),求受拉钢筋截面积 A_s 和受压钢筋截面积 A'_s。

由于式(4-33)、式(4-34)两个基本公式中含有 x、A_s、A'_s 三个未知数,可有多组解,故应补充一个条件才能求定解。为了充分发挥混凝土的抗压作用,使钢筋的总用量($A_s+A'_s$)为最小,达到节约钢筋的目的,令 $\xi=\xi_b(x=\xi_b h_0)$,由式(4-34)可得

$$A'_s=\frac{M-\alpha_1 f_c b h_0^2 \xi_b(1-0.5\xi_b)}{f'_y(h_0-a'_s)}\qquad(4\text{-}40)$$

由式(4-33)得

$$A_s=\xi_b\frac{\alpha_1 f_c b h_0}{f_y}+A'_s\frac{f'_y}{f_y}\qquad(4\text{-}41)$$

(2)第二种情况

已知截面尺寸($b×h$),弯矩设计值(M),混凝土的强度等级和钢筋的种类(f_c、f_y、f'_y),受压钢筋截面面积 A'_s。求受拉钢筋的截面面积 A_s。

①求由已知 A'_s 承受的弯矩 M_{u2} 及相应的钢筋 A_{s2}

$$M_{u2}=f'_y A'_s(h_0-a'_s)$$

$$A_{s2}=A'_s\frac{f'_y}{f_y}$$

②求 M_{u1} 及 A_{s1}

$$M_{u1}=M-M_{u2}=M-f'_y A'_s(h_0-a'_s)$$

即

$$\alpha_{s1}=\frac{M_{u1}}{\alpha_1 f_c bh_0^2}=\frac{M-f'_y A'_s(h_0-a'_s)}{\alpha_1 f_c bh_0^2}$$

由 α_{s1} 可求得 ξ 或 γ_s

$$\xi=1-\sqrt{1-2\alpha_{s1}} \text{ 或 } \gamma_s=0.5(1+\sqrt{1-2\alpha_{s1}})$$

$$A_{s1}=\xi\frac{\alpha_1 f_c bh_0}{f_y} \text{ 或 } A_{s1}=\frac{M_{u1}}{f_y \gamma_s h_0}$$

③受拉钢筋总面积

$$A_s=A_{s1}+A_{s2}=\xi\frac{\alpha_1 f_c bh_0}{f_y}+A'_s\frac{f'_y}{f_y}$$

④配筋计算

若按 M_{u1} 求得的 $\xi>\xi_b$ 时,说明已配置的受压钢筋 A'_s 数量不够,应增加其数量,可按受压钢筋 A'_s 未知的情况(情况一)重新计算 A_s 和 A'_s。

当 $x<2a'_s$ 时,表明受压钢筋 A'_s 的应力达不到抗压设计强度,由式(4-39)计算受拉钢筋截面积。

$$A_s=\frac{M}{f_y(h_0-a'_s)}$$

【例题 4-7】 一矩形截面简支梁,截面尺寸为 $b\times h=200 \text{ mm}\times500 \text{ mm}$;混凝土强度等级为 C30;采用 HRB400 级钢筋,环境类别为二 a 类;截面的弯矩设计值为 290 kN·m,求此截面所需配置的纵向受力钢筋。

解 (1)确定基本数据

由附录附表 7 查得,混凝土的设计强度 $f_c=14.3 \text{ N/mm}^2$,$f_t=1.43 \text{ N/mm}^2$;$\alpha_1=1.0$;

由附录附表 3、表 4-5、4-7 查得,钢筋的设计强度 $f_y=360 \text{ N/mm}^2$,$\xi_b=0.518$,$\alpha_{smax}=0.3838$;

由附录附表 15 查得,钢筋的混凝土保护层最小厚度为 25 mm,设箍筋直径为 8 mm,纵向受拉钢筋按两排放置,取 $a_s=70 \text{ mm}$,则梁的有效高度

$$h_0=h-a_s=500-70=430 \text{ mm}$$

(2)验算是否需要采用双筋截面

$M=290 \text{ kN·m}>\alpha_{smax}\alpha_1 f_c bh_0^2=0.3838\times1.0\times14.3\times200\times430^2=202.96\times10^6 \text{ N·mm}=202.96 \text{ kN·m}$

因此应采用双筋截面。

(3)配筋计算

受压钢筋为单层,取 $a'_s=40 \text{ mm}$,为节约钢筋,充分利用混凝土抗压,令 $\xi=\xi_b$,则

$$A'_s=\frac{M-a_{smax}\alpha_1 f_c bh_0^2}{f'_y(h_0-a'_s)}=\frac{290\times10^6-202.96\times10^6}{360\times(430-40)}=619.94 \text{ mm}^2$$

$$A_s=\frac{\alpha_1 f_c \xi_b bh_0+f'_y A'_s}{f_y}=\frac{1.0\times14.3\times0.518\times200\times430+360\times619.94}{360}=2389.49 \text{ mm}^2$$

(4)选配钢筋直径及根数

受拉钢筋选配 3 $\underline{\Phi}$25+3 $\underline{\Phi}$20,实际配筋面积 $A_s=2415 \text{ mm}^2$,受压钢筋选配 2 $\underline{\Phi}$20,$A'_s=628 \text{ mm}^2$,配筋如图 4-27 所示。

钢筋净距 $s=(200-2\times25-2\times8-3\times25)/2=29.5$ mm>25 mm。

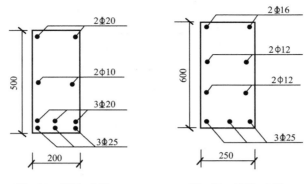

图 4-27　例题 4-7 图　　　　图 4-28　例题 4-8 图

【例题 4-8】　一矩形截面梁,截面尺寸为 $b\times h=250$ mm$\times600$ mm,混凝土强度等级为 C30;采用 HRB400 级钢筋,环境类别为二 a 类,梁的受压区已配置 2 ϕ16 的受压钢筋, $A_s'=402$ mm^2,梁承受的设计弯矩值 265 kN·m,求受拉钢筋的截面面积 A_s。

解　(1)确定基本数据

由附录附表 7 查得,混凝土的设计强度 $f_c=14.3$ N/mm^2,$f_t=1.43$ N/mm^2;$\alpha_1=1.0$;

由附录附表 3、表 4-5 查得,钢筋的设计强度 $f_y=360$ N/mm^2,$\xi_b=0.518$;

由附录附表 15 查得,混凝土保护层厚度为 25 mm,设箍筋直径为 8 mm,受压钢筋为单层,取 $a_s'=25+8+16/2=41$ mm,纵向受拉钢筋按一层放置,取 $a_s=45$ mm,则梁截面的有效高度

$$h_0=h-a_s=600-45=555 \text{ mm}$$

(2)计算 ξ 及 x

$$M_{u2}=f_y'A_s'(h_0-a_s')=360\times402(555-41)=74.39\times10^6 \text{ N·mm}=74.39 \text{ kN·m}$$

$$M_{u1}=M-M_{u2}=265-74.39=190.61 \text{ kN·m}$$

$$\alpha_{s1}=\frac{M_{u1}}{\alpha_1 f_c bh_0^2}=\frac{190.61\times10^6}{1.0\times14.3\times250\times555^2}=0.173$$

$$\xi=1-\sqrt{1-2\alpha_{s1}}=1-\sqrt{1-2\times0.173}=0.191<\xi_b=0.518$$

$$x=\xi h_0=0.191\times555=106.01 \text{ mm}>2a_s'=2\times41=82 \text{ mm}$$

(3)受拉钢筋总面积

$$A_s=A_{s1}+A_{s2}=\xi\frac{\alpha_1 f_c bh_0}{f_y}+A_s'\frac{f_y'}{f_y}=0.191\times\frac{1.0\times14.3\times250\times555}{360}+402\times\frac{360}{360}$$

$$=1052.69+402=1454.69 \text{ mm}^2$$

(4)选配钢筋直径及根数

受拉钢筋选配 3 ϕ25,实际配筋面积 $A_s=1473$ mm^2,如图 4-28 所示。

钢筋净距 $s=(250-2\times25-2\times8-3\times25)/2=54.5$ mm>25 mm。

【例题 4-9】　某矩形截面梁,截面尺寸为 $b\times h=250$ mm$\times500$ mm;混凝土强度等级为 C25;采用 HRB400 级钢筋,环境类别为一类,梁的受压区已配置 3 ϕ20 的受压钢筋,$A_s'=942$ mm^2,梁承受的设计弯矩值 200 kN·m,求受拉钢筋的截面面积 A_s。

解 (1)确定基本数据

由附录附表 7 查得,混凝土的设计强度 $f_c=11.9$ N/mm²,$f_t=1.27$ N/mm²;$\alpha_1=1.0$;

由附录附表 3、表 4-5 查得,钢筋的设计强度 $f_y=360$ N/mm²,$\xi_b=0.518$;

由附录附表 15 查得,钢筋的混凝土最小保护层厚度为 25 mm,设箍筋直径为 6 mm,受压钢筋为单排,取 $a_s'=40$ mm,纵向受拉钢筋按两排放置,取 $a_s=70$ mm,则梁的有效高度

$$h_0=h-a_s=500-70=430 \text{ mm}$$

(2)计算 ξ 及 x

$$M_{u2}=f_y'A_s'(h_0-a_s')=360\times942(430-40)=132.26\times10^6 \text{ N}\cdot\text{mm}=132.26 \text{ kN}\cdot\text{m}$$

$$M_{u1}=M-M_{u2}=(200-132.26) \text{ kN}\cdot\text{m}=67.74 \text{ kN}\cdot\text{m}$$

$$\alpha_{s1}=\frac{M_{u1}}{\alpha_1 f_c b h_0^2}=\frac{67.74\times10^6}{1.0\times11.9\times250\times430^2}=0.123$$

$$\xi=1-\sqrt{1-2\alpha_{s1}}=1-\sqrt{1-2\times0.123}=0.132<\xi_b=0.518$$

$$x=\xi h_0=0.132\times430=56.76 \text{ mm}<2a_s'=2\times40=80 \text{ mm}$$

(3)受拉钢筋面积

$$A_s=\frac{M}{f_y(h_0-a_s')}=\frac{200\times10^6}{360(430-40)}=1\ 424.5 \text{ mm}^2$$

(4)选配钢筋直径及根数

受拉钢筋选配 3 Φ20+2 Φ18,实际配筋面积 $A_s=1\ 451$ mm²,配筋如图 4-29 所示。

钢筋净距 $s=(250-2\times25-2\times6-3\times20)/2=64$ mm>25 mm。

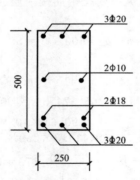

图 4-29 例题 4-9 图

2. 截面承载力复核

已知截面尺寸($b\times h$),混凝土的强度等级和钢筋的种类(f_c、f_y、f_y'),受拉钢筋和受压钢筋截面面积(A_s、A_s'),截面弯矩设计值 M。复核截面是否安全。

(1)先由式(4-33)计算受压区高度 x,再根据不同情况计算截面的受弯承载力极限值 M_u。

$$x=\frac{f_y A_s-f_y'A_s'}{\alpha_1 f_c b}$$

(2)受弯承载力极限值 M_u

当 $x>\xi_b h_0$ 时,说明截面处于超筋状态,破坏属于脆性破坏。把 $x=\xi_b h_0$ 代入式(4-34)得 $M_u=\alpha_1 f_c b h_0^2 \xi_b(1-0.5\xi_b)+f_y'A_s'(h_0-a_s')$

当 $2a_s'\leqslant x\leqslant\xi_b h_0$ 时,由式(4-34)得 $M_u=\alpha_1 f_c b x(h_0-\frac{x}{2})+f_y'A_s'(h_0-a_s')$

当 $x < 2a_s'$ 时，由式(4-39)得 $M_u = f_y A_s (h_0 - a_s')$

(3)如 $M \leqslant M_u$，则正截面承载力满足要求，否则不满足。

【例题 4-10】 某双筋矩形截面梁如图 4-30 所示，截面尺寸为 $b \times h = 200 \text{ mm} \times 500 \text{ mm}$，混凝土强度等级为 C30；采用 HRB335 级钢筋，环境类别为一类，梁的受压区已配置 2Φ16 的受压钢筋，$A_s' = 402 \text{ mm}^2$，受拉钢筋 3Φ25，$A_s = 1\ 473 \text{ mm}^2$。求梁截面所能承受的弯矩设计值 M_u。

解 (1)确定基本数据

由附录附表 7 查得，混凝土的设计强度 $f_c = 14.3 \text{ N/mm}^2$，$f_t = 1.43 \text{ N/mm}^2$；$\alpha_1 = 1.0$；

由附录附表 3、表 4-5 查得，钢筋的设计强度 $f_y = 300 \text{ N/mm}^2$，$\xi_b = 0.55$；

由附录附表 15 查得，钢筋的混凝土最小保护层厚度为 20 mm，设箍筋直径为 8 mm，受压钢筋为单排，$a_s' = 20 + 8 + 16/2 = 36 \text{ mm}$，纵向受拉钢筋一排放置，$a_s = 20 + 8 + 25/2 = 40.5 \text{ mm}$，则梁的有效高度

$$h_0 = h - a_s = 500 - 40.5 = 459.5 \text{ mm}$$

(2)计算受压区高度

$$x = \frac{f_y A_s - f_y' A_s'}{\alpha_1 f_c b} = \frac{300 \times 1\ 473 - 300 \times 402}{1.0 \times 14.3 \times 200} = 112.34 \text{ mm}$$

$$2a_s' = 72 \text{ mm}, \quad \xi_b h_0 = 0.55 \times 459.5 = 252.73 \text{ mm}$$

所以满足 $2a_s' < x < \xi_b h_0$

(3)计算受弯承载力

$$M_u = \alpha_1 f_c b x \left(h_0 - \frac{x}{2}\right) + f_y' A_s' (h_0 - a_s')$$

$$= 1.0 \times 14.3 \times 200 \times 112.34 \times \left(459.5 - \frac{112.34}{2}\right) + 300 \times 402 \times (459.5 - 36)$$

$$= 180.66 \times 10^6 \text{ N} \cdot \text{mm} = 180.66 \text{ kN} \cdot \text{m}$$

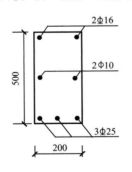

图 4-30 例题 4-10 图

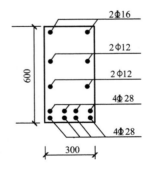

图 4-31 例题 4-11 图

【例题 4-11】 一矩形截面简支梁如图 4-31 所示，截面尺寸为 $b \times h = 300 \text{ mm} \times 600 \text{ mm}$，混凝土强度等级为 C35，HRB400 级钢筋，环境类别为二 a 类，配有纵向受压钢筋 2Φ16，$A_s' = 402 \text{ mm}^2$，受拉钢筋 8Φ28，$A_s = 4\ 926 \text{ mm}^2$；梁承受的弯矩设计值 $M = 590 \text{ kN} \cdot \text{m}$，试校核该截面是否安全。

解 (1)确定基本数据

由附录附表 7 查得，混凝土的设计强度 $f_c = 16.7 \text{ N/mm}^2$，$f_t = 1.57 \text{ N/mm}^2$；$\alpha_1 = 1.0$；

由附录附表 3、表 4-5 查得，钢筋的设计强度 $f_y = 360 \text{ N/mm}^2$，$\xi_b = 0.518$；

由附录附表 15 查得,钢筋的混凝土最小保护层厚度为 25 mm,由于受拉钢筋直径为 28 mm,取混凝土保护层厚度为 28 mm,设箍筋直径为 8 mm,$a_s' = 28 + 8 + 16/2 = 44$ mm,纵向受拉钢筋两排放置,$a_s = 28 + 8 + 28 + 28/2 = 78$ mm,则梁的有效高度

$$h_0 = h - a_s = 600 - 78 = 522 \text{ mm}$$

(2)计算受压区高度

$$x = \frac{f_y A_s - f_y' A_s'}{\alpha_1 f_c b} = \frac{360 \times 4\,926 - 360 \times 402}{1.0 \times 16.7 \times 300} = 325.08 \text{ mm}$$

$$x > \xi_b h_0 = 0.518 \times 522 = 270.4 \text{ mm}$$

说明截面处于超筋状态,破坏属于脆性破坏。取 $x = \xi_b h_0$

(3)计算弯矩设计值

$$
\begin{aligned}
M_u &= \alpha_1 f_c b h_0^2 \xi_b (1 - 0.5\xi_b) + f_y' A_s' (h_0 - a_s') \\
&= 1.0 \times 16.7 \times 300 \times 522^2 \times 0.518 \times (1 - 0.5 \times 0.518) + 360 \times 402 \times (522 - 44) \\
&= 593.17 \times 10^6 \text{ N} \cdot \text{mm} \\
&= 593.17 \text{ kN} \cdot \text{m}
\end{aligned}
$$

(4)比较

$M = 590$ kN·m $< M_u = 593.17$ kN·m,此截面是安全的。

4.7 T 形截面受弯构件正截面承载力计算

4.7.1 概述

矩形截面受弯构件具有构造简单、施工方便等优点,但由于受弯构件破坏时拉区混凝土早已开裂而逐步退出工作,若把受拉区混凝土去掉一部分,并将钢筋集中放置在肋部,就形成 T 形截面,如图 4-32(a)所示,这样做并不降低截面的受弯承载力,却能节省混凝土和减轻结构自重。若受拉钢筋较多,为方便布置钢筋,可将截面底部适当增大,形成 I 形截面,如图 4-32(b)所示。I 形截面的受弯承载力的计算与 T 形截面相同。

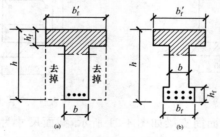

图 4-32 T 形截面

T 形和 I 形截面梁在工程中应用非常广泛,如 T 形吊车梁、薄腹屋面梁、槽形板和现浇肋形楼盖中的主、次梁等均为 T 形截面;空心楼板、箱形截面、桥梁中的梁为 I 形截面。T 形梁由梁肋和位于受压区的翼缘所组成。对于翼缘位于受拉区的 T 形截面,因翼缘受拉后混凝土会发生裂缝,不起受力作用,所以仍按矩形截面计算,如图 4-33 所示肋形楼盖中的负弯矩区段(2—2 截面)。T 形梁受压区较大,混凝土足够承担压力,一般不必再配受压钢筋,

采用单筋截面。

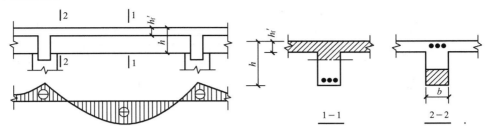

图 4-33　T 形截面构件

根据试验和理论分析可知,当 T 形梁受力时,压应力沿翼缘宽度的分布是不均匀的,压应力由梁肋中部向两边逐渐减小,如图 4-34(a)所示。当翼缘宽度很大时,远离梁肋的一部分翼缘几乎不承受压力,因而在计算中不能将离梁肋较远受力很小的翼缘也计算为 T 形梁的一部分。为了简化计算,《规范》将 T 形截面的翼缘宽度限制在一定范围内,称为受压区有效翼缘计算宽度 b'_f,并假定在 b'_f 范围内应力均匀分布,而在 b'_f 范围以外,认为翼缘已不起作用,如图 4-34(b)所示。

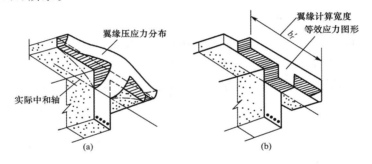

图 4-34　T 形梁受压区实际应力和计算应力图

有效翼缘的计算宽度 b'_f 主要与梁的工作情况(如整体肋形梁还是独立梁)、梁的跨度以及翼缘高度有关。《规范》规定的有效翼缘计算宽度 b'_f 见表 4-8(表中符号如图 4-35 所示)。计算时应按表所列情况中的最小值取用

表 4-8　　　　　　　　　　　受弯构件受压区有效翼缘计算宽度 b'_f

情况			T 形、I 形截面		倒 L 形截面
			肋形梁(板)	独立梁	肋形梁(板)
1	按计算跨度 l_0 考虑		$l_0/3$	$l_0/3$	$l_0/6$
2	按梁(肋)净距 s_n 考虑		$b+s_n$	—	$b+s_n/2$
3	按翼缘高度 h'_f 考虑	$h'_f/h_0 \geqslant 0.1$	—	$b+12h'_f$	—
		$0.1 > h'_f/h_0 \geqslant 0.05$	$b+12h'_f$	$b+6h'_f$	$b+5h'_f$
		$h'_f/h_0 < 0.05$	$b+12h'_f$	b	$b+5h'_f$

注:1. 表中 b 为梁的腹板厚度;

　　2. 肋形梁在跨内设有间距小于纵肋间距的横肋时,可不考虑表中情况 3 的规定;

　　3. 对加腋的 T 形、I 形和倒 L 形截面,当受压区加腋的高度 $h_h \geqslant h'_f$ 且加腋的长度 $b_h \leqslant 3h_h$ 时,其翼缘计算宽度可按表中情况 3 的规定分别增加 $2b_h$(T 形、I 形截面)和 b_h(倒 L 形截面);

　　4. 独立梁受压区的翼缘板在荷载作用下经验算沿纵肋方向可能产生裂缝时,其计算宽度应取腹板宽度 b。

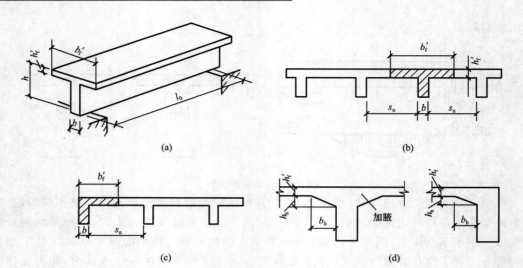

图 4-35　T 形、倒 L 形截面梁翼缘计算宽度 b_f'

4.7.2　T 形截面的类型及判别条件

根据 T 形截面受弯构件破坏时中和轴所处的位置不同,可将 T 形截面分为两类:

(1)第一类 T 形截面:中和轴位于翼缘内,即受压区高度 $x \leqslant h_f'$,如图 4-36(a)所示。

(2)第二类 T 形截面:中和轴位于梁肋内,即受压区高度 $x > h_f'$,如图 4-36(b)所示。

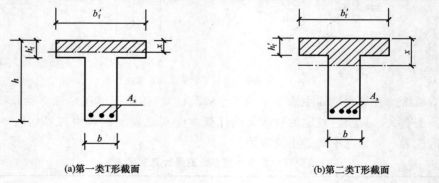

(a)第一类T形截面　　　　　　　　(b)第二类T形截面

图 4-36　两类 T 形截面

当中和轴恰好位于翼缘下边缘($x = h_f'$)时,为两类 T 形截面的界限情况,如图 4-37 所示。由平衡条件得

$$\alpha_1 f_c b_f' h_f' = f_y A_s \tag{4-42}$$

$$M_f' = \alpha_1 f_c b_f' h_f' \left(h_0 - \frac{h_f'}{2} \right) \tag{4-43}$$

式中　b_f'——T 形截面受压区有效翼缘计算宽度,按表 4-12 确定;

h_f'——T 形截面受压区翼缘高度。

其他符号意义同前。

若　　　　　$$f_y A_s \leqslant \alpha_1 f_c b_f' h_f' \tag{4-44}$$

或　　　　　$$M \leqslant \alpha_1 f_c b_f' h_f' \left(h_0 - \frac{h_f'}{2} \right) \tag{4-45}$$

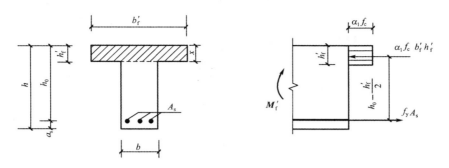

图 4-37 两类 T 形截面的界限

属于第一类 T 形截面。

若
$$f_y A_s > \alpha_1 f_c b_f' h_f' \tag{4-46}$$

或
$$M > \alpha_1 f_c b_f' h_f' \left(h_0 - \frac{h_f'}{2}\right) \tag{4-47}$$

属于第二类 T 形截面。

4.7.3 T 形截面的基本计算公式及适用条件

1. 第一类 T 形截面

对于第一类 T 形截面,因 $x \leqslant h_f'$,故其受压区混凝土为 $b_f' \times x$ 的矩形截面,因此,可以把 T 形截面看成宽度为 b_f' 的矩形截面来计算。对第一类 T 形截面承载力计算应力图如图4-38所示。

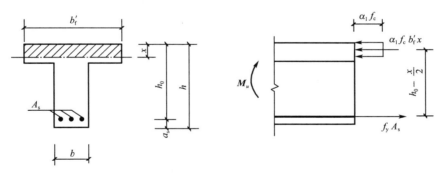

图 4-38 第一类 T 形截面计算简图

(1)基本计算公式

计算公式与单筋矩形截面计算公式完全一样,只需将梁宽 b 换成翼缘宽度 b_f' 即可,由平衡条件得

$$\alpha_1 f_c b_f' x = f_y A_s \tag{4-48}$$

$$M \leqslant M_u = \alpha_1 f_c b_f' x \left(h_0 - \frac{x}{2}\right) \tag{4-49}$$

(2)适用条件

①为了避免超筋破坏,相对受压区高度应满足 $\xi \leqslant \xi_b$ 或 $x \leqslant \xi_b h_0$。对于第一类 T 形截面,由于 $\xi = x/h_0 \leqslant h_f'/h_0$,而一般情况下 T 形截面的 h_f'/h_0 较小,故这一条件通常均能满足,可不必验算。

②为了避免少筋破坏,受拉钢筋面积应满足 $A_s \geqslant \rho_{\min}bh$,$b$ 为 T 形截面的腹板宽度。需注意的是,最小配筋面积按 $\rho_{\min}bh$ 计算,而不是 $\rho_{\min}b_f'h$。这是因为 $\rho_{\min}$ 是根据钢筋混凝土梁开裂后的极限弯矩与相同截面素混凝土梁的破坏弯矩相等的条件确定的,但素混凝土梁的破坏弯矩是由混凝土抗拉强度控制的,因而与拉区截面尺寸关系较大,与受压区截面尺寸关系不大。因此,T 形截面素混凝土梁的破坏弯矩比具有同样肋宽 b 的矩形截面素混凝土梁的破坏弯矩提高不多,为简化计算,《规范》规定,T 形截面的 $\rho_{\min}$ 仍按肋宽 b 来计算。

2. 第二类 T 形截面

(1)基本计算公式

中和轴位于梁肋内,即受压区高度 $x > h_f'$,受压区为 T 形,计算简图如图 4-39(a)所示。

根据计算简图和内力平衡条件,可列出第二类 T 形截面受弯构件的两个基本计算公式为

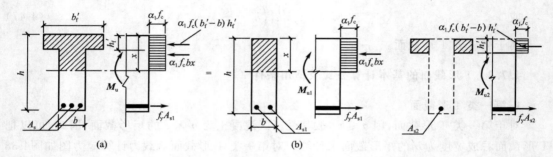

图 4-39 第二类 T 形截面受弯构件承载力计算简图

$$\alpha_1 f_c bx + \alpha_1 f_c (b_f' - b) h_f' = f_y A_s \tag{4-50}$$

$$M \leqslant M_u = \alpha_1 f_c bx \left(h_0 - \frac{x}{2}\right) + \alpha_1 f_c (b_f' - b) h_f' \left(h_0 - \frac{h_f'}{2}\right) \tag{4-51}$$

由式(4-50)和式(4-51)可以看出,第二类 T 形截面的受弯承载力设计值 M_u 及纵向受拉钢筋 A_s 可看成由两部分组成,即 $M_u = M_{u1} + M_{u2}$,$A_s = A_{s1} + A_{s2}$。

由图 4-39(b)得

$$\alpha_1 f_c bx = f_y A_{s1} \tag{4-52}$$

$$M_{u1} = \alpha_1 f_c bx \left(h_0 - \frac{x}{2}\right) \tag{4-53}$$

由图 4-39(c)得

$$\alpha_1 f_c (b_f' - b) h_f' = f_y A_{s2} \tag{4-54}$$

$$M_{u2} = \alpha_1 f_c (b_f' - b) h_f' \left(h_0 - \frac{h_f'}{2}\right) \tag{4-55}$$

第一部分是由肋部受压混凝土与相应部分受拉钢筋 A_{s1} 组成的单筋矩形截面部分的受弯承载力 M_{u1};第二部分则是由受压翼缘挑出部分的混凝土与相应其余部分受拉钢筋 A_{s2} 组成的受弯承载力 M_{u2}。

(2)适用条件

①为了避免超筋破坏,$x \leqslant \xi_b h_0$;

②为了避免少筋破坏,受拉钢筋面积应满足 $A_s \geqslant \rho_{\min}bh$。由于截面受压区已进入肋部,相应地受拉钢筋配置较多,一般均能满足最小配筋率的要求,可不必验算。

4.7.4　计算方法

1. 截面设计

已知构件的截面尺寸(b、h、b'_f、h'_f)、材料强度设计值(f_c,f_y)、截面承受的弯矩设计值(M),求受拉钢筋截面面积 A_s。其计算步骤如下:

(1)判别属于哪一类 T 形截面。此时由于 A_s 未知,故应按式(4-45)来判别,若 $M \leqslant \alpha_1 f_c b'_f h'_f(h_0 - \dfrac{h'_f}{2})$,则为第一类 T 形截面;反之,则为第二类 T 形截面。

(2)若为第一类 T 形截面,应按截面尺寸为 $b'_f \times h$ 的单筋矩形截面梁计算 A_s。

(3)若为第二类 T 形截面,则

①由式(4-54)和式(4-55)计算 A_{s2} 和 M_{u2}

$$A_{s2} = \frac{\alpha_1 f_c (b'_f - b) h'_f}{f_y}$$

$$M_{u2} = \alpha_1 f_c (b'_f - b) h'_f \left(h_0 - \frac{h'_f}{2}\right)$$

②计算受压肋部的受弯承载力 M_{u1}

$$M_{u1} = M - M_{u2} = M - \alpha_1 f_c (b'_f - b) h'_f \left(h_0 - \frac{h'_f}{2}\right)$$

③计算在弯矩 M_{u1} 作用下所需的受拉钢筋截面面积 A_{s1}

$$\alpha_{s1} = \frac{M_{u1}}{\alpha_1 f_c b h_0^2} = \frac{M - \alpha_1 f_c (b'_f - b) h'_f (h_0 - \dfrac{h'_f}{2})}{\alpha_1 f_c b h_0^2}$$

由 α_{s1} 可求得相应的 ξ、γ_s

若 $\xi > \xi_b$,说明梁的截面尺寸不够,应加大截面尺寸,或改用双筋 T 形截面;

若 $\xi \leqslant \xi_b$,表明梁处于适筋状态,截面尺寸满足要求,则

$$A_{s1} = \frac{M_{u1}}{f_y \gamma_s h_0} \text{ 或 } A_{s1} = \xi b h_0 \frac{\alpha_1 f_c}{f_y}$$

④受拉钢筋截面面积 A_s

$$A_s = A_{s1} + A_{s2}$$

【例题 4-12】 已知 T 形截面梁如图 4-40 所示,承受弯矩设计值 $M = 144$ kN·m,混凝土强度等级 C30,采用 HRB400 级钢筋,环境类别为一类。求梁所需的纵向受拉钢筋面积 A_s。

解 (1)确定基本数据

由附录附表 7 查得,混凝土的设计强度 $f_c = 14.3$ N/mm²,$f_t = 1.43$ N/mm²;$\alpha_1 = 1.0$;

由附录附表 3、表 4-5 查得,钢筋的设计强度 $f_y = 360$ N/mm²,$\xi_b = 0.518$;

由附录附表 15 查得,钢筋的混凝土最小保护层厚度为 20 mm,设箍筋直径为 6 mm,设纵向受拉钢筋按一排放置,取 $a_s = 35$ mm,则梁的有效高度

$$h_0 = h - a_s = 500 - 35 = 465 \text{ mm}$$

(2)判别 T 形截面类型

$$\alpha_1 f_c b'_f h'_f \left(h_0 - \frac{h'_f}{2}\right) = 1.0 \times 14.3 \times 400 \times 80 \times (465 - 80/2) = 194.48 \times 10^6 \text{ N·mm}$$

$$= 194.48 \text{ kN·m} > M = 144 \text{ kN·m}$$

属于第一类型 T 形截面。

(3)配筋计算

$$\alpha_s = \frac{M}{\alpha_1 f_c b_f' h_0^2} = \frac{144 \times 10^6}{1.0 \times 14.3 \times 400 \times 465^2} = 0.116$$

$$\xi = 1 - \sqrt{1 - 2\alpha_s} = 1 - \sqrt{1 - 2 \times 0.116} = 0.124 < \xi_b = 0.518$$

$$A_s = \xi \frac{\alpha_1 f_c b_f' h_0}{f_y} = 0.124 \times \frac{1.0 \times 14.3 \times 400 \times 465}{360} = 916.15 \text{ mm}^2$$

(4)选配钢筋直径及根数

选配 3 Φ 20，实际配筋面积 $A_s = 942 \text{ mm}^2$，配筋如图 4-40 所示。

钢筋净距 $s = (200 - 2 \times 20 - 2 \times 6 - 3 \times 20)/2 = 44 \text{ mm} > 25 \text{ mm}$。

(5)验算适用条件

ρ_{min} 取 0.2% 和 $45 f_t / f_y$(%)中的较大值，$45 f_t / f_y$(%) $= 45 \times 1.43/360$(%) $= 0.18\%$，故取 $\rho_{min} = 0.2\%$

$A_{smin} = \rho_{min} bh = 0.2\% \times 200 \times 500 = 200 \text{ mm}^2 < A_s = 942 \text{ mm}^2$，满足要求。

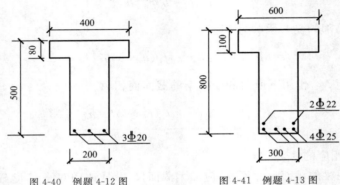

图 4-40　例题 4-12 图　　　　　图 4-41　例题 4-13 图

【例题 4-13】　已知 T 形截面梁如图 4-41 所示，承受弯矩设计值 $M = 646 \text{ kN} \cdot \text{m}$，混凝土强度等级 C25，采用 HRB400 级钢筋，环境类别为一类。求梁所需的纵向受拉钢筋面积 A_s。

解　(1)确定基本数据

由附录附表 7 查得，混凝土的设计强度 $f_c = 11.9 \text{ N/mm}^2$，$f_t = 1.27 \text{ N/mm}^2$；$\alpha_1 = 1.0$；

由附录附表 3、表 4-5 查得，钢筋的设计强度 $f_y = 360 \text{ N/mm}^2$，$\xi_b = 0.518$；

由附录附表 15 查得，钢筋的混凝土最小保护层厚度为 25 mm，设箍筋直径为 6 mm，设纵向受拉钢筋按两排放置，取 $a_s = 65 \text{ mm}$，则梁的有效高度

$$h_0 = h - a_s = 800 - 65 = 735 \text{ mm}$$

(2)判别 T 形截面类型

$$\alpha_1 f_c b_f' h_f' \left(h_0 - \frac{h_f'}{2}\right) = 1.0 \times 11.9 \times 600 \times 100 \times (735 - 100/2) = 489.09 \times 10^6 \text{ N} \cdot \text{mm}$$

$$= 489.09 \text{ kN} \cdot \text{m} < M = 646 \text{ kN} \cdot \text{m}$$

属于第二类型 T 形截面。

(3)配筋计算

$$A_{s2} = \frac{\alpha_1 f_c (b_f' - b) h_f'}{f_y} = \frac{1.0 \times 11.9 \times (600 - 300) \times 100}{360} = 991.67 \text{ mm}^2$$

$$M_{u2} = \alpha_1 f_c (b'_f - b) h'_f \left(h_0 - \frac{h'_f}{2} \right)$$

$$= 1.0 \times 11.9 \times (600 - 300) \times 100 \times \left(735 - \frac{100}{2} \right)$$

$$= 244.55 \times 10^6 \text{ N} \cdot \text{mm} = 244.55 \text{ kN} \cdot \text{m}$$

$$M_{u1} = M - M_{u2} = 646 - 244.55 = 401.45 \text{ kN} \cdot \text{m}$$

$$\alpha_{s1} = \frac{M_{u1}}{\alpha_1 f_c b h_0^2} = \frac{401.45 \times 10^6}{1.0 \times 11.9 \times 300 \times 735^2} = 0.208$$

$$\xi = 1 - \sqrt{1 - 2\alpha_{s1}} = 1 - \sqrt{1 - 2 \times 0.208} = 0.236 < \xi_b = 0.518$$

$$\gamma_s = 0.5 (1 + \sqrt{1 - 2\alpha_{s1}}) = 0.5 (1 + \sqrt{1 - 2 \times 0.208}) = 0.882$$

$$A_{s1} = \frac{M_{u1}}{f_y \gamma_s h_0} = \frac{401.45 \times 10^6}{360 \times 0.882 \times 735} = 1\,720.18 \text{ mm}^2$$

（4）受拉钢筋截面面积 A_s

$$A_s = A_{s1} + A_{s2} = 1\,720.18 + 991.67 = 2\,711.85 \text{ mm}^2$$

（5）选配钢筋直径及根数

选配 4 $\underline{\Phi}$ 25 + 2 $\underline{\Phi}$ 22，实际配筋面积 $A_s = 2\,724 \text{ mm}^2$，配筋如图 4-41 所示。

钢筋净距 $s = (300 - 2 \times 25 - 2 \times 6 - 4 \times 25)/3 = 46 \text{ mm} > 25 \text{ mm}$。

【例题 4-14】　一肋形楼盖的次梁，计算跨度 $l_0 = 5.5$ m，间距为 2 m，截面尺寸如图 4-42（a）所示，跨中最大弯矩设计值 $M = 150$ kN·m，混凝土强度等级 C30，采用 HRB400 级钢筋，环境类别为二 a 类。求梁所需的纵向受拉钢筋面积 A_s。

解　（1）确定基本数据

由附录附表 7 查得，混凝土的设计强度 $f_c = 14.3 \text{ N/mm}^2$，$f_t = 1.43 \text{ N/mm}^2$；$\alpha_1 = 1.0$；

由附录附表 3、表 4-5 查得，钢筋的设计强度 $f_y = 360 \text{ N/mm}^2$，$\xi_b = 0.518$；

由附录附表 15 查得，钢筋的混凝土最小保护层厚度为 25 mm，设箍筋直径为 6 mm，设纵向受拉钢筋按一排放置，取 $a_s = 40$ mm，则梁的有效高度

$$h_0 = h - a_s = 450 - 40 = 410 \text{ mm}$$

（2）确定翼缘计算宽度 b'_f。由表 4-12 查得

按计算跨度 l_0 考虑：$b'_f = l_0 / 3 = 5\,500/3 = 1\,833 \text{ mm}$

按梁肋净距 s_n 考虑：$b'_f = b + s_n = 200 + 1\,800 = 2\,000 \text{ mm}$

按翼缘高度 h'_f 考虑：$h'_f / h_0 = 80/410 = 0.195 > 0.1$

不按翼缘高度考虑，翼缘计算宽度 b'_f 取两者中的较小值，即 $b'_f = 1\,833 \text{ mm}$。

（3）判别 T 形截面类型

$$\alpha_1 f_c b'_f h'_f (h_0 - \frac{h'_f}{2}) = 1.0 \times 14.3 \times 1\,833 \times 80 \times (410 - 80/2) = 775.87 \times 10^6 \text{ N} \cdot \text{mm}$$

$$= 775.87 \text{ kN} \cdot \text{m} > M = 150 \text{ kN} \cdot \text{m}$$

属于第一类型 T 形截面。

（4）配筋计算

$$\alpha_s = \frac{M}{\alpha_1 f_c b'_f h_0^2} = \frac{150 \times 10^6}{1.0 \times 14.3 \times 1\,833 \times 410^2} = 0.034$$

$$\xi = 1 - \sqrt{1 - 2\alpha_s} = 1 - \sqrt{1 - 2 \times 0.034} = 0.035 < \xi_b = 0.518$$

$$A_s = \xi \frac{\alpha_1 f_c b_f' h_0}{f_y} = 0.035 \times \frac{1.0 \times 14.3 \times 1\,160 \times 410}{360} = 1\,044.84 \text{ mm}^2$$

（5）选配钢筋直径及根数

选配 2 ϕ22＋1 ϕ20，实际配筋面积 $A_s = 1\,074.4$ mm²，配筋如图 4-42(b)所示。

钢筋净距 $s = (200 - 2 \times 25 - 2 \times 6 - 2 \times 22 - 1 \times 20)/2 = 37$ mm＞25 mm。

（6）验算适用条件

ρ_{min} 取 0.2% 和 $45 f_t / f_y$(%)中的较大值，$45 f_t / f_y$(%) $= 45 \times 1.43/360$(%) $= 0.18$%，故取 $\rho_{min} = 0.2$%

$A_{smin} = \rho_{min} bh = 0.2\% \times 200 \times 450 = 180$ mm² ＜ $A_s = 1\,074.4$ mm²，满足要求。

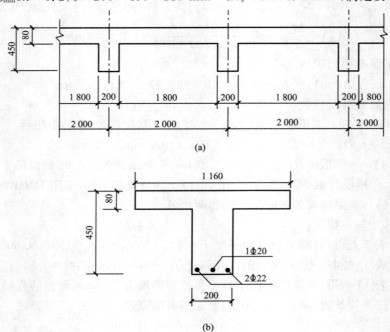

图 4-42　例题 4-14 图

2. 截面承载力复核

已知截面尺寸（b、h、b_f'、h_f'），混凝土的强度等级和钢筋的级别（f_c、f_y），受拉钢筋截面面积（A_s），截面弯矩设计值 M，可按下列步骤进行截面承载力复核：

因受拉钢筋 A_s 已知，可按式（4-44）判别 T 形截面类型。

（1）若 $f_y A_s \leqslant \alpha_1 f_c b_f' h_f'$，为第一类 T 形截面，按截面尺寸为 $b_f' \times h$ 的矩形截面受弯构件计算极限承载力 M_u。

（2）若 $f_y A_s ＞ \alpha_1 f_c b_f' h_f'$，为第二类 T 形截面

①由式（4-50）求 x

$$x = \frac{f_y A_s - \alpha_1 f_c (b_f' - b) h_f'}{\alpha_1 f_c b}$$

②求极限承载力 M_u

当 $x \leqslant \xi_b h_0$ 时，由式（4-51）得

$$M_u = \alpha_1 f_c bx \left(h_0 - \frac{x}{2} \right) + \alpha_1 f_c (b_f' - b) h_f' \left(h_0 - \frac{h_f'}{2} \right)$$

当 $x > \xi_b h_0$ 时,以 $x = \xi_b h_0$ 代入式(4-51)得

$$M_u = \alpha_1 f_c b h_0^2 \xi_b (1 - 0.5\xi_b) + \alpha_1 f_c (b_f' - b) h_f' \left(h_0 - \frac{h_f'}{2} \right)$$

(3)如 $M \leqslant M_u$,则正截面承载力满足要求,否则不满足。

【例题 4-15】　一 T 形截面梁,$b_f' = 450$ mm,$h_f' = 100$ mm,$b = 250$ mm,$h = 600$ mm,混凝土强度等级 C25,采用 HRB335 级钢筋,环境类别为一类。受拉纵筋为 4$\oplus$25,$A_s = 1\,964$ mm²,梁承受的弯矩设计值 $M = 295$ kN·m,试校核该截面是否安全。

解　(1)确定基本数据

由附录附表 7 查得,混凝土的设计强度 $f_c = 11.9$ N/mm²,$f_t = 1.27$ N/mm²;$\alpha_1 = 1.0$;

由附录附表 3、表 4-5 查得,钢筋的设计强度 $f_y = 300$ N/mm²,$\xi_b = 0.55$;

由附录附表 15 查得,钢筋的混凝土最小保护层厚度为 25 mm,设箍筋直径为 6 mm,纵向受拉钢筋一排放置,$a_s = 25 + 6 + 25/2 = 43.5$ mm,则梁的有效高度

$$h_0 = h - a_s = 600 - 43.5 = 556.5 \text{ mm}$$

(2)判别 T 形截面类型

$f_y A_s = 300 \times 1\,964 \times 10^{-3} = 589.2$ kN $> \alpha_1 f_c b_f' h_f' = 1.0 \times 11.9 \times 450 \times 100 \times 10^{-3} = 535.5$ kN,属于第二类型 T 形截面。

(3)计算受压区高度

$$x = \frac{f_y A_s - \alpha_1 f_c (b_f' - b) h_f'}{\alpha_1 f_c b} = \frac{300 \times 1\,964 - 1.0 \times 11.9 \times (450 - 250) \times 100}{1.0 \times 11.9 \times 250} = 118.05 \text{ mm}$$

$$< \xi_b h_0 = 0.55 \times 556.5 = 306.08 \text{ mm}$$

(4)计算弯矩设计值

$$M_u = \alpha_1 f_c bx \left(h_0 - \frac{x}{2} \right) + \alpha_1 f_c (b_f' - b) h_f' \left(h_0 - \frac{h_f'}{2} \right)$$

$$= 1.0 \times 11.9 \times 250 \times 118.05 \times (556.5 - 118.05/2) + 1.0 \times 11.9 \times (450 - 250) \times 100 \times (556.5 - 100/2)$$

$$= 295.3 \times 10^6 \text{ N·mm} = 295.3 \text{ kN·m}$$

(5)比较

$M = 295$ kN·m $< M_u = 295.3$ kN·m,此截面是安全的。

【例题 4-16】　一 T 形截面梁,$b_f' = 450$ mm,$h_f' = 100$ mm,$b = 250$ mm,$h = 600$ mm,混凝土强度等级 C30,采用 HRB400 级钢筋,环境类别为一类。受拉纵筋为 8$\oplus$25,$A_s = 3\,927$ mm²,梁承受的弯矩设计值 $M = 520$ kN·m,试校核该截面是否安全。

解　(1)确定基本数据

由附录附表 7 查得,混凝土的设计强度 $f_c = 14.3$ N/mm²,$f_t = 1.43$ N/mm²;$\alpha_1 = 1.0$;

由附录附表 3、表 4-5 查得,钢筋的设计强度 $f_y = 360$ N/mm²,$\xi_b = 0.518$;

由附录附表 15 查得,钢筋的混凝土最小保护层厚度为 20 mm,由于受拉钢筋直径为 25 mm,取混凝土保护层厚度为 25 mm,设箍筋直径为 8 mm,纵向受拉钢筋两排放置,$a_s = 25 + 8 + 25 + 25/2 = 70.5$ mm,则梁的有效高度

$$h_0 = h - a_s = 600 - 70.5 = 529.5 \text{ mm}$$

（2）判别 T 形截面类型

$f_y A_s = 360 \times 3\,927 \times 10^{-3} = 1\,413.72 \text{ kN} > \alpha_1 f_c b'_f h'_f = 1.0 \times 14.3 \times 450 \times 100 \times 10^{-3} = 643.5 \text{ kN}$，属于第二类型 T 形截面。

（3）计算受压区高度

$$x = \frac{f_y A_s - \alpha_1 f_c (b'_f - b) h'_f}{\alpha_1 f_c b} = \frac{360 \times 3\,927 - 1.0 \times 14.3 \times (450 - 250) \times 100}{1.0 \times 14.3 \times 250} = 315.45 \text{ mm}$$

$$> \xi_b h_0 = 0.518 \times 529.5 = 274.28 \text{ mm}$$

说明截面处于超筋状态。取 $x = \xi_b h_0$。

（4）计算弯矩设计值

$$M_u = \alpha_1 f_c b h_0^2 \xi_b (1 - 0.5\xi_b) + \alpha_1 f_c (b'_f - b) h'_f (h_0 - \frac{h'_f}{2})$$

$$= 1.0 \times 14.3 \times 250 \times 529.5^2 \times 0.518 \times (1 - 0.5 \times 0.518) + 1.0 \times 14.3 \times (450 - 250) \times 100 \times (529.5 - 100/2)$$

$$= 521.87 \times 10^6 \text{ N} \cdot \text{mm} = 521.87 \text{ kN} \cdot \text{m}$$

（5）比较

$M = 520 \text{ kN} \cdot \text{m} < M_u = 521.87 \text{ kN} \cdot \text{m}$，此截面是安全的。

本章小结

（1）在受弯构件的设计中，截面尺寸的选用既要满足承载力条件，又要满足刚度要求，还要满足施工要求。

（2）为防止钢筋锈蚀，保证耐久性、防火性以及钢筋与混凝土的粘结，受弯构件内钢筋的两侧和近边都应有足够的保护层。最外层钢筋（从钢筋外皮算起）至混凝土表面的最小距离为钢筋的混凝土保护层厚度 c，其值应满足《规范》中最小保护层厚度的规定，且不小于受力钢筋的直径 d。

（3）截面的有效高度是指受拉钢筋的重心至混凝土受压边缘的垂直距离，它与保护层厚度、箍筋和受拉钢筋的直径及排放有关。

（4）纵向受拉钢筋总截面面积 A_s 与正截面的有效面积 bh_0 的比值，称为受拉钢筋的配筋百分率，用 ρ 表示。

（5）适筋梁从加荷到破坏整个过程可以分为三个阶段，混凝土开裂前的未裂阶段（第 I 阶段）、带裂缝工作阶段（第 II 阶段）、破坏阶段（第 III 阶段）。I_a 的应力状态是受弯构件抗裂计算的依据。第 II 阶段的应力状态是受弯构件在正常使用阶段变形和裂缝宽度计算的依据。III_a 状态是梁破坏的极限状态，可作为梁正截面承载力计算的依据。

（6）正截面的破坏特征主要与纵向钢筋的配筋率 ρ 有关。按配筋率对破坏的影响不同，可分三种破坏形态：适筋破坏、超筋破坏、少筋破坏。工程中的受弯构件应以适筋构件为设计目的。

（7）为简化计算，《规范》规定取等效矩形应力图来代替受压区混凝土实际应力图。进行等效代换的条件是:等效矩形应力图的合力与原来受压区混凝土的合力大小相等,且合力作用点位置不变。

(8)等效矩形应力图受压区高度 x 与截面有效高度 h_0 的比值称为相对受压区高度,用 ξ 表示。受拉钢筋达到屈服强度的同时,受压区混凝土边缘的压应变恰好达到极限压应变而破坏,即界限破坏。在界限破坏时,等效矩形截面的受压区高度 x_b 与截面有效高度 h_0 的比值,称为界限相对受压区高度,用 ξ_b 表示。

(9)单筋矩形截面受弯构件正截面承载力计算

①基本计算公式

$$\sum X = 0 \qquad\qquad \alpha_1 f_c bx = f_y A_s$$

$$\sum M = 0 \qquad\qquad M \leqslant M_u = \alpha_1 f_c bx\left(h_0 - \frac{x}{2}\right)$$

或

$$M \leqslant M_u = f_y A_s\left(h_0 - \frac{x}{2}\right)$$

②适用条件

A.为了避免超筋破坏

$$\xi \leqslant \xi_b \text{ 或 } x \leqslant \xi_b h_0 \text{ 或 } \rho \leqslant \rho_{max} = \xi_b \frac{\alpha_1 f_c}{f_y}$$

B.为了避免少筋破坏

$$\rho \geqslant \rho_{min}\frac{h}{h_0}$$

(10)双筋矩形截面受弯构件正截面承载力计算

①基本计算公式

$$\alpha_1 f_c bx + f_y' A_s' = f_y A_s$$

$$M \leqslant M_u = \alpha_1 f_c bx\left(h_0 - \frac{x}{2}\right) + f_y' A_s'(h_0 - a_s')$$

②适用条件

A.保证受拉钢筋在截面破坏时应力能够达到抗拉强度设计值 f_y

$$\xi \leqslant \xi_b \text{ 或 } A_{s1} \leqslant \rho_{max}bh \text{ 或 } M_{u1max} \leqslant \alpha_{smax}\alpha_1 f_c bh_0^2$$

B.保证受压钢筋在截面破坏时应力能够达到抗压设计强度值 f_y'

$$x \geqslant 2a_s'$$

(11)T 形截面受弯构件正截面承载力计算

①第一类 T 形截面

A.基本计算公式

$$\alpha_1 f_c b_f' x = f_y A_s$$

$$M \leqslant M_u = \alpha_1 f_c b_f' x\left(h_0 - \frac{x}{2}\right)$$

B.适用条件

a.为了避免超筋破坏

$$\xi \leqslant \xi_b \text{ 或 } x \leqslant \xi_b h_0 \text{。} 通常均能满足这一条件,可不必验算。$$

b. 为了避免少筋破坏

$$A_s \geqslant \rho_{\min} bh$$

②第二类 T 形截面

A. 基本计算公式

$$\alpha_1 f_c bx + \alpha_1 f_c (b'_f - b) h'_f = f_y A_s$$

$$M \leqslant M_u = \alpha_1 f_c bx \left(h_0 - \frac{x}{2}\right) + \alpha_1 f_c (b'_f - b) h'_f \left(h_0 - \frac{h'_f}{2}\right)$$

B. 适用条件

a. 为了避免超筋破坏

$$x \leqslant \xi_b h_0 \quad \text{或} \quad \rho_1 = \frac{A_{s1}}{bh} \leqslant \xi_b \frac{\alpha_1 f_c}{f_y} \cdot \frac{h_0}{h} \quad \text{或} \quad M_{u1\max} \leqslant \alpha_{s\max} \alpha_1 f_c bh_0^2$$

b. 为了避免少筋破坏

$A_s \geqslant \rho_{\min} bh$，一般均能满足最小配筋率的要求，可不必验算。

思 考 题

4.1 梁的截面尺寸是如何确定的？

4.2 梁、板中钢筋的混凝土保护层的作用是什么？其最小值是多少？

4.3 构造上对梁纵筋的直径、根数、间距和排列有哪些规定？

4.4 梁内各类钢筋名称有哪些？各起什么作用？设置构造要求？

4.5 什么是配筋率？配筋率对梁的正截面承载力有何影响？

4.6 适筋梁从开始加载到破坏，经历了哪几个阶段？各阶段截面上的应力一应变分布、裂缝开展、中和轴位置以及梁的跨中挠度的变化规律各是怎样？各阶段的主要特征是什么？每个阶段分别是哪种极限状态计算的基础？

4.7 正截面承载力计算的基本假定是什么？等效矩形应力图的等效原则是什么？

4.8 适筋梁的破坏特征是怎样的？已给定截面尺寸的适筋梁，承载力主要取决于什么？

4.9 超筋梁的破坏特征是什么？已给定截面尺寸的超筋梁，承载力主要取决于什么？

4.10 何谓"界限破坏"？ξ_b 是如何得到的？它与哪些因素相关？

4.11 指出混凝土弯曲受压时的极限压应变 ε_{cu} 取值。

4.12 在应用单筋矩形截面受弯承载力的计算公式时，为什么要求满足 $\xi \leqslant \xi_b$ 和 $\rho \geqslant \rho_{\min}$？

4.13 符号 ρ、ξ、α_s、γ_s 分别代表什么？互相之间关系如何？

4.14 钢筋混凝土梁的最小配筋率 $\rho_{\min}$ 是如何确定的？

4.15 影响钢筋混凝土受弯承载力的主要因素有哪些？截面尺寸一定时，改变混凝土和钢筋的强度对受弯承载力的影响哪个更有效？

4.16 根据如图 4-43 所示的 4 种受弯截面情况回答下列问题：

(1)破坏时的钢筋应力情况如何？

(2)破坏时钢筋和混凝土的强度是否被充分利用？

(3)它们破坏的原因和破坏的性质有何不同？

(4)它们的开裂弯矩 M_{cr} 大致相等吗？为什么？

(5)破坏时哪些截面能利用力的平衡条件写出受压区高度 x 的计算公式? 哪些截面则不能?

(6)破坏时截面的极限弯矩 M_u 多大?

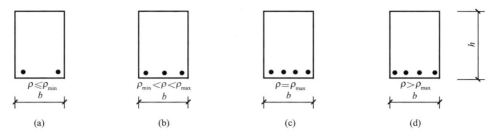

图 4-43　思考题 4-16 图

4.17　如图 4-44 所示四种截面,当材料强度相同时,试确定:

(1)各截面开裂弯矩的大小次序。

(2)各截面最小配筋面积的大小次序。

(3)当承受的设计弯矩相同时,各截面的配筋大小次序。

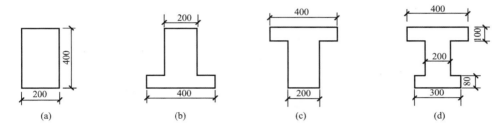

图 4-44　思考题 4-17 图

4.18　简支梁计算跨度为 6.6 m,承受均布荷载设计值为 36 kN/m(包括自重),跨中弯矩设计值 $M=166$ kN·m,试计算表 4-9 中五种情况的 A_s,并进行讨论:

(1)提高混凝土的强度等级对配筋量的影响;

(2)提高钢筋级别对配筋量的影响;

(3)加大截面高度对配筋量的影响;

(4)加大截面宽度对配筋量的影响;

(5)提高混凝土的强度等级或钢筋级别对受弯构件的破坏弯矩有什么影响? 从中可得出什么结论? 该结论在工程实践中及理论上有哪些意义?

表 4-9　　　　　　　　　思考题 4-18 表

序号	梁高/mm	梁宽/mm	混凝土强度等级	钢筋级别	钢筋面积 A_s
1	500	200	C30	HRB400	
2	500	200	C35	HRB400	
3	500	200	C35	HRB500	
4	600	200	C35	HRB500	
5	500	250	C35	HRB500	

4.19 在什么情况下采用双筋截面梁？其计算应力图如何确定？在双筋矩形截面中受压钢筋起什么作用？为什么双筋截面必须要用封闭式箍筋？

4.20 当 A_s 及 A_s' 均未知时，为什么令 $x = \xi_b h_0$ 可使双筋梁的总用钢量最少？

4.21 当矩形截面梁中已配有受压钢筋 A_s'，若计算的 $\xi > \xi_b$ 或 $x < 2a_s'$ 时，各如何计算受拉钢筋 A_s，为什么？

4.22 承载力复核时，当 $x < 2a_s'$ 时，说明什么问题？此时如何计算其承载力？

4.23 两类 T 形截面的判别式是根据什么条件定出的？怎样应用？

4.24 T 形截面受压翼缘的计算宽度是如何确定的？

4.25 两类 T 形截面在截面设计和承载力复核时是如何判别的？分别写出第一、二类 T 形截面承载力计算（设计、复核）的步骤。

4.26 现浇肋形楼盖中连续梁的跨中截面和支座截面各按何种截面形式计算？如何确定翼缘的宽度？

习　题

4.1 某简支在砖墙上的现浇钢筋混凝土板如图 4-45 所示，跨度 $l = 3.0$ m，板上作用的均布活荷载设计值为 $q = 6.5$ kN/m²（包括板自重）。混凝土强度等级 C30，采用 HRB400 级钢筋，环境类别为二 a 类，试确定现浇板的厚度、所需的纵向受拉钢筋并画出截面配筋图。

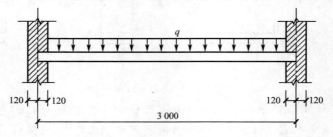

图 4-45　习题 4.1 图

4.2 如图 4-46 所示雨篷板，已知雨篷板根部厚度为 100 mm，端部厚度为 80 mm，跨度为 1 000 mm，各层做法如图所示。板除承受恒载外，在板上还作用活荷载标准值为 0.6 kN/m²，混凝土强度等级 C30，采用 HRB400 级钢筋，环境类别为二 a 类，试确定雨篷板所需的纵向受拉钢筋并画出截面配筋图。

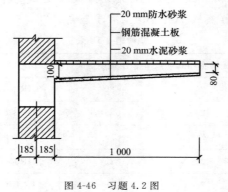

图 4-46　习题 4.2 图

4.3 某走道简支板如图 4-47 所示,混凝土强度等级 C30,采用 HRB400 级钢筋,截面配筋ϕ8@150,30 mm 厚水磨石面层(平均重力密度为 22 kN/m³),100 mm 厚现浇钢筋混凝土楼板(重力密度为 25 kN/m³),12 mm 厚板底白灰砂浆粉刷(重力密度为 17 kN/m³),构件的安全等级为二级,环境类别为一类。求走道板能够承受的最大标准活荷载 q_k。

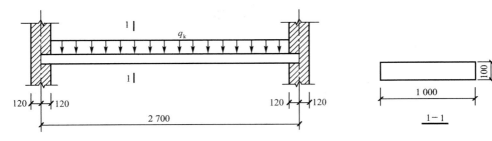

图 4-47 习题 4.3 图

4.4 一矩形截面简支梁,承受的最大弯矩设计值 $M = 170$ kN·m,环境类别为一类。试按下列条件计算所需的受拉钢筋截面积 A_s,并进行对比分析。

(1)截面尺寸 $b \times h = 200$ mm $\times$ 550 mm,混凝土强度等级 C25,采用 HRB400 级钢筋;

(2)截面尺寸、混凝土强度等级同上,改用 HRB500 级钢筋;

(3)截面尺寸、钢筋级别同(1),改用 C35 混凝土强度等级;

(4)混凝土强度等级及钢筋级别同(1),截面尺寸改为 $b \times h = 200$ mm $\times$ 650 mm;

(5)混凝土强度等级及钢筋级别同(1),截面尺寸改为 $b \times h = 200$ mm $\times$ 500 mm。

4.5 一矩形截面梁,承受的最大弯矩设计值 $M = 190$ kN·m,环境类别为一类。试按下列条件设计梁的截面(求 $b \times h$ 及 A_s)。

(1)采用 C25 混凝土强度等级和 HRB335 级钢筋;

(2)采用 C30 混凝土强度等级和 HRB400 级钢筋。

4.6 一矩形截面简支梁,计算跨度 $l_0 = 6.9$ m,承受均布设计荷载 35 kN/m(包括自重),混凝土强度等级 C30,HRB335 级钢筋,构件的安全等级为二级,环境类别为二 a 类。试设计该梁(求截面尺寸 $b \times h$ 及受拉钢筋数量 A_s)。

4.7 某矩形截面梁,截面尺寸为 $b \times h = 250$ mm $\times$ 550 mm,采用混凝土等级为 C25,配有 HRB400 级钢筋 4 ϕ16($A_s = 804$ mm²),构件的安全等级为二级,环境类别为一类。如承受弯矩设计值 $M = 70$ kN·m,试验算此梁正截面是否安全。

4.8 已知钢筋混凝土矩形梁,截面尺寸 $b \times h = 250 \times 500$ mm,混凝土强度等级 C30,钢筋采用 8 ϕ18($A_s = 2\ 036$ mm²),HRB400 级钢筋,环境类别为一类。试求此截面受弯极限承载力 M_u。

4.9 已知一矩形截面梁,截面尺寸为 $b \times h = 200$ mm $\times$ 400 mm,构件的安全等级为二级,环境类别为二 a 类。求下列条件下梁所能承受的设计弯矩 M。

(1)采用 C25 混凝土强度等级,HRB335 级钢筋 3 ϕ25;

(2)采用 C35 混凝土强度等级,HRB500 级钢筋 3 ϕ25。

4.10 一矩形截面简支梁,计算跨度 $l_0 = 6.6$ m,承受均布设计荷载 $q = 48$ kN/m(已包括自重),采用 C30 混凝土强度等级,HRB400 级钢筋,构件的安全等级为二级,环境类别为一类。截面尺寸为 $b \times h = 250$ mm $\times$ 600 mm。计算跨中截面所需钢筋截面积并选配钢筋。

4.11 一矩形截面简支梁，截面尺寸为 $b \times h = 250 \text{ mm} \times 450 \text{ mm}$，承受设计弯矩值 $M = 145 \text{ kN·m}$，混凝土强度等级 C25，采用 HRB400 级钢筋，环境类别为一类。试确定梁的配筋。

4.12 已知梁的截面尺寸为 $b \times h = 250 \text{ mm} \times 500 \text{ mm}$，混凝土强度等级为 C30，HRB400 级钢筋，环境类别为一类。承受弯矩设计值 $M = 240 \text{ kN·m}$。试设计梁截面配筋。

4.13 已知条件同习题 4.12，但在受压区已配置 HRB335 级钢筋 2Φ20，求受拉钢筋截面积。

4.14 已知一矩形截面简支梁，截面尺寸为 $b \times h = 250 \text{ mm} \times 500 \text{ mm}$，采用 C25 混凝土强度等级，HRB400 级钢筋，环境类别为二 a 类。受压区已配有 2Φ18 的受力钢筋，承受弯矩设计值 $M = 160 \text{ kN·m}$。求受拉钢筋截面积。

4.15 某矩形简支梁，截面尺寸为 $b \times h = 200 \text{ mm} \times 500 \text{ mm}$，该梁在不同荷载组合下受到变号弯矩作用，其设计值分别为 $M = -85 \text{ kN·m}$，$M = +170 \text{ kN·m}$，采用 C30 混凝土强度等级，HRB500 级钢筋，环境类别为二 a 类。试求：

(1) 按单筋矩形截面计算在 $M = -85 \text{ kN·m}$ 作用下，梁顶面需配置的受拉钢筋 A'_s；

(2) 按单筋矩形截面计算在 $M = +170 \text{ kN·m}$ 作用下，梁底面需配置的受拉钢筋 A_s；

(3) 将按(1)计算所得的 A'_s 作为已知的受压钢筋，按双筋矩形截面计算在 $M = +170 \text{ kN·m}$ 作用下梁底面需配置的受拉钢筋 A_s；

(4) 按单筋矩形截面及双筋矩形截面的计算结果，比较梁全部纵向钢筋用量。

4.16 已知某矩形截面简支梁，截面尺寸为 $b \times h = 250 \text{ mm} \times 550 \text{ mm}$，采用 C30 混凝土强度等级，HRB400 级钢筋，受压区配置 2Φ16 的受力钢筋，受拉区配有钢筋 4Φ25+2Φ22 的受力钢筋；环境类别为一类。求该截面所能承受的最大弯矩设计值。

4.17 已知某矩形截面简支梁，截面尺寸为 $b \times h = 200 \text{ mm} \times 550 \text{ mm}$，采用 C25 混凝土强度等级，HRB335 级钢筋，受压区配置 2Φ16 的受力钢筋，受拉区配有钢筋 3Φ25+2Φ22 的受力钢筋；环境类别为一类。控制截面承受的弯矩设计值 $M = 360 \text{ kN·m}$，试验算该梁正截面是否安全。

4.18 某 T 形截面梁，$b'_f = 400 \text{ mm}$，$h'_f = 100 \text{ mm}$，$b = 200 \text{ mm}$，$h = 600 \text{ mm}$，采用 C30 混凝土强度等级，HRB400 级钢筋，环境类别为一类。试计算以下情况该梁的配筋（取 $a_s = 60 \text{ mm}$）：

(1) 承受的弯矩设计值 $M = 165 \text{ kN·m}$；

(2) 承受的弯矩设计值 $M = 295 \text{ kN·m}$；

(3) 承受的弯矩设计值 $M = 365 \text{ kN·m}$；

4.19 某 T 形截面简支梁，$b'_f = 600 \text{ mm}$，$h'_f = 120 \text{ mm}$，$b = 250 \text{ mm}$，$h = 650 \text{ mm}$。承受均布设计荷载 105 kN/m（包括自重），梁的计算跨度 $l_0 = 5.4 \text{ m}$。采用 C30 混凝土强度等级，HRB400 级钢筋，构件的安全等级为二级，环境类别为一类。求受拉钢筋截面面积 A_s。

4.20 某 T 形截面吊车梁，$b'_f = 650 \text{ mm}$，$h'_f = 100 \text{ mm}$，$b = 300 \text{ mm}$，$h = 700 \text{ mm}$。计算跨度 $l_0 = 6\,300 \text{ mm}$，跨中截面承受弯矩设计值 $M = 490 \text{ kN·m}$。采用 C35 混凝土强度等级，HRB500 级钢筋，环境类别为二 a 类。求受拉钢筋截面积 A_s。

4.21 某 T 形截面简支梁，$b'_f = 650 \text{ mm}$，$h'_f = 100 \text{ mm}$，$b = 250 \text{ mm}$，$h = 600 \text{ mm}$。采用 C30 混凝土强度等级，HRB400 级钢筋，环境类别为一类。跨中截面承受弯矩设计值 $M = 260 \text{ kN·m}$。求受拉钢筋截面面积 A_s。

4.22　如图 4-48 所示为某厂房肋形结构的次梁,跨长 $l_0 = 5\ 700$ mm,承受弯矩设计值 $M = 111$ kN·m;采用混凝土 C30,HRB400 级钢筋,试计算并选配梁的受拉纵筋 A_s。

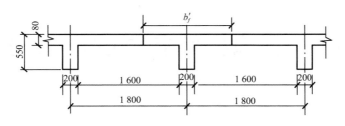

图 4-48　习题 4.22 图

4.23　某 T 形截面预制梁,截面尺寸为 $b_f' = 500$ mm,$h_f' = 100$ mm,$b = 200$ mm,$h = 650$ mm,采用 C30 混凝土强度等级,受拉区配有 3 Φ22 的 HRB400 级钢筋,环境类别为一类。求该梁能够承受的最大弯矩设计值。

4.24　某 T 形截面梁,截面尺寸 $b_f' = 500$ mm,$h_f' = 100$ mm,$b = 200$ mm,$h = 660$ mm,采用 C25 混凝土强度等级,配置 4 Φ22 的 HRB400 级钢筋,环境类别为一类。承受设计弯矩 $M = 605$ kN·m,试验算该梁正截面是否安全。

4.25　某 T 形截面梁,截面尺寸 $b_f' = 500$ mm,$h_f' = 80$ mm,$b = 250$ mm,$h = 650$ mm,采用 C30 混凝土强度等级,受拉区配有 6 Φ20 的 HRB400 级钢筋,环境类别为二 a 类。求该梁能够承受的最大弯矩设计值。

4.26　某楼面 T 形大梁,截面尺寸 $b_f' = 400$ mm,$h_f' = 100$ mm,$b = 200$ mm,$h = 500$ mm,承受设计弯矩值 $M = 201$ kN·m,已配有受压钢筋 2 Φ14,混凝土强度等级为 C35,HRB500 级钢筋,环境类别为一类。试计算受拉钢筋面积并选配钢筋。

第5章　受弯构件斜截面承载力计算

学习目标

掌握无腹筋梁和有腹筋梁斜截面的破坏特征及其主要影响因素；掌握有腹筋梁斜截面受剪承载力的计算公式及其适用条件；了解材料抵抗弯矩图的绘制方法；掌握受弯构件斜截面钢筋的布置、纵筋的弯起、截断及锚固等构造要求。

5.1　受弯构件斜截面的破坏形态及其影响因素

钢筋混凝土受弯构件在竖向荷载作用下，一般除了承受弯矩作用外，还同时承受剪力作用。因此，对于受弯构件，除需进行正截面抗弯承载力设计外，还需防止发生斜截面破坏。上一章已经介绍了受弯构件仅考虑弯矩为控制内力下的正截面承载力计算，本章主要讨论受弯构件在弯剪共同作用下的斜截面设计方法。

5.1.1　混凝土梁斜截面破坏机理

首先了解受弯构件斜截面的破坏机理。图5-1(a)所示为匀质简支梁在对称集中荷载作用下的主应力迹线，主应力迹线是指各点大小相同的主应力的方向连线。图5-1中的实线和虚线分别表示主拉应力迹线和主压应力迹线，由材料力学可知两者正交。在靠近支座附近分别在中性轴、受压区和受拉区内选取微元体，编号为1、2、3，应力状态如图5-1(b)所示。

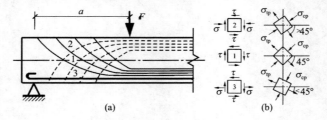

图 5-1　受弯构件的应力迹线和应力状态

中性轴处微元体1的主拉应力和主压应力大小相等，与梁轴线夹角为45°；由于微元体2位于受压区，主压应力增大，主拉应力减小，主拉应力与梁轴线夹角大于45°；位于受拉区的微元体3，主压应力减小，主拉应力增大，主拉应力与梁轴线夹角小于45°。当梁材质为混凝土时，由于混凝土抗拉强度较低，微元体3处于受拉区，主拉应力较大，当外部荷载增大导致梁底部混凝土达到极限拉应变时，即可产生裂缝。

在弯矩和剪力共同作用下,钢筋混凝土简支梁将产生斜裂缝。一般由底部先发生竖向裂缝,然后斜向上扩展,此类裂缝称为弯剪斜裂缝(图 5-2(a))。而在 I 形截面梁中,由于腹板很薄,且该处剪应力较大,斜裂缝可能首先在梁腹部中性轴附近出现,随后向梁底和梁顶斜向发展,最终形成两头小中间大的枣核状斜裂缝,该类裂缝称为腹剪斜裂缝(图 5-2(b))。

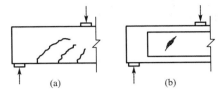

图 5-2　斜裂缝类型

钢筋混凝土简支梁发生斜截面破坏的根本原因是混凝土的抗拉强度较低,当梁内主拉应力超过混凝土的抗拉强度时,将产生垂直于主拉应力方向的斜裂缝。理论上,可沿主拉应力方向布置受拉钢筋,以承担混凝土所承受的拉应力。但由于不便于施工,实际工程中一般采用设置箍筋的方法提高钢筋混凝土梁的抗剪承载力,通常还在支座附近截面设置弯起钢筋,这两类钢筋统称为腹筋(图 5-3)。一般板所受剪力较小,板内混凝土即可提供足够的抗剪承载力,故一般板内无须配置箍筋。

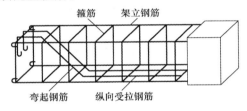

图 5-3　简支梁内的腹筋

5.1.2　无腹筋梁的破坏特征

无腹筋梁的斜截面破坏形态主要取决于剪跨比。剪跨比 λ 是指受弯构件的弯剪区域某一计算截面的弯矩 M 和剪力 V 与截面有效高度 h_0 的乘积之比,通常也称为广义剪跨比,即

$$\lambda = \frac{M}{Vh_0} \tag{5-1}$$

对于如图 5-1 所示的承受对称集中荷载 F 作用的梁,其剪跨比 λ 可简化为

$$\lambda = \frac{M}{Vh_0} = \frac{Fa}{Fh_0} = \frac{a}{h_0} \tag{5-2}$$

式中,a 为集中荷载距离邻近支座的距离,称作剪跨。

试验表明,无腹筋梁的斜截面受剪破坏受剪跨比 λ 的影响,存在三种主要破坏形态(图 5-4):

斜拉破坏(λ＞3):当 λ 较大时产生斜拉破坏,此时梁中主拉应力起控制作用。其特点是斜裂缝产生后急速向受压区斜向扩展,斜截面承载力随之急剧降低。此类破坏呈明显的脆性特征,无明显预兆,类似于正截面破坏形态中的少筋破坏。

斜压破坏(λ＜1):当剪跨比较小时易产生斜压破坏,此时梁中主压应力起控制作用。由于 λ 较小,集中荷载与支座间的混凝土被腹剪斜裂缝分割成若干个斜向短柱,发生类似短柱偏心受压破坏,也呈明显的脆性特征,但不如斜拉破坏明显。这种破坏多数发生在剪力大而

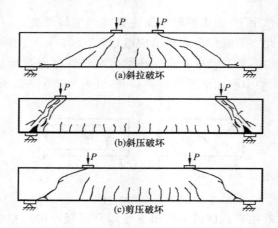

图 5-4　无腹筋梁三种破坏形态

弯矩小的区段，以及梁腹板很薄的 T 形截面或 I 形截面梁内。该破坏形态类似于正截面破坏形态中的超筋破坏。

　　剪压破坏（1≤λ≤3）：当剪跨比为 1≤λ≤3 时产生剪压破坏。剪压破坏是剪压区压应力和剪应力共同作用的结果，也属脆性破坏，但脆性不如前两种明显。通常在弯剪段内的受拉区边缘先产生竖向裂缝，裂缝延伸一小段后，有的斜向发展成斜裂缝，随后又产生一条较宽的贯穿的主要斜裂缝，称为临界斜裂缝。临界斜裂缝产生后迅速延伸，使斜截面剪压区的高度减小，导致剪压区混凝土破坏。该类破坏类似于正截面破坏形态中的适筋破坏。

5.1.3　有腹筋梁的破坏特征

　　由于配有箍筋、弯起钢筋，有腹筋梁的破坏形态与无腹筋梁有所区别，产生斜裂缝后的受力状态可近似简化为拱形桁架模型（图 5-5）。在梁开裂前箍筋所受应力很小，开裂后，箍筋起到了桁架中竖向拉杆的作用，裂缝间的混凝土类似于斜压杆，而梁底部的受拉钢筋起到下弦拉杆的作用。由拱形桁架模型可知，箍筋可显著提高有腹筋梁的抗剪承载力，主要体现在以下几个方面：直接承担了斜截面上的部分剪力，缓解了混凝土的剪应力集中现象；抑制了斜裂缝的开展，提高了裂缝面上混凝土骨料的咬合力；抑制了沿纵筋劈裂裂缝的发展，增强了纵筋的"销栓"作用；增强了斜截面抗弯承载力，使斜裂缝产生后纵筋应力 σ_s 的增量减少。

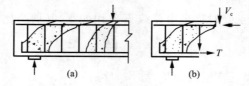

图 5-5　有腹筋梁的拱形桁架模型

　　有腹筋梁的斜截面破坏形态主要与剪跨比和配箍率有关。配箍率 ρ_{sv} 为箍筋的截面面积与混凝土面积之比（图 5-6）。

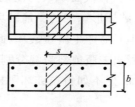

图 5-6　配箍率 ρ_{sv}

$$\rho_{sv} = \frac{A_{sv}}{bs} = \frac{nA_{sv1}}{bs} \tag{5-3}$$

式中　A_{sv}——配置在同一截面内箍筋各肢的全部截面面积，$A_{sv}=nA_{sv1}$，n 为同一截面内箍筋的肢数，在图 5-6 中取 $n=2$；

A_{sv1}——单肢箍筋的截面面积；

s——箍筋的间距；

b——梁的宽度。

适当的配箍率对梁的抗剪承载力有显著作用，斜裂缝开展后，箍筋能够承担斜截面上的拉应力，随着外荷载的增大，箍筋中的拉应力随之增大，直至达到屈服而失去作用。最后，混凝土达到抗压极限强度，梁因失去抗剪承载力而发生剪压破坏。当配箍率过小时，梁开裂后箍筋内的拉应力迅速增大至屈服强度，继而失效；当配箍率过大时，剪力逐渐增大后，斜裂缝间的混凝土发生斜压破坏。此时，箍筋由于数量过多，无法屈服。总之，类似于配筋率对梁正截面承载力的影响，配箍率适当，方可有效提高梁的斜截面抗剪承载力。

与无腹筋梁类似，有腹筋梁的斜截面破坏形态也存在三种主要类型：

1. 斜压破坏

当 $\lambda<1$，或箍筋配置数量过多，箍筋应力增长缓慢，在箍筋尚未屈服时，梁腹混凝土即因抗压强度不足而发生斜压破坏。在薄腹梁中，即使剪跨比较大，也可能发生此类破坏。

2. 剪压破坏

当 $1\leqslant\lambda\leqslant3$，且箍筋配置数量适当，可发生剪压破坏。斜裂缝产生后，与斜裂缝相交的箍筋不会快速屈服，箍筋的受力抑制了斜裂缝的开展。随着加载增大，箍筋的拉应力增大至屈服强度后，无法抑制斜裂缝的开展，斜裂缝上端剩余截面减小，剪压区混凝土在正应力 σ 和剪应力 τ 共同作用下达到极限强度，最终发生剪压破坏。

3. 斜拉破坏

当 $\lambda>3$，或箍筋配置数量过少时，斜裂缝产生后，与之相交的箍筋瞬间屈服，与无腹筋梁相似，梁发生斜拉破坏。

试验表明，无论简支梁还是连续梁均存在斜拉破坏、剪压破坏和斜压破坏三种受剪破坏形态。对于有腹筋梁，当截面尺寸合适，箍筋配置数量适当时，剪压破坏是斜截面受剪破坏中最常见的一种破坏形态。

5.1.4　影响斜截面受剪承载力的主要因素

影响斜截面受剪承载力的因素主要有剪跨比和跨高比、配箍率、混凝土强度、纵筋配筋率、截面尺寸和形状等。

1. 剪跨比和跨高比

剪跨比是影响受集中荷载作用梁的斜截面抗剪承载力的主要因素之一。剪跨比较小时，其对梁的抗剪承载力影响较大。随着剪跨比的增大，梁的抗剪承载力逐渐降低。当剪跨比 $\lambda>3$ 时，其对梁的抗剪承载力影响可忽略不计。

对于承受均布荷载作用的梁，构件的跨度与截面高度之比 l_0/h，简称跨高比，它是影响抗剪承载力的主要因素。随着跨高比的增大，梁受剪承载力有逐渐减小的趋势。

2. 配箍率

试验表明,当配箍率适当,梁抗剪承载力随配箍率 ρ_{sv} 的提高而基本呈线性增大。由拱形桁架模型可知箍筋承担了较大剪力,可有效抑制裂缝的开展。

3. 混凝土强度等级

梁的斜截面破坏与混凝土强度密切相关。斜截面破坏是因混凝土达到极限强度而发生的,故斜截面受剪承载力随混凝土强度等级的提高而增强。试验表明,在相同剪跨比的条件下,对普通混凝土,抗剪承载力与混凝土抗压强度大致呈线性关系,但对高强混凝土,抗剪承载力与混凝土抗压强度已不是线性关系,而是与混凝土抗拉强度呈线性关系。为了计算方便,《规范》将原混凝土抗压强度改用混凝土抗拉强度作为斜截面抗剪设计的混凝土强度指标。

4. 纵筋配筋率

纵筋可在横截面承受一定剪力,起到"销栓"作用。在其他条件不变时,纵筋配筋率越大,破坏时的剪压区高度越大,可增强斜裂缝开展的抑制作用,增强斜裂缝间的骨料咬合作用,从而可提高斜截面抗剪承载力,二者大致呈线性关系。剪跨比较大时($\lambda > 3$),易产生撕裂裂缝,使纵筋的"销栓"作用减弱。通常在纵筋配筋率大于 1.5% 时,对梁受剪承载力的影响才较为显著,所以《规范》在计算公式中未考虑纵筋配筋率对抗剪承载力的影响。

5. 截面尺寸和形状的影响

对于无腹筋混凝土受弯构件,随着截面高度的增加斜截面上产生的裂缝宽度逐渐增大,裂缝内表面骨料之间的机械咬合作用减弱,使接近开裂端部的开裂区拉应力降低,传递剪应力的能力减弱。因此,截面尺寸也是影响受剪承载力的重要因素之一。配置箍筋后,由于箍筋对裂缝的抑制作用,截面高度的影响逐渐减弱。

截面形状对抗剪承载力也有一定的影响,对 T 形、I 形截面梁,提高翼缘宽度有利于提高抗剪承载力。另外,增大梁的宽度也可提高抗剪承载力。

试验研究还表明,当无腹筋梁分布钢筋配置较多时,尺寸效应消失,说明受拉分布钢筋在一定程度上抑制了裂缝的发展。此外,支座约束条件、加载方式(间接加载、直接加载)等对斜截面抗剪承载力也有不同程度的影响。

微课

钢筋混凝土梁斜
截面承载力计算
方法

5.2　受弯构件斜截面抗剪承载力的计算

5.2.1　计算方法

《规范》中给出了有腹筋梁的斜截面抗剪承载力计算方法,统一表达式为

$$V \leqslant \alpha_{cv} f_t b h_0 + f_{yv} \frac{A_{sv}}{s} h_0 + 0.8 f_y A_{sb} \sin\alpha \tag{5-4}$$

式中　α_{cv}——斜截面混凝土受剪承载力系数,对于一般梁取 $\alpha_{cv} = 0.7$;对集中荷载作用下(包括作用有多种荷载,其中集中荷载对支座截面或节点边缘所产生的剪力占总剪力的 75% 以上)的独立梁,取 $\alpha_{cv} = \dfrac{1.75}{\lambda+1}$,通常可取 $\lambda = a/h_0$,当 $\lambda < 1.5$ 时,取

$\lambda = 1.5$；当 $\lambda > 3$ 时，取 $\lambda = 3$。a 为集中荷载作用点至邻近支座截面或节点边缘的距离。

s——沿构件长度方向的箍筋间距。

A_{sb}——同一弯起平面内弯起钢筋的截面面积。

α——弯起钢筋与构件轴线的夹角。

f_{yv}——箍筋抗拉强度设计值。

《规范》考虑了弯起钢筋穿越斜裂缝部位随机性的不利影响，降低了钢筋强度，折减系数取 0.8。由式(5-4)可知，受弯构件斜截面受剪承载力主要受混凝土和腹筋的影响，不同截面尺寸、腹筋的改变均可引起斜截面受剪承载力的变化。

式(5-4)的不等式右侧三项分别为混凝土、箍筋和弯起钢筋构成的抗剪承载力。实际计算时，一般首先检验仅考虑混凝土提供的抗剪承载力，即检验右侧第一项能否满足不等式，若满足，则表明无需按计算配置箍筋和弯起钢筋(仅需按构造要求配置箍筋即可)，此时公式右侧后两项不参与计算；当混凝土提供的抗剪承载力不足时，一般考虑按计算配置箍筋或弯起钢筋，或两种同时配置，但为方便施工，实际工程中通常优先考虑配置箍筋。

5.2.2　适用条件

斜截面抗剪承载力计算是以梁发生剪压破坏为依据，因为剪压破坏可充分发挥箍筋作用，破坏过程相对其他两种破坏而言，具有一定的延性特征。因此，应通过控制截面最小尺寸或最大配箍率防止梁发生斜压破坏，控制最小配箍率或箍筋最大间距防止梁发生斜拉破坏。即：

(1)为防止斜压破坏，应保证最小截面尺寸。为防止发生斜压破坏并控制使用阶段的斜裂缝宽度，要求构件的截面尺寸不应过小，配置的腹筋数量也不应过多。

$$h_w/b \leqslant 4 \text{ 时，} V \leqslant 0.25\beta_c f_c b h_0 \tag{5-5}$$

$$h_w/b \geqslant 6 \text{ 时，} V \leqslant 0.2\beta_c f_c b h_0 \tag{5-6}$$

$$4 < h_w/b < 6 \text{ 时，} V \leqslant (0.35 - 0.025 h_w/b)\beta_c f_c b h_0 \tag{5-7}$$

式中　β_c——混凝土强度影响系数，当混凝土强度等级不超过 C50 时，取 $\beta_c = 1.0$；当混凝土强度等级为 C80 时，取 $\beta_c = 0.8$；位于区间内时，按线性内插法获得；

b——矩形截面宽度或 T 形、I 形截面的腹板宽度；

h_w——截面的腹板高度，按图 5-7 所示确定。

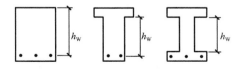

图 5-7　不同截面类型，腹板高度 h_w 的取值

(2)斜截面受剪承载力计算公式的下限值，即最小箍筋配筋率或箍筋最大间距。为防止梁发生斜拉破坏，梁中箍筋间距不宜大于表 5-1 的规定，箍筋最小直径也不宜小于表 5-1 规定的数值，同时当梁中配有计算需要的纵向受压钢筋时，箍筋直径尚不应小于 $d/4$(d 为受压钢筋最大直径)。

当满足 $V < 0.7 f_t b h_0$ 时，应按最小箍筋用量的要求配置构造箍筋。当 $V > 0.7 f_t b h_0$ 时，

《规范》规定了最小配箍率应满足：

$$\rho_{sv} = \frac{nA_{sv1}}{bs} \times 100\% \geqslant \rho_{sv,min} = 0.24\frac{f_t}{f_{yv}} \tag{5-8}$$

表 5-1　　　　　　　　　　　　　　梁中箍筋的最大间距和最小直径

梁截面高度	最大间距		最小直径
	$V > 0.7f_t bh_0$	$V \leqslant 0.7f_t bh_0$	
$150 < h \leqslant 300$	150	200	
$300 < h \leqslant 500$	200	300	6
$500 < h \leqslant 800$	250	350	
$h > 800$	300	400	8

5.2.3　计算截面

在进行梁正截面承载力计算时，一般以最不利荷载组合下梁跨度内最大弯矩值，即最危险截面上的弯矩值作为设计值。斜截面抗剪承载力计算时，也应先确定最危险截面。《规范》中规定的最危险截面如下：

(1)支座边缘处的截面(图 5-8(a)、图 5-8(b)所示 1—1 截面)；

(2)受拉区弯起钢筋弯起点处的截面(图 5-8(a)所示 2—2,3—3 截面)；

(3)箍筋截面面积或间距改变处的截面(图 5-8(b)所示 4—4 截面)；

(4)截面尺寸改变处的截面(图 5-8(b)所示 5—5 截面)。

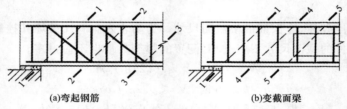

(a)弯起钢筋　　　　　　　　　　　　(b)变截面梁

图 5-8　斜截面受剪承载力的计算截面

5.2.4　设计计算步骤

与正截面受弯承载力计算类似，斜截面受剪承载力计算问题通常也分为两类：一是截面设计，二是承载力校核。

对于截面设计，通常按照以下步骤进行：

(1)构件的截面尺寸和纵筋由正截面承载力计算已初步选定，斜截面受剪承载力计算时应首先复核是否满足截面限制条件，如不满足应加大截面或提高混凝土强度等级；

(2)判定可否按照构造配置箍筋，即当满足 $V \leqslant \alpha_{cv} f_t bh_0$ 时，即可按构造要求配置箍筋，注意应满足最小配箍率和箍筋最大间距等要求；

(3)不满足步骤(2)，即需按计算配置箍筋时，按计算截面位置确定剪力设计值；

(4)按计算确定箍筋用量时，选用的箍筋也应满足箍筋最大间距和最小直径等要求；

(5)当需要配置弯起钢筋时，可先计算 V_{cs}，再计算弯起钢筋的截面面积，剪力设计值按如下方法取用：计算第一排弯起钢筋(对支座而言)时，取支座边缘的剪力；计算后面每排弯起钢筋时，取前一排弯起钢筋弯起点处的剪力；两排弯起钢筋的间距应小于箍筋的最大间距。

对于承载力校核问题，一般按以下步骤进行：

(1)验算是否满足截面最小尺寸要求，若不满足，需增大截面尺寸后重新验算；

(2)验算配箍率是否满足最小配箍率和箍筋最大间距等要求；

(3)按式(5-4)计算选定截面的斜截面受剪承载力 V_u；

(4)检验是否满足 $V \leq V_u$，若满足，则截面设计符合要求，否则，截面承载力不满足要求。

【例题 5-1】 钢筋混凝土矩形截面简支梁，截面尺寸 $b \times h = 250 \text{ mm} \times 500 \text{ mm}$，如图 5-9 所示，混凝土强度等级为 C25，箍筋为 HPB300 级钢筋，纵筋为 2 $\underline{\Phi}$25＋2 $\underline{\Phi}$22，环境类别为一类，求箍筋和弯起钢筋截面面积。

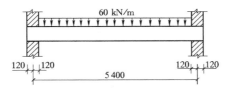

图 5-9　例题 5-1 图

解　(1)列出已知参数：

根据条件查表可得：$f_t = 1.27 \text{ N/mm}^2$，$f_c = 11.9 \text{ N/mm}^2$，$f_y = 360 \text{ N/mm}^2$，$f_{yv} = 270 \text{ N/mm}^2$。

(2)求剪力设计值

支座边缘处截面的剪力值最大为

$$V_{max} = ql_0/2 = [60 \times (5.4 - 0.12 \times 2)]/2 = 154.8 \text{ kN} = V$$

(3)验算截面尺寸

取 $h_w = h_0 = 460 \text{ mm}$，$h_w/b = 460/250 = 1.84 < 4$

属厚腹梁，混凝土强度等级为 C25，低于 C50，故 $\beta_c = 1$

$0.25\beta_c f_c bh_0 = 0.25 \times 1 \times 11.9 \times 250 \times 460 = 342.13 \text{ kN} > V_{max}$，故截面尺寸符合要求。

(4)验算可否按构造配置箍筋

$0.7f_t bh_0 = 0.7 \times 1.27 \times 250 \times 460 = 102.24 \text{ kN} < V_{max}$，故需按计算配置箍筋。

(5)配置腹筋

根据已配的 2 $\underline{\Phi}$25＋2 $\underline{\Phi}$22 纵向钢筋，可先利用 1 $\underline{\Phi}$22 以 45° 弯起，其承担的剪力为：

$$V_{sb} = 0.8A_{sb}f_y\sin\alpha_s = 0.8 \times 380.1 \times 360 \times \frac{\sqrt{2}}{2} = 77.41 \text{ kN}$$

则混凝土和箍筋承担的剪力为

$$V_{cs} = V - V_{sb} = 154.8 - 77.41 = 77.39 \text{ kN}$$

选用双肢箍 $\phi8@200$，实有

$$V_{cs} = 0.7f_t bh_0 + f_{yv}\frac{nA_{sv1}}{s}h_0 = 102.24 \times 10^3 + 270 \times \frac{2 \times 50.3}{200} \times 460 = 164.71 \text{ kN} > 77.39 \text{ kN}$$

(6)验算弯起点处的斜截面

$$V = 154.8 \times \frac{(5.4/2 - 0.12) - 0.48}{5.4/2 - 0.12} = 126 \text{ kN} < 164.71 \text{ kN}$$

故满足要求。

本例题也可先选配箍筋再计算弯起钢筋的面积，读者不妨试着计算一下。

【例题 5-2】 如图 5-10 所示一钢筋混凝土矩形截面简支梁 $b \times h = 250 \text{ mm} \times 600 \text{ mm}$，计算跨度 $l_0 = 4.0 \text{ m}$。承受均布荷载设计值为 $q = 10 \text{ kN/m}$，集中荷载设计值 $F = 160 \text{ kN}$。选用 C25 混凝土，纵筋选用 HRB400 级钢筋，箍筋选用 HPB300 级钢筋，环境类别为一类，试确定该梁的纵筋及箍筋数量（不考虑弯起钢筋）。

(1)计算纵向受拉钢筋截面面积 A_s；

(2)斜截面受剪配筋计算。

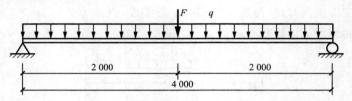

图 5-10　例题 5-2 图

解　(1)列出已知参数：$\alpha_1 = 1.0$，$f_t = 1.27 \text{ N/mm}^2$，$f_c = 11.9 \text{ N/mm}^2$，$f_y = 360 \text{ N/mm}^2$，$f_{yv} = 270 \text{ N/mm}^2$，$\xi_b = 0.518$，取 $a_s = 40 \text{ mm}$。

$$h_0 = h - a_s = 600 - 40 = 560 \text{ mm}$$

(2)确定最大弯矩，即跨中最大弯矩设计值为

$$M = \frac{1}{8}ql_0^2 + \frac{1}{4}Fl_0 = \frac{1}{8} \times 10 \times 4^2 + \frac{1}{4} \times 160 \times 4 = 180 \text{ kN} \cdot \text{m}$$

(3)计算受拉钢筋截面面积

$$\alpha_s = \frac{M}{\alpha_1 f_c b h_0^2} = \frac{180 \times 10^6}{1.0 \times 11.9 \times 250 \times 560^2} = 0.193$$

$$\xi = 1 - \sqrt{1 - 2\alpha_s} = 1 - \sqrt{1 - 2 \times 0.193} = 0.216 < \xi_b = 0.518$$

则受拉钢筋截面面积为

$$A_s = \frac{\alpha_1 f_c b \xi h_0}{f_y} = \frac{1.0 \times 11.9 \times 250 \times 0.216 \times 560}{360} = 1\,000 \text{ mm}^2$$

实际配筋 4 Φ18（$A_s = 1\,017 \text{ mm}^2$）

验算配筋率：

$$\rho = \frac{A_s}{bh} = \frac{1\,017}{250 \times 600} \times 100\% = 0.68\% > \rho_{\min} = \max\left(0.20\%, 45\frac{f_t}{f_y}\% = 0.16\%\right) = 0.20\%,$$

故满足要求。

(4)确定截面最大剪力设计值

梁的剪力图如图 5-11 所示：

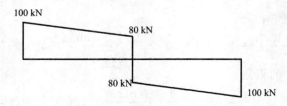

图 5-11　例题 5-2 剪力图

支座边缘处截面剪力最大，其剪力设计值为

$$V = \frac{1}{2} \times (160 + 10 \times 4) = 100 \text{ kN}$$

(5)验算截面尺寸

$$h_{\text{w}} = h_0 = 560 \text{ mm}, h_{\text{w}}/b = 560/250 = 2.24 < 4$$

$$0.25\beta_{\text{c}} f_{\text{c}} b h_0 = 0.25 \times 1.0 \times 11.9 \times 250 \times 560 = 416.5 \text{ kN} > 100 \text{ kN}$$

故截面尺寸满足要求。

(6)验算可否按构造配置箍筋

根据平衡条件可知,由集中力 F 对支座截面产生的剪力为 80 kN,占总剪力值的 80%>75%,故取截面混凝土受剪承载力系数为 $\alpha_{\text{cv}} = \dfrac{1.75}{\lambda + 1}$。

$$\lambda = \frac{a}{h_0} = \frac{2}{0.56} = 3.57$$

$\lambda > 3$,取 $\lambda = 3$,故

$$\frac{1.75}{\lambda + 1} f_{\text{t}} b h_0 = \frac{1.75}{3 + 1} \times 1.27 \times 250 \times 560 = 77.79 \text{ kN} < 100 \text{ kN}$$

故需计算配置箍筋的截面面积。

箍筋承担的剪力大小为

$$f_{\text{yv}} \frac{nA_{\text{sv1}}}{s} h_0 = V - \frac{1.75}{\lambda + 1} f_{\text{t}} b h_0 = 100 - 77.79 = 22.21 \text{ kN}$$

选用双肢箍 $\phi 6$,则 $A_{\text{sv1}} = 28.3 \text{ mm}^2$,可得

$$s \leqslant \frac{2 \times 28.3 \times 270 \times 560}{22.21 \times 10^3} = 385 \text{ mm}$$

选取 $s = 150$ mm,符合表 5-1 的要求。

(7)验算最小配箍率

$$\rho_{\text{sv}} = \frac{nA_{\text{sv1}}}{bs} = \frac{2 \times 28.3}{250 \times 150} = 0.15\% > \rho_{\text{sv,min}} = 0.24 \frac{f_{\text{t}}}{f_{\text{yv}}} = 0.24 \times \frac{1.27}{270} = 0.11\%$$

故配箍率满足要求。

(8)绘制配筋图(略)。

【例题 5-3】　如图 5-12 所示简支梁,环境类别为一类,$b \times h = 250 \text{ mm} \times 600 \text{ mm}$,已配置了 4 ϕ25 的受拉钢筋,求受剪钢筋(仅配置箍筋),采用 C30 混凝土,箍筋采用 HPB300 级直径为 8 mm 双肢箍。

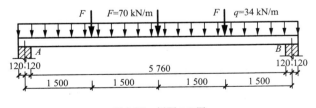

图 5-12　例题 5-3 图

解　(1)首先列出已知参数

查表得:$f_{\text{t}} = 1.43 \text{ N/mm}^2$,$f_{\text{c}} = 14.3 \text{ N/mm}^2$,$f_{\text{yv}} = 270 \text{ N/mm}^2$,$A_{\text{sv1}} = 50.3 \text{ mm}^2$。

（2）计算支座边缘处剪力

由平衡条件可得支座边缘处剪力

$$R_A = R_B = (70 \times 3 + 34 \times 5.76)/2 = 203 \text{ kN}$$

集中力引起的剪力 $R = (70 \times 3)/2 = 105 \text{ kN}$

由于 $R/R_A = (105/203) \times 100\% = 51.7\% < 75\%$

故按一般情况考虑，即取斜截面混凝土受剪承载力系数 $\alpha_{cv} = 0.7$。

（3）验算最小截面尺寸

$$h_0 = h - a_s = 600 - (25/2 + 8 + 20) = 559.5 \text{ mm}，取 h_0 = 560 \text{ mm}$$

$$h_0/b = h_w/b = 560/250 = 2.24 < 4$$

$$0.25\beta_c f_c b h_0 = 0.25 \times 1.0 \times 14.3 \times 250 \times 560 = 500.5 \text{ kN} > 203 \text{ kN}$$

故截面尺寸符合要求。

（4）判断可否按构造配置箍筋

$$0.7 f_t b h_0 = 0.7 \times 1.43 \times 250 \times 560 = 140.14 \text{ kN} < 203 \text{ kN}$$

故需按计算配置箍筋。

$$\frac{A_{sv}}{s} = \frac{V_{cs} - 0.7 f_t b h_0}{f_{yv} h_0} = \frac{203 \times 10^3 - 140.14 \times 10^3}{270 \times 560} = 0.416 \text{ mm}^2/\text{mm}$$

$$s = \frac{n A_{sv1}}{0.416} = \frac{2 \times 50.3}{0.416} = 242 \text{ mm}，故可取 s = 200 \text{ mm}，即按 \phi8@200 配置箍筋。$$

（5）验算配箍率

$$\rho_{sv} = \frac{A_{sv}}{bs} = \frac{2 \times 50.3}{250 \times 200} = 0.201\% > \rho_{sv,min} = 0.24 \frac{f_t}{f_{yv}} = 0.24 \times \frac{1.43}{270} = 0.127\%$$

故配置的箍筋满足要求。

5.3　保证斜截面抗弯承载力的构造措施

5.3.1　受弯构件的斜截面抗弯承载力

一般按计算在保证梁正截面承载力的同时，其斜截面抗弯承载力也可满足。但若支座处的纵筋锚固不足或纵筋的弯起、截断不当，可导致梁发生斜截面受弯破坏，而当上述条件满足时，一般无须进行斜截面的抗弯承载力计算。

5.3.2　抵抗弯矩图

在受弯构件设计中，为节约钢材，可根据设计条件弯起或截断纵向受力钢筋，但应保证受弯承载力设计值 M_u 图能够包住弯矩设计值 M 图。抵抗弯矩图（下文简称 M_u 图），又称材料图，是指按受弯构件实际配置的纵向受力钢筋绘制的梁上各正截面所能承受的弯矩图，它反映了沿梁长正截面上材料的抗力。M_u 图中每根钢筋承担的 M_{ui} 可近似以其截面面积 A_{si} 与总面积 A_s 的比值与 M_u 的乘积计算，即

$$M_{ui} = \frac{A_{si}}{A_s} M_u \tag{5-9}$$

1. 钢筋的弯起

以图 5-13 所示的受均布荷载的简支梁为例,梁上已根据正截面承载力计算配置了 1 ϕ 18 ＋ 2 ϕ 22 的纵向受拉钢筋。现以其中的 1 ϕ 18 弯起为例,说明抵抗弯矩图的绘制。

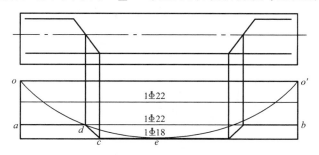

图 5-13 配有弯起钢筋简支梁抵抗弯矩图

首先按式(5-9)计算出三根钢筋分别具有的抗弯承载力,图中抛物线为简支梁的弯矩图。以钢筋截面面积之比绘制三个矩形,其中 $oo'ba$ 表示为 2 ϕ 22 具备的抗弯承载力。梁中心线可近似认为与中性轴重合,由图中可看出,以 oo' 为基准线的抵抗弯矩图完全包络住弯矩图,表明梁是安全的。1 ϕ 18 钢筋在 c 点处弯起,d 点处 2 ϕ 22 钢筋充分发挥作用,不需要 1 ϕ 18 钢筋。因此,d 点处为 2 ϕ 22 钢筋的充分利用截面,同时 d 点处为 1 ϕ 18 钢筋的不需要截面,可将其弯起以抗剪;e 点处三根钢筋全部充分发挥作用,因此 e 点为 1 ϕ 18 和 2 ϕ 22 的充分利用截面。

弯矩图和抵抗弯矩图的形状越接近,表明越能充分发挥钢筋的作用,从而越经济合理。实际工程中,钢筋的弯起还应依据构造要求、施工技术等进行综合考虑。一般梁底部伸入支座的纵向钢筋不少于 2 根,故只有底部钢筋数量较多时,方可考虑将部分钢筋弯起。为保证斜截面的抗弯承载力,《规范》规定弯起钢筋的弯起点可设在按正截面承载力计算不需要该钢筋的截面之前,但弯起钢筋与梁中心线的交点应位于不需要该钢筋的截面之外,同时弯起点与按计算充分利用该钢筋的截面之间的距离不应小于 $h_0/2$(图 5-14)。

当按计算需设置弯起钢筋时,应保证从支座起前一排钢筋的弯起点至后一排钢筋的弯终点的距离不应大于箍筋的最大间距,其值见表 5-1 内 $V>0.7f_tbh_0$ 一栏的规定,否则,斜裂缝可能不与弯起钢筋相交,导致梁因斜截面抗剪承载力不足而破坏。

弯起钢筋的弯起角度一般为 45°,当梁截面高度大于 800 mm 时为 60°。在弯终点外应留有平行于梁轴线方向的锚固长度,且在受拉区不应小于 20d(d 为弯起钢筋直径),在受压区不应小于 10d(图 5-15)。梁底层钢筋中的角部钢筋不应弯起,顶层钢筋中的角部钢筋不应弯下。

位于梁侧的底层钢筋不宜弯起。当充分利用弯起钢筋强度时,宜将其配置在靠梁侧面不小于 2d 的位置处,以防止弯起点处混凝土过早破坏,导致弯起钢筋强度无法充分发挥。弯起钢筋的数量和弯起位置应满足构件抵抗弯矩图的要求,同时,还应满足最大间距等构造要求。有时可附加按抗剪计算所需的弯起钢筋,而不是弯起纵向受力钢筋。此种专为受剪而设置的弯起钢筋,称为"鸭筋"(图 5-16(a)),注意绝不可采用"浮筋"(图 5-16(b))。为了满足弯起钢筋的需要,可重新配置按正截面承载力计算所需的纵向受力钢筋的直径和根数。

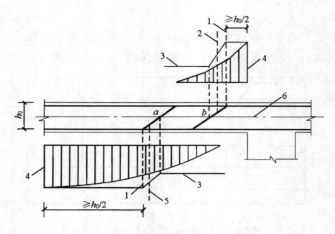

图 5-14 弯起钢筋的弯起点与弯矩图的关系

1—受拉区的弯起点；2—按计算不需要钢筋"b"的截面；3—正截面受弯承载力图；

4—按计算充分利用钢筋"a"或"b"强度的截面；5—按计算不需要钢筋"a"的截面；6—梁中心线

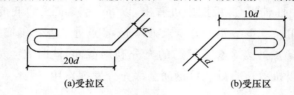

(a)受拉区   (b)受压区

图 5-15 弯起钢筋弯终点的构造要求

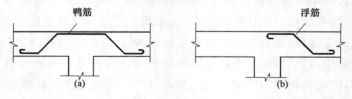

图 5-16 鸭筋与浮筋

2. 钢筋的截断

理论上，可将纵向受拉钢筋在不需要截面处截断，如图 5-13 中的 1 Φ18 钢筋理论上可自 d 点起至 a 点截断。但实际上，钢筋截断处的混凝土应力有突增现象，可导致钢筋截断点附近的混凝土开裂而降低梁的斜截面抗剪承载力。

任何一根纵向受力钢筋在结构中要充分发挥作用，应从"强度充分利用截面"外伸一定的长度 l_{d1}，确保其与混凝土充分粘结，以充分发挥钢筋作用。同时，由于弯矩图改变，不考虑钢筋作用而截断时，从按正截面承载力计算"不需要截面"也应外伸一定的长度 l_{d2}，以满足受力钢筋的构造要求。在实际工程设计中，以 l_{d1} 和 l_{d2} 中的较大值作为纵向受力钢筋的实际延伸长度 l_d，并作为其真正的截断点，即：$l_d = \max(l_{d1}, l_{d2})$。

纵向钢筋不宜在受拉区截断，钢筋混凝土连续梁、框架梁支座处的负弯矩纵向受拉钢筋也不宜在受拉区截断，必须截断时，应以表 5-2 按延伸长度 $l_d = \max(l_{d1}, l_{d2})$ 进行取值（表 5-2 中的 l_a 为受拉钢筋的锚固长度）。

表 5-2 负弯矩钢筋的延伸长度 l_d

截面条件	强度充分利用截面伸出 l_{d1}	计算不需要截面伸出 l_{d2}
$V \leqslant 0.7f_tbh_0$	$1.2l_a$	$20d$
$V > 0.7f_tbh_0$	$1.2l_a + h_0$	$20d$ 且 h_0
若按上两条确定的截断点仍在负弯矩受拉区	$1.2l_a + 1.7h_0$	$20d$ 且 $1.3h_0$

5.3.3 箍筋的构造要求

箍筋通常分为封闭式和开口式两种(图 5-17)。在不承受扭矩和动力荷载的整浇肋梁楼盖中的 T 形截面梁,截面上部受压区的区段范围内,也可采用开口式箍筋。

当梁中配有计算需要的纵向受压钢筋时,箍筋应符合以下规定:

(1)做成封闭式,箍筋的末端应做成 135°弯钩,弯钩端部的平直段长度不应小于 $5d$(d 为箍筋直径)。

(2)箍筋的间距不应大于 $15d$,并不应大于 400 mm。当一层内的纵向受压钢筋多于 5 根且直径大于 18 mm 时,箍筋间距不应大于 $10d$(d 为纵向受压钢筋的最小直径)。

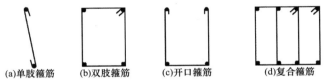

(a)单肢箍筋 (b)双肢箍筋 (c)开口箍筋 (d)复合箍筋

图 5-17 箍筋的类型

(3)箍筋一般采用双肢箍筋,当梁的宽度 $b > 400$ mm,且一层内的纵向受压钢筋多于 3 根时,或当梁的宽度 $b \leqslant 400$ mm,但一层内的纵向受压钢筋多于 4 根时,应设置复合箍筋。

5.4 受弯构件设计实例

本节例子综合运用受弯构件承载力计算和构造知识,对一支承在 370 mm 厚砖墙上的钢筋混凝土伸臂梁进行设计,使读者对梁的设计全过程有较清楚的认识。例题中初步涉及活荷载的布置及内力组合的概念,有助于巩固内力组合知识,并为后续梁板结构的设计打下基础。

5.4.1 设计条件

一支承在 370 mm 厚砖墙上的钢筋混凝土伸臂梁,跨度为 $l_1 = 7.0$ m,伸臂长度为 $l_2 = 1.86$ m,由楼面传至梁上的恒荷载标准值 $g_{1k} = 26.04$ kN/m(未包括梁自重),活荷载标准值 $q_{1k} = 20.0$ kN/m,$q_{2k} = 66.66$ kN/m(图 5-18)。采用强度等级为 C25 的混凝土,纵向受力钢筋为 HRB400 级,箍筋和构造钢筋为 HPB300 级。设计使用年限为 50 年,环境类别为一类。试设计该梁并绘制配筋详图。

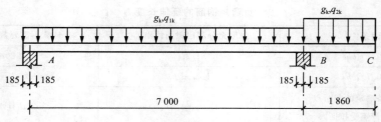

图 5-18 梁的跨度、支撑及荷载

5.4.2 梁的内力和内力图

1. 截面尺寸选择

取高跨比 $h/l=1/10$，则 $h=700$ mm；按高宽比的一般规定，取 $b=250$ mm，$h/b=2.8$。初选 $h_0=h-a_s=700-65=635$ mm（按两排布置纵筋）。

2. 荷载计算

梁自重标准值（包括梁侧 15 mm 厚粉刷层重）

$$g_{2k}=0.25\times0.7\times25+0.015\times0.7\times2\times17=4.73 \text{ kN/m}$$

则梁的恒荷载设计值

$$g=g_1+g_2=1.3\times26.04+1.3\times4.73=40 \text{ kN/m}$$

当考虑悬臂的恒载对求 AB 跨正弯矩有利时，取 $\gamma_G=1.0$，则此时的悬臂恒载设计值为

$$g'=1.0\times28.60+1.0\times4.73=33.33 \text{ kN/m}$$

活荷载的设计值为

$$q_1=1.5\times20.0=30 \text{ kN/m}$$
$$q_2=1.5\times66.66=100 \text{ kN/m}$$

3. 梁的内力和内力包络图

恒荷载 g 作用于梁上的位置是固定的，计算简图如图 5-19(a)、图 5-19(b)所示；活荷载 q_1、q_2 的作用位置有三种可能情况，如图 5-19(c)、图 5-19(d)、图 5-19(e)所示。

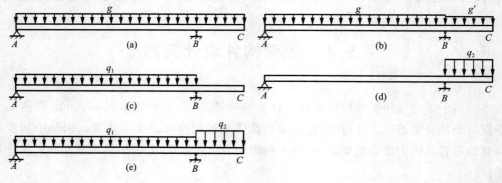

图 5-19 梁上各种荷载的布置

图 5-19 给出了 5 种荷载布置，依据平衡条件，可绘制出各种荷载布置下的弯矩图和剪力图。求 AB 跨的跨中最大正弯矩时，应将图5-19(b)、图5-19(c)荷载下的弯矩叠加。求 AB 跨的最小正弯矩时，应将图 5-19(a)、图 5-19(d)荷载下的弯矩叠加。求 A 支座的最大剪力时，应将图5-19(b)、图5-19(c)荷载下的剪力图叠加。求 B 支座的最大剪力和最大负弯矩时，应将图 5-19(a)、图 5-19(c)、图 5-19(d)荷载下的剪力图叠加。图 5-20 中给出了以上四种弯矩和剪力叠加图，相应的弯矩值、剪力值以及弯矩和剪力为零时截面的所在位置，可作为设计和配筋的依据。

5.4.3　配筋计算

1. 已知条件

混凝土强度等级 C25，$\alpha_1=1.0$，$f_c=11.9\ \text{N/mm}^2$，$f_t=1.27\ \text{N/mm}^2$；HRB400 级钢筋，$f_y=360\ \text{N/mm}^2$，$\xi_b=0.518$；HPB300 级钢筋，$f_{yv}=270\ \text{N/mm}^2$。如图 5-20 所示。

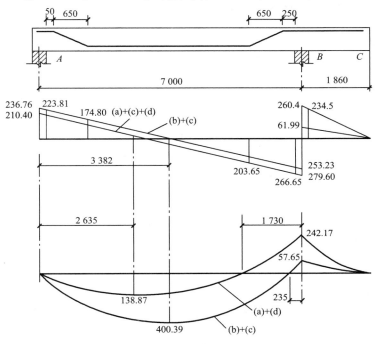

图 5-20　梁的内力图和内力包络图

2. 截面尺寸验算

沿梁全长的剪力设计值的最大值在 B 支座左边缘，$V_{\max}=266.65\ \text{kN}$

$h_0/b=h_w/b=635/250=2.54<4$，属一般梁。

$0.25f_cbh_0=0.25\times11.9\times250\times635=472.28\ \text{kN}>V_{\max}=266.65\ \text{kN}$

故截面尺寸满足要求。

3. 纵筋计算(一般采用单筋截面)

(1)跨中附近截面($M=400.39\ \text{kN·m}$)

$$\xi=1-\sqrt{1-\frac{2M}{\alpha_1 f_c bh_0^2}}=1-\sqrt{1-\frac{2\times400.39\times10^6}{1.0\times11.9\times250\times635^2}}=0.424<\xi_b=0.518$$

$$A_s=\frac{\alpha_1 f_c bh_0\xi}{f_y}=\frac{1.0\times11.9\times250\times635\times0.424}{360}=2\ 225\ \text{mm}^2$$

$$\left(45\frac{f_t}{f_y}\right)\%=\left(45\times\frac{1.27}{360}\right)\%=0.16\%<0.2\%$$

所以，$A_{s,\min}=0.2\%bh=0.2\%\times250\times700=350\ \text{mm}^2<A_s=2\ 225\ \text{mm}^2$

选用 4 Φ20+2 Φ25，$A_s=2\ 238\ \text{mm}^2$。

(2)支座截面($M=242.17\ \text{kN·m}$)

本梁支座弯矩较小(为跨中弯矩的 60.48%)，可考虑单排配筋，令 $a_s=40\ \text{mm}$，则 $h_0=700-40=660\ \text{mm}$。按同样的计算步骤，可得

$$\xi = 1 - \sqrt{1 - \frac{2M}{\alpha_1 f_c bh_0^2}} = 1 - \sqrt{1 - \frac{2 \times 242.17 \times 10^6}{1.0 \times 11.9 \times 250 \times 660^2}} = 0.209 < \xi_b = 0.518$$

$$A_s = \frac{\alpha_1 f_c bh_0 \xi}{f_y} = \frac{1.0 \times 11.9 \times 250 \times 660 \times 0.209}{360} = 1\,140 \text{ mm}^2$$

选用 $2\,\phi18 + 2\,\phi20$，$A_s = 1\,137 \text{ mm}^2$。

选择支座钢筋和跨中钢筋时，应考虑钢筋规格的协调，因而弯起跨中纵向钢筋 $2\,\phi20$（若支座处选 $2\,\phi16 + 2\,\phi25$，$A_s = 1\,384 \text{ mm}^2$，则考虑 $2\,\phi25$ 的弯起）。

4. 腹筋计算

各支座边缘的剪力设计值如图 5-20 所示。

（1）验算可否按构造配置箍筋

$0.7 f_t bh_0 = 0.7 \times 1.27 \times 250 \times 635 = 141.13 \text{ kN} < V = V_{max} = 266.65 \text{ kN}$

故需按计算配置箍筋。

（2）箍筋计算

方案一：仅考虑箍筋抗剪，并沿梁全长配置同一规格箍筋，则 $V = 266.65 \text{ kN}$。

由 $V \leqslant V_{cs} = 0.7 f_t bh_0 + f_{yv} \dfrac{A_{sv}}{s} h_0$，有

$$\frac{A_{sv}}{s} = \frac{V - 0.7 f_t bh_0}{f_{yv} h_0} = \frac{266.65 \times 10^3 - 0.7 \times 1.27 \times 250 \times 635}{270 \times 635} = 0.73 \text{ mm}^2/\text{mm}$$

选用双肢箍 $\phi8$（$n = 2$，$A_{sv1} = 50.3 \text{ mm}^2$），有

$$s = \frac{nA_{sv1}}{0.73} = \frac{2 \times 50.3}{0.73} = 138 \text{ mm}$$

实选 $\phi8@230$，满足计算要求。全梁按此直径和间距配置箍筋。

方案二：配置箍筋和弯起钢筋共同抗剪。在 AB 段内配置箍筋和弯起钢筋，弯起钢筋参与抗剪并抵抗 B 支座负弯矩；BC 段仍配置双肢箍筋。计算过程及结果见表 5-3。

表 5-3   腹筋计算表

截面位置	A 支座	B 支座左	B 支座右
剪力设计值 V/kN	223.81	266.65	234.50
$V_c = 0.7 f_t bh_0$/kN	141.13		141.13
选用箍筋（直径、间距）	$\phi8@230$		$\phi8@150$
$V_{cs} = V_c + f_{yv} \dfrac{A_{sv}}{s} h_0$/kN	216.12		260.64
$V - V_{cs}$/kN	7.69	50.53	
$A_{sb} = \dfrac{V - V_{cs}}{0.8 f_y \sin\alpha}$/mm²	37.76	248.16	
弯起钢筋选择	$2\,\phi20$	$2\,\phi20$（$A_{sb} = 628 \text{ mm}^2$）	可不配置弯起钢筋
弯起点距支座边缘距离/mm	$50 + 650 = 700$	$250 + 650 = 900$	
弯起点处剪力设计值 V_2/kN	174.8	$266.65 \times \left(1 - \dfrac{900}{3\,809}\right) = 203.70$	
是否需第二排弯起钢筋	$V_2 < V_{cs}$，不需要	$V_2 < V_{cs}$，不需要	

5.4.4　作材料图和进行钢筋布置

伸臂梁配筋图如图 5-21 所示。

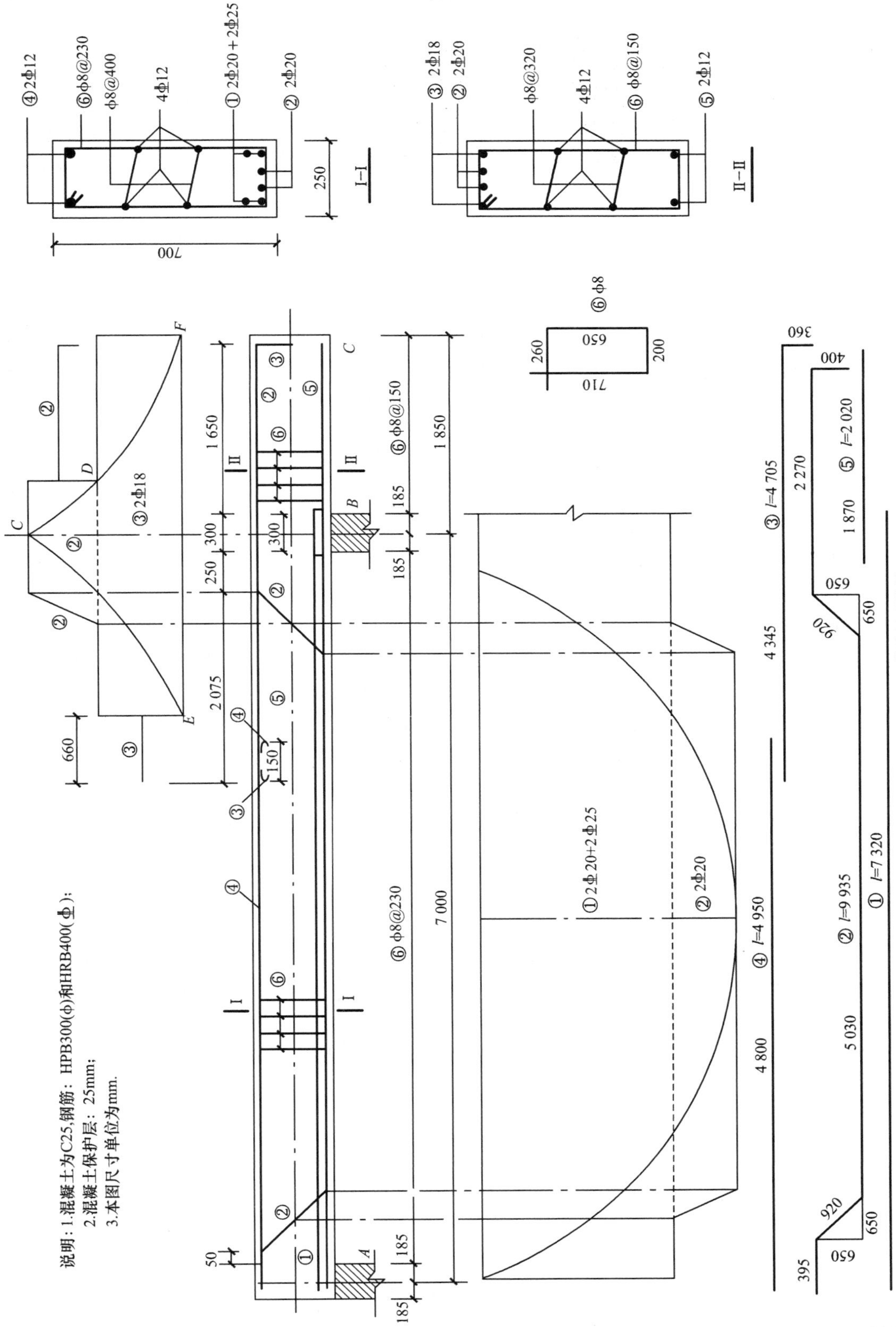

图5-21 伸臂梁配筋图

纵筋的弯起和截断位置由材料图确定,故需按比例设计绘制弯矩图和材料图。A 支座按方案一计算不需要配置弯起钢筋,本例中仍将 2$\underline{\Phi}$20 钢筋在 A 支座处弯起。

1. 确定各纵筋承担的弯矩

跨中钢筋 4$\underline{\Phi}$20+2$\underline{\Phi}$25,由抗剪计算可知需弯起 2$\underline{\Phi}$20,故跨中钢筋分为两种:①2$\underline{\Phi}$20+2$\underline{\Phi}$25 伸入支座;②2$\underline{\Phi}$20 弯起。按它们的面积比例将正弯矩包络图用虚线分为两部分,第一部分为相应钢筋可承担的弯矩,虚线与内力包络图的交点是钢筋强度的充分利用截面或不需要截面。

支座负弯矩钢筋 2$\underline{\Phi}$18+2$\underline{\Phi}$20,其中 2$\underline{\Phi}$20 利用跨中的弯起钢筋②抵抗部分负弯矩,2$\underline{\Phi}$18抵抗其余的负弯矩,编号为③,两部分钢筋也按其面积比例将负弯矩包络图用虚线分成两部分。

在排列钢筋时,应将伸入支座的跨中钢筋、最后截断的负弯矩钢筋(或不截断的负弯矩钢筋)排在相应弯矩包络图内的最长区段内,然后排列弯起点离支座距离最近(负弯矩钢筋为最远)的弯起钢筋、离支座较远截面截断的负弯矩钢筋。

2. 确定弯起钢筋的弯起位置

由抗剪计算确定的弯起钢筋位置作材料图。显然,②号钢筋的材料图应全部覆盖相应弯矩图,且弯起点离它的强度充分利用截面的距离都大于或等于 $h_0/2$。故满足抗剪、正截面抗弯、斜截面抗弯的三项要求。

当不需要弯起钢筋抗剪而仅需弯起钢筋抵抗负弯矩时,仅需满足后两项要求(材料图覆盖弯矩图、弯起点离开其钢筋充分利用截面距离 $h_0/2$)。

3. 确定纵筋截断位置

②号钢筋的理论截断位置是按正截面受弯承载力计算不需要该钢筋的截面(图 5-21 中 D 处),从该处向外的延伸长度应不小于 $20d=20\times20=400$ mm,且不小于 $1.3h_0=1.3\times660=858$ mm;同时,从该钢筋强度充分利用截面(图 5-21 中 C 处)的延伸长度应不小于 $1.2l_a+1.7h_0=1.2\times794+1.7\times660=2\,075$ mm(l_a 为受拉钢筋的锚固长度)。根据材料图,可知其实际截断位置由 2 075 mm 控制。

③号钢筋的理论截断点是图 5-21 中的 E 点和 F 点,其中 $h_0=660$ mm;$1.2l_a+h_0=1.2\times714+660=1\,517$ mm。根据材料图,该筋的左端截断位置由 660 mm 控制。

5.4.5 绘梁的配筋图

梁的配筋图包括纵断面图、横断面图及单根钢筋图(对简单配筋,可只画纵断面图或横断面图)。纵断面图表示各钢筋沿梁长方向的布置情形,横断面图表示钢筋在同一截面内的位置。

1. 按比例画出梁的纵断面和横断面

纵、横断面可用不同比例。当梁的纵、横向断面尺寸相差悬殊时,在同一纵断面图中,纵、横向可选用不同比例。

2. 画出钢筋的位置并编号

画出每种规格钢筋在纵、横断面上的位置并进行编号(钢筋的直径、强度、外形尺寸完全相同时,用同一编号)。

(1)直钢筋①2$\underline{\Phi}$20+2$\underline{\Phi}$25 全部伸入支座,伸入支座的锚固长度分别为 $l_{as}\geqslant12d$,统一取 $12\times25=300$ mm。考虑到施工方便,伸入 A 支座长度取 370-25=345 mm;伸入 B 支座长度取 345 mm。故该钢筋总长=345+345+7 000-370=7 320 mm。

（2）弯起钢筋②2Φ20 根据作材料抵抗弯矩图后确定的位置，在 A 支座附近弯上后锚固于受压区，应使其水平长度≥10d＝10×20＝200 mm，实际取 370－25＋50＝395 mm；在 B 支座左侧弯起后，穿过支座伸至其端部后下弯 20d，即 400 mm。该钢筋斜弯段的水平投影长度＝700－25×2＝650 mm（弯起角度 α＝45°，该长度即梁高减去 2 倍混凝土保护层厚度），则②号钢筋跨中处和 B 支座处的水平长度分别为 7 000－（185＋50）－（185＋250）－650－650＝5 030 mm 和 1 860－25＋250＋185＝2 270 mm，总长度为 395＋920＋5 030＋920＋2 270＋400＝9 935 mm。

（3）负弯矩钢筋③2Φ18 左端的实际截断位置为正截面受弯承载力计算不需要该钢筋的截面之外 660 mm。同时，从该钢筋强度充分利用截面延伸的长度为 2075 mm，大于 1.2l_a＋h_0。右端向下弯折 20d＝360 mm。该钢筋同时兼作梁的架立钢筋。③号钢筋水平长度为 2 075＋250＋185＋（1 860－25）＝4 345 mm，总长度为 4 345＋360＝4 705 mm。

（4）AB 跨内的架立钢筋可选用 2Φ12，左端伸入支座内 370－25＝345 mm 处，右端与③号钢筋搭接，搭接长度可取 150 mm（非受力搭接）。该钢筋编号为④，其水平长度＝345＋（7 000－370）－（250＋2 075）＋150＝4 800 mm，总长为 4 950 mm。

伸臂下部的架立钢筋可同样选用 2Φ12，在支座 B 内与①号钢筋搭接 150 mm，其水平长度＝1 860＋185－150－25＝1 870 mm，钢筋编号为⑤，其总长度为 1 870＋150＝2 020 mm。

（5）梁内采用ϕ8 双肢箍，钢筋编号为⑥，在纵断面图上标出不同间距的范围，即 AB 段和 BC 段内的间距分别为 230 mm 和 150 mm。

3.绘出单根钢筋图（或作钢筋表）

该部分详如图 5-21 所示。

本章小结

梁的斜截面受剪破坏形态有三种：斜压破坏、斜拉破坏和剪压破坏。其中斜压破坏和斜拉破坏均具有明显的脆性，工程中应避免发生。剪跨比和配箍率等是影响梁的斜截面破坏形态和斜截面受剪承载力的主要因素。

斜截面受剪承载力计算公式是以剪压破坏为依据建立的。梁受剪承载力由三部分组成：即混凝土、箍筋、弯起钢筋。一般首先考虑可否按构造配置箍筋，然后再考虑设置箍筋或弯起钢筋或同时配置这两种钢筋。在进行计算时，需注意斜截面混凝土受剪承载力系数 α_{cv} 的取值：对于一般受弯构件和对集中荷载作用的独立梁（包括作用有多种荷载，其中集中荷载对支座截面或节点边缘产生的剪力值大于总剪力75％的情况）分别取 0.7 和 $\dfrac{1.75}{\lambda+1}$。

保证斜截面受剪承载力：（1）通过斜截面受剪承载力的计算并配置适量的腹筋防止剪压破坏；（2）通过限制最小截面尺寸防止斜压破坏；（3）限制箍筋的最小配箍率和箍筋的最大间距，防止斜拉破坏。斜截面受弯承载力通常是由梁内纵筋的弯起、锚固、截断以及箍筋的间距等构造措施保证的。

抵抗弯矩图是实际配置的钢筋在梁的各正截面所承受的弯矩图。通过抵抗弯矩图可确定钢筋弯起和截断的位置。抵抗弯矩 M_u 图应包住设计弯矩 M 图，M_u 图与 M 图越接近，钢筋利用越充分。

思 考 题

5.1 什么是剪跨比？它对斜截面破坏形态有什么影响？

5.2 影响无腹筋简支梁斜截面受剪承载力的主要因素有哪些？

5.3 梁上斜裂缝是怎样形成的？它发生在梁的什么区段内？

5.4 斜裂缝有几种类型？各有何特点？

5.5 梁斜截面受剪破坏的三种形态是什么？各自有什么破坏特征？

5.6 斜截面受剪承载力计算公式为什么要设置上限和下限(适用条件)？

5.7 在进行斜截面受剪承载力设计时,计算截面位置应如何选取？

5.8 梁的斜截面受剪承载力设计步骤有哪些？

5.9 斜截面承载力设计计算时,箍筋和弯起钢筋有哪些构造要求？

习 题

5.1 如图 5-22 所示的钢筋混凝土简支梁,设计使用年限为 50 年,环境类别为二 a 类,集中荷载设计值 $F=200$ kN,均布荷载设计值(包含梁及抹灰自重)$q=10$ kN/m。选用 C30 混凝土,箍筋为 HPB300 级钢筋。试选择该梁的箍筋(图中跨度为净跨度 $l_n=4$ m)。

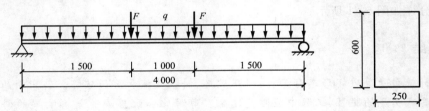

图 5-22 习题 5.1 图

5.2 一钢筋混凝土矩形截面简支梁,截面尺寸为 250 mm×500 mm,混凝土强度等级为 C25($f_t=1.27$ N/mm², $f_c=11.9$ N/mm²),箍筋为热轧 HPB300 级钢筋($f_{yv}=270$ N/mm²),支座处截面的剪力设计值为 180 kN,环境类别为一类,求箍筋的数量。

5.3 一两端支承于砖墙上的钢筋混凝土 T 形截面简支梁,截面尺寸及配筋如图 5-23 所示。环境类别为一类,混凝土强度等级为 C25,纵筋采用 HRB400 级钢筋,箍筋采用 HPB300 级钢筋。试按斜截面受剪承载力计算梁所能承受的均布荷载设计值。

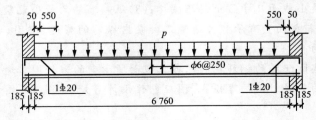

图 5-23 习题 5.3 图

5.4　某 T 形截面简支梁尺寸如下:$b \times h = 200$ mm$\times 500$ mm(取 $a_s = 40$ mm,$b'_f = 400$ mm,$h'_f = 100$ mm);采用 C25 混凝土,箍筋为 HPB300 级钢筋;由集中荷载产生的支座边缘剪力设计值 $V = 120$ kN(包括自重及抹灰),剪跨比 $\lambda = 2.5$,环境类别为一类,试选择该梁的箍筋。

5.5　均布荷载作用下 T 形截面简支梁如图 5-24 所示,均布荷载设计值 $q = 72$ kN/m,采用 C25 级混凝土,箍筋为 HPB300 级钢筋,纵筋为 HRB400 级钢筋,环境类别为二 b 类,分别按下列两种情况进行梁的腹筋计算:

(1)仅配置箍筋;

(2)采用 $\phi6@200$ 箍筋,求所需要的弯起钢筋。

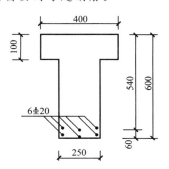

图 5-24　习题 5.5 图

5.6　已知矩形截面伸臂梁如图 5-25 所示,采用 C30 级混凝土,纵筋采用 HRB400 级钢筋,箍筋采用 HPB300 级钢筋,环境类别为二 a 类。

(1)由正截面承载力计算纵向受力钢筋;

(2)由斜截面受剪承载力计算箍筋和弯起钢筋,并绘出抵抗弯矩图。

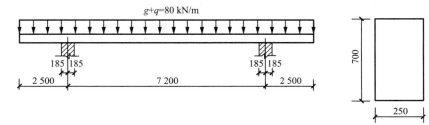

图 5-25　习题 5.6 图

第6章 受压构件承载力计算

学习目标

了解受压构件的类型和一般构造要求；掌握轴心受压普通箍筋柱和配螺旋式箍筋柱的正截面承载力计算方法；掌握偏心受压构件的设计计算方法，包括大、小偏心受压构件的破坏形态、判别条件、正截面承载力计算过程；理解 N_u-M_u 关系曲线及其应用。

6.1 概　述

钢筋混凝土柱是典型的受压构件，不论是厂房的排架柱，还是框架柱，在荷载作用下其截面上一般作用有轴力、弯矩和剪力。

受压构件可分为两种：纵向力通过构件截面重心的受压构件称为轴心受压构件；当纵向力作用线偏离构件轴线或同时作用有轴心压力及弯矩时，称为偏心受压构件，如图 6-1 所示。

在实际工程中真正的轴心受压构件是不存在的，因为在施工中很难保证轴向压力正好作用在柱截面的重心上，构件本身还可能存在尺寸偏差。即使压力作用在截面的几何重心上，由于混凝土材料的不均匀性和钢筋位置的偏差也很难保证几何中心和物理中心重合。

尽管如此，我国现行《规范》仍保留了轴心受压构件正截面承载力计算公式，对于框架的中柱、桁架的压杆当弯矩很小时可略去不计，近似简化为轴心受压构件来计算。

对于偏心受压构件正截面承载力计算，考虑荷载作用位置的不定性、混凝土质量的不均匀性和施工误差等因素的综合影响，《规范》给出附加偏心距 e_a 应取 20 mm 和偏心方向截面最大尺寸的 1/30 两者中的较大值。

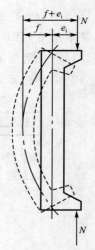

图 6-1　偏心受压构件

偏心受压构件可根据偏心距的大小进一步分为大偏心受压构件和小偏心受压构件。偏心受压构件可能在轴力 N 和弯矩 M 的共同作用下由于正截面承载力不足而发生破坏；当横向剪力较大时，也可能产生斜截面破坏。所以当横向剪力较大时，偏心受压构件也应和受弯构件一样，除进行正截面承载力计算外，还要进行斜截面承载力计算。

6.2　受压构件的构造要求

6.2.1　截面形状和尺寸

轴心受压构件一般采用方形或圆形、环形截面;偏心受压构件常采用矩形或 I 形截面,截面长边布置在弯矩作用方向,矩形截面的长短边之比一般为 1.5～2.5。

柱的截面尺寸不宜过小,长细比不宜过大,一般控制在 $l_0/b \leqslant 30$ 或 $l_0/d \leqslant 25$(l_0 为柱的计算长度,b 为矩形截面短边尺寸,d 为圆形截面直径)。

为施工方便,截面尺寸一般采用整数。边长 800 mm 以下时以 50 mm 为模数;800 mm 以上时以 100 mm 为模数。

6.2.2　材料强度要求

1. 混凝土

受压构件的强度主要受控于混凝土,混凝土的强度等级对受压构件的承载力影响很大。为了减小构件的截面尺寸,节省钢材,宜采用较高强度等级的混凝土。一般采用 C30、C35、C40,对于高层建筑的底层柱,必要时可采用高强度等级的混凝土。

2. 纵向钢筋

一般采用 HRB400、HRBF400、HRB500、HRBF500 钢筋。对受压钢筋来说,不宜采用高强钢筋,这是因为受混凝土极限压应变的限制,高强钢筋的作用不能充分发挥。

纵筋的直径不宜小于 12 mm,一般取 12～30 mm。纵筋根数不得少于 4 根。对于垂直浇筑的混凝土,钢筋之间的净距不应小于 50 mm。纵筋的间距也不应过大,钢筋的中距不应大于 300 mm。

对于受压构件,全部纵向钢筋的配筋率应满足《规范》要求,同时一侧纵向钢筋配筋率不应小于 0.2%,全部纵向钢筋配筋率不宜大于 5%,常用范围为 1.0%～2.0%。

当偏心受压柱的截面高度 $h \geqslant 600$ mm 时,在侧面应设置直径为 10～16 mm 的纵向构造钢筋,并相应地设置复合箍筋或拉结筋。

3. 箍筋

柱中箍筋的作用很重要,箍筋与纵筋绑扎或焊接成钢筋骨架。箍筋缩短了纵筋的无支长度,避免纵筋过早压屈。当箍筋的数量较多时,可对核芯混凝土起到很好的约束作用,增大柱芯混凝土的变形能力,提高柱的延性。箍筋还可承担剪力。

箍筋宜采用 HRB400、HRBF400、HRB300、HRB500、HRBF500 钢筋。应做成封闭式,如图 6-2 所示。箍筋直径不应小于 $d/4$,且不应小于 6 mm,d 为纵向钢筋的最大直径。

箍筋的间距 s 不宜过大,应同时满足下列三个条件:

$s \leqslant 400$ mm;

$s \leqslant b$(b 为柱短边尺寸);

$s \leqslant 15d$(d 为纵向钢筋的最小直径)。

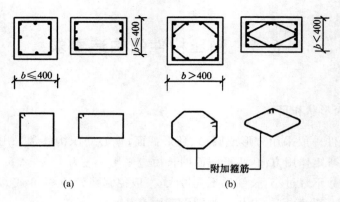

图 6-2 箍筋的形式

当柱中全部纵向受力钢筋的配筋率超过 3% 时,则箍筋直径不应小于 8 mm,间距不应大于 $10d$(d 为纵向钢筋最小直径),且不应大于 200 mm;箍筋末端应做成 135° 弯钩且弯钩末端平直段长度不应小于箍筋直径的 10 倍;也可焊成封闭环式。

当柱截面短边尺寸大于 400 mm 且各边纵向钢筋多于 3 根时;或当柱截面尺寸不大于 400 mm 但各边纵向钢筋多于 4 根时,应设置复合箍筋。

柱内纵向钢筋搭接长度范围内的箍筋应加密。

当有抗震要求时,应按不同的抗震等级,确定箍筋的加密区长度、箍筋的最小直径和箍筋的最大间距。

对于截面形状复杂的柱,不可采用具有内折角的箍筋,否则箍筋受力后有拉直的趋势,易使折角处的混凝土崩裂。

6.3 轴心受压构件正截面承载力计算

6.3.1 普通箍筋柱

1.试验研究结果

对配有纵筋及箍筋的轴心受压短柱的试验研究表明,在轴心压力的作用下,短柱全截面受压,由于钢筋与混凝土之间存在粘结力,从加载至破坏,钢筋与混凝土共同变形,但由于钢筋应力-应变关系与混凝土应力-应变关系不同,所以在不同的加载阶段混凝土和钢筋的应力比值在不断地变化。

在荷载较小的阶段,材料处于弹性状态,混凝土和钢筋两种材料的应力比值基本上符合它们的弹性模量之比。即 $\varepsilon_s' = \varepsilon_c$,$\sigma_s' = E_s \varepsilon_s'$,$\sigma_c = E_c \varepsilon_c$,故 $\sigma_s' = \dfrac{E_s}{E_c} \sigma_c = \alpha_E \sigma_c$,$\alpha_E$ 称作钢筋与混凝土的弹模比。

随着荷载逐步加大,混凝土的塑性变形开始发展,变形模量降低。因此,当柱的变形逐步增大时,混凝土的应力却增大得越来越慢。而钢筋由于在屈服之前一直处于弹性阶段,因此其应力增大始终与应变成正比,在此情况下,混凝土与钢筋两者应力之比不再符合弹性模量之比。如果荷载长期持续作用,混凝土还有徐变发生,此时混凝土与钢筋之间更会引起应力的重分配,使混凝土的应力有所减小,而钢筋的应力增大。

当纵向荷载达到柱破坏荷载的 90% 左右时,柱由于横向变形达到极限而出现纵向裂缝(图 6-3(a)),混凝土保护层开始剥落。最后,箍筋间的纵向钢筋发生屈折向外弯凸,混凝土被压碎,整个柱也就破坏了(图 6-3(b))。

试验表明,对采用普通钢筋(非高强钢筋)配筋的短柱,钢筋一般将在混凝土达到极限抗压强度之前达到它的屈服强度,因为混凝土均匀受压的极限压应变取为 $\varepsilon_0 = 0.002$,相应的纵向钢筋应力最大值为 $\sigma_s' = E_s \varepsilon_0 = 2.0 \times 10^5 \times 0.002 = 400$ MPa,也就是说,如果采用 HRB400 级热轧钢筋作为纵筋,构件破坏时钢筋应力可以达到屈服强度。而且,柱中配筋后,轴心受压构件混凝土极限压应变有所增大,极限状态时,HRB500 级纵筋也可达到屈服强度。

对于长期荷载作用下的钢筋混凝土柱,当突然卸载时,则混凝土只能恢复其全部压缩变形中的弹性变形部分,其徐变变形大部分不能立即恢复,如果配筋率较高钢筋的弹性恢复必将受到混凝土的约束,使混凝土产生拉应力,当拉应力超过混凝土的抗拉强度时则产生裂缝甚至断裂。

工程设计中将长细比 $\dfrac{l_0}{b} \leqslant 8$ 或 $\dfrac{l_0}{d} \leqslant 7$ 的钢筋混凝土柱视为短柱,对于短柱可不考虑纵向弯曲的影响。试验研究表明,对于长细比 $\dfrac{l_0}{b} > 8$ 或 $\dfrac{l_0}{d} > 7$ 的钢筋混凝土长柱,在截面尺寸、材料强度以及配筋完全相同的情况下,其承载力低于短柱的承载力,长细比越大,承载力降低越明显。其原因是各种偶然因素引起的初始偏心距的存在而出现附加弯矩,附加弯矩对长柱的影响较敏感,在附加偏心距的作用下产生侧向挠度,侧向挠度又加大了偏心距。随着荷载的加大,侧向挠度和偏心距不断增大,这样互相影响的结果,使长柱在轴力和弯矩共同作用下破坏,如图 6-4 所示。

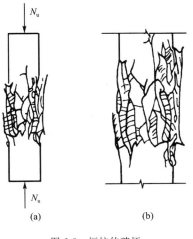

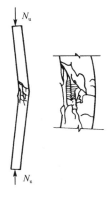

图 6-3　短柱的破坏　　　　　　　　图 6-4　长柱的破坏

设以稳定系数 φ 代表长柱和短柱的承载力之比

$$\varphi = \frac{N_{长柱}}{N_{短柱}} \tag{6-1}$$

稳定系数 φ 主要与柱的长细比 l_0/b 有关，b 为矩形截面的短边尺寸。根据试验资料的回归分析，φ 与 l_0/b 的关系如图 6-5 所示。当 $l_0/b \leqslant 8$ 时，$\varphi = 1.0$；当 $l_0/b > 8$ 时，φ 值随 l_0/b 的增大而减小。考虑到荷载的初始偏心和长期荷载的不利影响，《规范》规定的稳定系数 φ 的取值比试验值略低一些，具体见表 6-1。

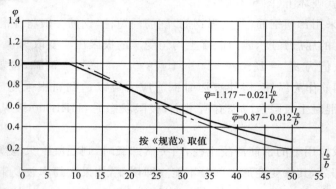

图 6-5 $\varphi - l_0/b$ 关系曲线

表 6-1 钢筋混凝土构件的稳定系数 φ 值

l_0/b	$\leqslant 8$	10	12	14	16	18	20	22	24	26	28
l_0/d	$\leqslant 7$	8.5	10.5	12	14	15.5	17	19	21	22.5	24
l_0/i	$\leqslant 28$	35	42	48	55	62	69	76	83	90	97
φ	1.0	0.98	0.95	0.92	0.87	0.81	0.75	0.70	0.65	0.60	0.56
l_0/b	30	32	34	36	38	40	42	44	46	48	50
l_0/d	26	28	29.5	31	33	34.5	36.5	38	40	41.5	43
l_0/i	104	111	118	125	132	139	146	153	160	167	174
φ	0.52	0.48	0.44	0.40	0.36	0.32	0.29	0.26	0.23	0.21	0.19

注：b—矩形柱的短边尺寸；d—圆形柱的直径；i—最小惯性半径，$i = \sqrt{\dfrac{I}{A}}$；l_0—构件计算长度。

2. 正截面受压承载力计算

根据以上分析，如图 6-6 所示，在考虑长柱承载力的降低和可靠度的调整因素后，轴心受压构件承载力计算公式为

$$N \leqslant N_u = 0.9\varphi(f_c A + f_y' A_s') \tag{6-2}$$

式中 N——轴向压力设计值；

N_u——轴心受压承载力设计值；

A——构件截面面积；

A_s'——全部纵向受压钢筋截面面积；

f_c——混凝土的轴心抗压强度设计值；

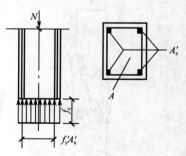

图 6-6 轴心受压柱计算简图

f_y'——纵向钢筋的抗压强度设计值；

φ——钢筋混凝土构件的稳定系数，按表 6-1 采用。

当纵向钢筋配筋率大于 3% 时，式(6-2)中 A 改用 A_n，$A_n = A - A_s'$。公式右端的 0.9 是可靠度调整系数。

对于受压构件计算长度 l_0 可按表 6-2、表 6-3 的规定取值。

表 6-2　　　　　　　刚性屋盖单层房屋排架柱、露天吊车柱和栈桥柱的计算长度

柱的类别		l_0		
		排架方向	垂直排架方向	
			有柱间支撑	无柱间支撑
无吊车房屋柱	单跨	$1.5H$	$1.0H$	$1.2H$
	两跨及多跨	$1.25H$	$1.0H$	$1.2H$
有吊车房屋柱	上柱	$2.0H_u$	$1.25H_u$	$1.5H_u$
	下柱	$1.0H_1$	$0.8H_1$	$1.0H_1$
露天吊车柱和栈桥柱		$2.0H_1$	$1.0H_1$	—

注：1. 表中 H 为从基础顶面算起的柱全高；H_1 为从基础顶面至装配式吊车梁底面或现浇式吊车梁顶面的柱下部高度；H_u 为从装配式吊车梁底面或从现浇式吊车梁顶面算起的柱上部高度；

2. 表中有吊车房屋排架柱的计算长度，当计算中不考虑吊车荷载时，可按无吊车房屋柱的计算长度采用，但上柱的计算长度仍可按有吊车房屋采用；

3. 表中有吊车房屋排架柱的上柱在排架方向的计算长度，仅适用于 $H_u/H_1 \geq 0.3$ 的情况；当 $H_u/H_1 < 0.3$ 时，计算长度宜采用 $2.5H_u$。

表 6-3　　　　　　　框架结构各层柱的计算长度

楼盖类型	柱的类别	l_0
现浇楼盖	底层柱	$1.0H$
	其余各层柱	$1.25H$
装配式楼盖	底层柱	$1.25H$
	其余各层柱	$1.5H$

注：表中 H 对底层柱为从基础顶面到一层楼盖顶面的高度；对其余各层柱为上、下两层楼盖顶面之间的高度。

【例题 6-1】　已知某多层现浇框架结构标准层中柱，轴向压力设计值 $N = 2\,200$ kN，楼层高 $H = 5.1$ m，混凝土用 C30($f_c = 14.3$ MPa)，钢筋用 HRB400，$f_y' = 360$ MPa。

求柱截面尺寸及纵筋面积。

解　初步确定柱截面尺寸，$b = h = 400$ mm，取 $l_0 = 1.25H$，则得 $\dfrac{l_0}{b} = \dfrac{1.25 \times 5\,100}{400} = 15.94$

查表 6-1 得 $\varphi = 0.87$

$$A_s' = \frac{\dfrac{N}{0.9\varphi} - f_c A}{f_y'} = \frac{\dfrac{2\,200\,000}{0.9 \times 0.87} - 14.3 \times 400 \times 400}{360} = 1\,449 \text{ mm}^2$$

实际配筋 4 Φ22，$A_s' = 1\,520$ mm^2

$$\rho' = \frac{A_s'}{bh} = \frac{1\,520}{400 \times 400} = 0.95\% > \rho_{min} = 0.6\%，可以。$$

6.3.2 螺旋箍筋柱

当柱承受的轴向荷载较大,且其截面尺寸由于建筑及使用上的要求而受到限制时,可考虑采用螺旋箍筋柱,如图 6-7 所示。螺旋箍筋柱与普通箍筋柱不同,螺旋箍筋可对核芯混凝土周边提供均匀的约束压应力,而矩形箍筋对混凝土的约束作用较差,这是由于来自混凝土的横向推力将使矩形箍筋的各边产生水平方向的弯曲,箍筋仅能在靠近截面的拐角处产生约束应力。

采用螺旋箍筋柱不仅可以增大柱的承载力,而且可以提高核芯混凝土的极限变形能力,增加柱的延性。

图 6-7　螺旋箍筋柱

1. 试验研究结果

螺旋箍筋柱在低水平的压应力情况下,由于核芯混凝土的横向变形很小,此时螺旋箍筋的应力很小。随着荷载的增大,在接近混凝土单轴抗压强度的应力下,保护层混凝土开始剥落。核芯混凝土内部开裂,横向变形发展很快,向外挤压螺旋箍筋,从而导致螺旋箍筋对核芯混凝土施加约束反作用,使核芯混凝土处于三向压应力状态。随着荷载的增大,螺旋箍筋的拉应力不断加大,直至螺旋箍筋屈服,混凝土达到复合受力情况下的抗压强度而使柱丧失承载力。试验还表明螺旋箍筋对核芯混凝土的约束程度随混凝土强度的提高而有所降低。

2. 正截面轴心受压承载力计算

当混凝土在轴向压力及四周的径向均匀压应力 σ 作用时,其抗压强度将由单轴受压时的 f_c 提高到 f_{cc},f_{cc} 值由式(6-3)确定

$$f_{cc} = f_c + K\sigma \tag{6-3}$$

式中　f_{cc}——被约束后混凝土轴心抗压强度;

$\quad\quad\sigma$——当螺旋箍筋的应力达到屈服强度时,受压构件的核芯混凝土受到的径向压应力值;

$\quad\quad K$——与约束径向压应力水平有关的影响系数。

对 σ 值可按图 6-8 所示具体推导如下

$$2f_y A_{ss1} = 2\sigma s \int_0^{\pi/2} r\sin\theta \mathrm{d}\theta = \sigma s d_{cor}$$

故

$$\sigma = \frac{2f_y A_{ss1}}{s d_{cor}} = \frac{2f_y A_{ss1} \pi d_{cor}}{4\cdot\frac{\pi}{4} d_{cor}^2 s} = \frac{f_y A_{ss0}}{2A_{cor}} \tag{6-4}$$

图 6-8　混凝土径向压应力

式中　f_y——螺旋箍筋的抗拉强度设计值;

$\quad\quad d_{cor}$——核芯截面的直径,取箍筋内表面之间的距离;

$\quad\quad A_{cor}$——构件的核芯截面面积,取箍筋内表面范围内的混凝土面积;

s——沿构件轴线方向螺旋箍筋的螺距;

A_{ss1}——单肢螺旋筋的截面面积;

A_{ss0}——螺旋箍筋的换算截面面积。

$$A_{ss0}=\frac{\pi d_{cor}A_{ss1}}{s} \tag{6-5}$$

配有螺旋箍筋或焊接环式箍筋柱的承载力,可按纵向内外力平衡的条件,推导出其计算公式为

$$N \leqslant N_u = f_{cc}A_{cor}+f'_y A'_s = (f_c+K\sigma)A_{cor}+f'_y A'_s$$

当取 $K=4$ 时　　　　　$N \leqslant N_u = f_c A_{cor}+2f_y A_{ss0}+f'_y A'_s$

考虑可靠度调整系数 0.9 及高强混凝土的性能,《规范》给出的轴心受压承载力计算公式为

$$N \leqslant N_u = 0.9(f_c A_{cor}+2\alpha f_y A_{ss0}+f'_y A'_s) \tag{6-6}$$

α 称为螺旋箍筋对混凝土约束的折减系数;当混凝土强度等级不超过 C50 时,$\alpha=1.0$;当混凝土强度等级为 C80 时,$\alpha=0.85$,其间 α 值按线性内插法确定。

在螺旋箍筋柱内,保护层在柱破坏前早就剥落了。为了保证在使用荷载下保护层不致剥落,《规范》规定按式(6-6)算得的构件承载力不应比按式(6-2)算得的大 50%。

凡属下列情况之一者,不考虑螺旋箍筋的影响而按式(6-2)计算构件的承载力:

(1)当 $l_0/d>12$ 时,有可能因长细比较大,柱因丧失稳定而破坏,而使螺旋箍筋不能充分起作用;

(2)当按式(6-6)算得的承载力小于按式(6-2)算得的承载力时;

(3)当螺旋箍筋的换算截面面积 A_{ss0} 小于纵向钢筋全部截面面积的 25% 时,可以认为螺旋箍筋配置得太少,约束作用的效果不明显。

在配有螺旋箍筋的柱中,如在计算中考虑螺旋箍筋的作用,则螺旋箍筋的间距不应大于 80 mm 及 $d_{cor}/5$,以便形成较为均匀的约束压力;同时不应小于 40 mm,以便保证混凝土的浇筑质量。螺旋箍筋的直径按箍筋有关规定采用。

【例题 6-2】　已知某公共建筑门厅内底层现浇框架钢筋混凝土柱,承受轴向压力设计值 $N=6\,000$ kN,从基础顶面到二层楼面的高度为 5.2 m。混凝土用 C40,纵筋为 HRB400,箍筋用 HPB300。按建筑设计要求柱截面采用圆形,$d=470$ mm。试进行该柱配筋计算。

解　(1)先按配有纵筋和箍筋柱计算

柱计算长度按《规范》规定取 $1.0H$,则

$$l_0=1.0H=5.2 \text{ m}$$

计算稳定系数 φ 值,因

$$l_0/d=5\,200/470=11.06$$

故查表 6-1 得　　　　　　　$\varphi=0.939$

圆形柱混凝土截面面积为

$$A = \frac{\pi d^2}{4} = \frac{3.14 \times 470^2}{4} = 173\ 407\ \text{mm}^2$$

由式(6-2)求得

$$A'_s = \frac{\dfrac{N}{0.9\varphi} - f_c A}{f'_y} = \frac{\dfrac{6\ 000\ 000}{0.9 \times 0.939} - 19.1 \times 173\ 407}{360} = 10\ 521\ \text{mm}^2$$

求配筋率

$$\rho' = \frac{A'_s}{A} = \frac{10\ 521}{173\ 407} = 6.07\% > 5\%$$

配筋率太高。因 $l_0/d < 12$，若混凝土强度等级不再提高，则可加配螺旋箍筋，以提高柱的承载能力，具体计算如下。

(2)按配有纵筋和螺旋箍筋柱计算

假定纵筋配筋率按 $\rho' = 0.045$ 计算，则

$$A'_s = 0.045A = 0.045 \times 173\ 407 = 7\ 803\ \text{mm}^2$$

选用 16 Φ25，相应的 $A'_s = 7\ 854\ \text{mm}^2$。混凝土保护层厚度取 20 mm，假定箍筋直径为 10 mm，混凝土的核芯截面面积为

$$d_{cor} = 470 - 30 \times 2 = 410\ \text{mm}$$

$$A_{cor} = \frac{\pi d_{cor}^2}{4} = \frac{3.14 \times 410^2}{4} = 131\ 959\ \text{mm}^2$$

按式(6-6)

$$A_{ss0} = \frac{N - 0.9(f_c A_{cor} + f'_y A'_s)}{0.9 \times 2\alpha f_y}$$

$$= \frac{6\ 000\ 000 - 0.9 \times (19.1 \times 131\ 959 + 360 \times 7\ 854)}{0.9 \times 2 \times 270}$$

$$= 2\ 442\ \text{mm}^2$$

因 $A_{ss0} > 0.25A'_s = 0.25 \times 7\ 854 = 1\ 964\ \text{mm}^2$，故满足构造要求。

假定螺旋箍筋直径为 10 mm，则单肢箍筋截面面积 $A_{ss1} = 78.5\ \text{mm}^2$。螺旋箍筋间距

$$s = \frac{\pi d_{cor} A_{ss1}}{A_{ss0}} = \frac{3.14 \times 410 \times 78.5}{2\ 442} = 41.4\ \text{mm}$$

取用 $s = 40\ \text{mm}$，$s < 0.2d_{cor} = 0.2 \times 410 = 82\ \text{mm}$，满足构造要求。

柱的承载力验算：

当按以上配置纵筋和螺旋箍筋后，按式(6-6)计算柱的承载力为

$$A_{ss0} = \frac{\pi d_{cor} A_{ss1}}{s} = \frac{3.14 \times 410 \times 78.5}{40} = 2\ 527\ \text{mm}^2$$

$$N_u = 0.9(f_c A_{cor} + 2\alpha f_y A_{ss0} + f'_y A'_s)$$

$$= 0.9 \times (19.1 \times 131\ 959 + 2 \times 1.0 \times 270 \times 2\ 527 + 360 \times 7\ 854) \times 10^{-3}$$

$$= 6\ 041.19\ \text{kN} > N = 6\ 000\ \text{kN}$$

按式(6-2)计算

$$N_u = 0.9\varphi(f_c A + f'_y A'_s)$$

$$= 0.9 \times 0.939 \times [19.1 \times (173\ 407 - 7\ 854) + 360 \times 7\ 854] = 5\ 061.73\ \text{kN}$$

因 $1.5 \times 5\ 061.73 = 7\ 592.59\ \text{kN} > 6\ 041.19\ \text{kN}$，故满足设计要求。

微课

钢筋混凝土偏心
受压构件的破坏
形态和承载力
计算方法

6.4　偏心受压构件的破坏形态

6.4.1　试验研究结果

在偏心压力或者轴心压力 N 与弯矩 M 的组合作用下,构件会发生不同形态的正截面破坏(图 6-9)。影响正截面破坏的因素很多,但主要取决于偏心距的大小(或 M 与 N 的不同组合情况)以及截面的配筋情况。

试验表明,钢筋混凝土偏心受压构件的正截面破坏形态可分为受拉破坏(大偏心受压破坏)、受压破坏(小偏心受压破坏)和界限破坏三种情况。不论哪种破坏,在破坏前,一定区段内的平均应变仍符合平截面假定。利用平截面假定来区分和解释偏心受压构件的三种破坏形态,物理概念更加明确。

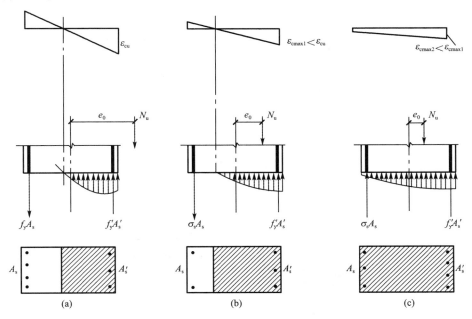

图 6-9　偏心受压构件破坏时截面的应力、应变

1. 受拉破坏(大偏心受压破坏)

在构件的相对偏心距(e_0/h_0)较大,且受拉钢筋配置不是过多的情况下,构件会发生这种破坏。此时,相对受压区高度较小,加载后,靠近纵向力作用的一侧受压,另一侧受拉。当荷载达到一定值后,首先在受拉区产生横向裂缝,并随荷载的增大而不断扩展。在破坏前主裂缝已很明显,发展很快,受拉钢筋屈服,进入流幅阶段,此时中和轴上升,混凝土受压区高度迅速减小,压区混凝土出现纵向裂缝,混凝土被压碎,构件丧失承载力。这种受拉钢筋先屈服,经过一个过程,然后混凝土被压坏的破坏形态称为受拉破坏或大偏心受压破坏。这种破坏有明显的前兆,构件的变形能力较强,有很好的延性,如图 6-10(a)所示。

2. 受压破坏(小偏心受压破坏)

这种形态的破坏通常发生在相对偏心距(e_0/h_0)较小或很小的情况下。但如果受拉钢筋配置过多,即使相对偏心距较大,也可能发生这种形态的破坏。此时,构件截面全部受压或大部分受压,相对受压区高度较大。一般情况下这种破坏首先发生在离纵向力较近一侧,破坏时压区混凝土达到极限压应变 ε_{cu},靠近纵向力较近一侧的受压钢筋达到屈服强度,而离纵向力较远一侧的钢筋则可能受拉或受压,但都不屈服。当有部分截面受拉时,拉区横向裂缝发展也不显著。破坏前,压区(靠纵向力较近一侧)混凝土产生纵向裂缝,并迅速发展,破坏荷载和出现纵向裂缝的荷载非常接近,破坏无明显预兆,混凝土压碎区段较长,如图 6-10(b)所示。这种破坏带有一定的脆性,混凝土强度越高,其脆性也越明显。

如上所述,受压破坏一般情况下总是首先发生在离纵向力较近一侧,但当相对偏心距很小,而构件的实际形心和构件的几何中心不重合时,也可能发生离纵向力较远一侧的混凝土先压坏的现象。

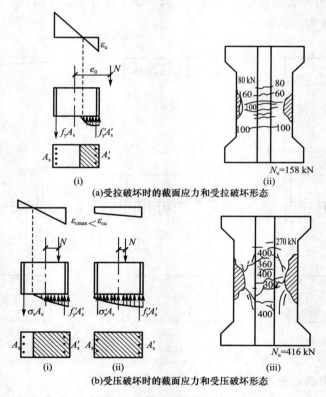

图 6-10 受拉破坏和受压破坏

3. 界限破坏

在"受拉破坏"和"受压破坏"之间存在着一种界限状态,称为"界限破坏"。破坏时,横向主裂缝发展比较明显,在受拉钢筋屈服的同时,受压混凝土达到极限压应变被压坏。此时的截面中和轴高度 x_{cb} 或相对受压区高度 $\xi_b\left(\xi_b=\dfrac{x_b}{h_0},x_b=\beta_1 x_{cb}\right)$ 可由平截面假定推导出。

我国《规范》在确定界限相对受压区高度 ξ_b 时取混凝土极限压应变 $\varepsilon_{cu}=0.0033-(f_{cuk}-50)\times10^{-5}$,采用与受弯构件相同的推导方法,对有屈服点普通钢筋可得

$$\xi_b = \frac{\beta_1}{1 + \dfrac{f_y}{\varepsilon_{cu} E_s}} \tag{6-7}$$

当用相对受压区高度 ξ 来区分偏心受压构件的破坏形态时,由图 6-11 可以得到:

$\xi \leqslant \xi_b$ 时,属受拉破坏(取等号时为界限破坏);

$\xi > \xi_b$ 时,属受压破坏。

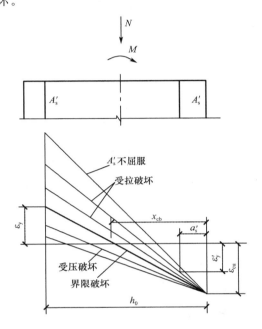

图 6-11　偏心受压构件的正截面在各种破坏情况下的平均应变分布

6.4.2　偏心受压构件的破坏类型

试验表明,钢筋混凝土柱在偏心荷载作用下,会产生纵向弯曲,柱的长细比($\frac{l_0}{h}$)不同,纵向弯曲的影响程度也不同。对于长细比较小的柱,即所谓"短柱",由于纵向弯曲的影响较小,在设计时一般可忽略不计。对于长细比较大的柱,即所谓"长柱",纵向弯曲的影响在设计时必须予以考虑,因为纵向弯曲将导致承载力的降低。对于长细比很大的柱,即所谓"细长柱",因为纵向弯曲可能会引起柱"失稳"破坏,在设计中宜尽量避免出现"细长柱"。对于"短柱""长柱"和"细长柱"很难确定截然的界限,我国《规范》规定对于长细比 $\frac{l_0}{i} \leqslant 17.5$(或 $\frac{l_0}{h} \leqslant 5$)的钢筋混凝土柱可以视为"短柱"而不考虑纵向弯曲的影响。对于"长柱"和"细长柱"则未规定界限,一般情况而言,柱的长细比宜控制在 30 以内,即对于 $\frac{l_0}{h} = 5 \sim 30$ 的柱可视为"长柱"。"长柱"的破坏仍属"材料破坏",即钢筋和混凝土可以发挥其强度。

图 6-12 给出了截面尺寸相同、材料强度及配筋相同、初始偏心距 e_i 相同仅柱的长细比不同的三根柱,从加载到破坏的示意图。图中 ABCD 是构件发生材料破坏时的 M 和 N 相关图。

OB 代表短柱从加载到破坏的过程,略去纵向弯曲的影响,e_i 保持常量。

$$M = Ne_i$$

上式中的弯矩 Ne_i 是随着 N 值的增大而呈线性关系,Ne_i 称为一阶弯矩。当纵向力 N 增至 N_0 时,此时弯矩 $M = N_0e_i$,在 N_0 和 M 的组合作用下柱发生"材料破坏"。

曲线 OC 代表长柱从加载到破坏的过程。由于长细比较大,纵向弯曲的影响不可忽略不计,柱产生侧向挠度 f,偏心距由 e_i 增至 $e_i + f$(图 6-12),此时 $M = N(e_i + f) = Ne_i + Nf$,由侧向挠度产生的弯矩 Nf 值随着 N 及 f 值的增大而增大,故称二阶弯矩。对于长柱而言,侧向挠度 f 是随着纵向力 N 的加大而不断非线性增加的,所以 $\dfrac{\mathrm{d}N}{\mathrm{d}M}$ 是变数。在加载后期,纵向压力的稍许增大都会引起二阶弯矩的迅速增大。当纵向压力增至 N_1 时,弯矩 $M = N_1(e_i + f_1)$,在 N_1 和 M 的组合作用下,柱仍发生了"材料破坏"。

曲线 OE 代表长细比很大的"细长柱"从加载到破坏的过程。由于长细比很大,在较小的纵向压力作用下,柱已经产生较大的侧向挠度,在没有达到 M、N 的材料破坏关系曲线 $ABCD$ 前,由于微小的纵向力增量 ΔN 可引起不收敛的弯矩 M 的增大而破坏,即所谓"失稳破坏",曲线 OE 代表了这种类型的破坏,在 E 点的承载力已达最大,但此时截面内的钢筋应力并未达到屈服强度,混凝土也未达到受压强度值。

从图 6-12 中还可看出,这三根柱虽然具有相同的初始偏心距,但由于长细比不同,其承受纵向力 N 的能力明显不同,$N_0 > N_1 > N_2$,即由于长细比加大降低了构件的承载力。

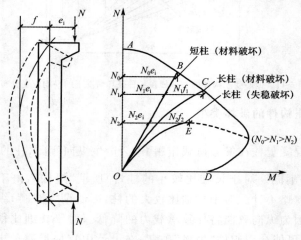

图 6-12　不同长细比柱从加荷到破坏的 N-M 关系

6.5　偏心受压构件的二阶效应

轴向压力对偏心受压构件的侧移和挠曲产生附加弯矩和附加曲率的荷载效应称为偏心受压构件的二阶荷载效应,简称二阶效应。其中,由侧移产生的二阶效应,又称 P-Δ 效应;由挠曲产生的二阶效应,又称 P-δ 效应。

6.5.1　杆端弯矩同号时的 P-δ 二阶效应

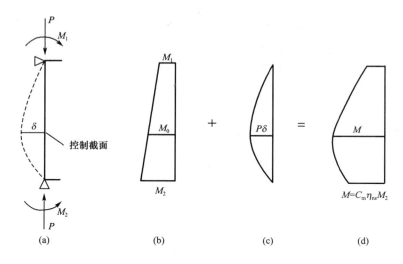

图 6-13　杆端弯矩同号时的 P-δ 二阶效应

1. 不考虑 P-δ 二阶效应的条件（图 6-13）

杆端弯矩同号时，发生控制截面转移的情况是不普遍的，为了减少计算工作量，《规范》规定，当：

$M_1/M_2 \leqslant 0.9$，且轴压比 $N/f_cA \leqslant 0.9$ 时，若构件的长细比满足下述公式的要求，可不考虑轴向压力在该方向挠曲杆件中产生的附加弯矩影响：

$$l_c/i \leqslant 34 - 12(M_1/M_2) \tag{6-8}$$

式中　M_1、M_2——已考虑侧移影响的偏心受压构件两端截面按结构弹性分析确定的对同一主轴的组合弯矩设计值，绝对值较大端为 M_2，绝对值较小端为 M_1，当构件按单曲率弯曲时，M_1/M_2 取正值，否则取负值；

　　l_c——构件的计算长度，可近似取偏心受压构件相应主轴方向上下支撑点之间的距离；

　　i——偏心方向的截面回转半径，对于矩形截面 bh，$i=0.289h$；

　　A——偏心受压构件的截面面积。

2. 考虑 P-δ 二阶效应后控制截面的弯矩设计值

《规范》规定，除排架结构柱外，其他偏心受压构件考虑轴向压力在挠曲杆件中产生的二阶效应后控制截面的弯矩设计值，应按下列公式计算：

$$M = C_m \eta_{ns} M_2 \tag{6-9}$$

$$C_m = 0.7 + 0.3 \frac{M_1}{M_2} \tag{6-10}$$

$$\eta_{ns} = 1 + \frac{1}{1\,300\left(\frac{M_2}{N} + e_a\right)/h_0}\left(\frac{l_c}{h}\right)^2 \zeta_c \tag{6-11}$$

$$\zeta_c = \frac{0.5 f_c A}{N} \tag{6-12}$$

当 $C_m \eta_{ns}$ 小于 1.0 时取 1.0；对剪力墙及核芯筒墙，因其 P-δ 效应不明显，可取 $C_m \eta_{ns}$ 等于 1.0。

式中 C_m——构件端截面偏心距调节系数,当小于 0.7 时取 0.7;

   η_{ns}——弯矩增大系数;

   e_a——附加偏心距,其值取偏心方向截面最大尺寸的 1/30 和 20 mm 中的较大值;

   ζ_c——截面曲率修正系数,当计算值大于 1.0 时取 1.0;

   h——截面高度,对环形截面,取外直径;对圆形截面,取直径;

   h_0——截面有效高度;

   A——构件截面面积。

6.5.2 杆端弯矩异号时的 $P\text{-}\delta$ 二阶效应

这时杆件按双曲率弯曲,杆件长度中都有反弯点。此时轴向压力对杆件中部的截面将产生附加弯矩,增大其弯矩值,但增大后的弯矩值比较端截面的弯矩值更小或者增大很少,故可以在计算中不考虑,如图 6-14 所示。

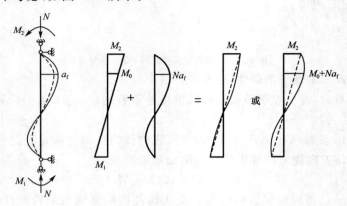

图 6-14 杆端弯矩异号时的 $P\text{-}\delta$ 二阶效应

6.5.3 $P\text{-}\Delta$ 效应

由于 $P\text{-}\Delta$ 效应产生的弯矩增大属于结构分析中考虑几何非线性的内力计算问题,也就是说,在偏心受压构件截面计算时给出的内力设计值中已经包含了 $P\text{-}\Delta$ 效应,故不必在截面承载力计算中再考虑。

6.6 偏心受压构件正截面承载力计算基本公式

6.6.1 基本假定

钢筋混凝土偏心受压构件正截面承载力计算的基本假定与受弯构件完全相同,参见第 4 章。

6.6.2 矩形截面大偏心受压构件基本计算公式($\xi \leqslant \xi_b$)

大偏心受压构件破坏时,其受拉及受压纵向钢筋均能达到屈服强度,受压区混凝土应力为抛物线形分布,为简化计算,同样可以用矩形应力分布图来代替实际的应力分布图(图 6-15),混凝土压应力取轴心抗压强度设计值 f_c 乘以系数 α_1,受压区高度为 x,则根据纵向力的平衡和对受拉钢筋合力点的力矩的平衡可得

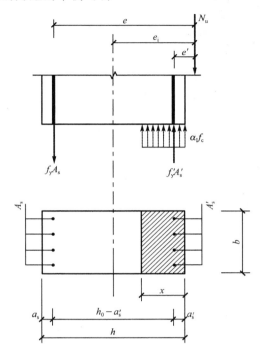

图 6-15　大偏心受压构件应力计算图

$$N_u = \alpha_1 f_c b x + f_y' A_s' - f_y A_s \tag{6-13}$$

$$N_u e = \alpha_1 f_c b x \left(h_0 - \frac{x}{2} \right) + f_y' A_s' (h_0 - a_s') \tag{6-14}$$

$$e = e_i + \frac{h}{2} - a_s \tag{6-15}$$

$$e_i = e_0 + e_a \tag{6-16}$$

$$e_0 = M / N \tag{6-17}$$

式中　N_u——受压承载力设计值;

　　　e——轴向力作用点至受拉钢筋 A_s 合力点之间的距离;

　　　e_i——初始偏心距;

　　　e_0——轴向压力对截面重心的偏心距;

　　　e_a——附加偏心距,其值取偏心方向截面最大尺寸的 1/30 和 20 mm 中的较大值;

　　　M——控制截面弯矩设计值,考虑 $P\text{-}\delta$ 二阶效应时,按式(6-9)计算;

　　　N——与 M 相应的轴向压力设计值;

　　　x——混凝土受压区高度。

基本公式的适用条件为:

(1)为保证受拉钢筋 A_s 达到屈服,应满足 $x \leqslant \xi_b h_0$;

(2)为保证构件破坏时受压钢筋 A_s' 达到屈服,应满足 $x \geqslant 2a_s'$。

6.6.3 矩形截面小偏心受压构件基本计算公式($\xi > \xi_b$)

小偏心受压构件破坏时的应力分布图可能是全截面受压或截面部分受压、部分受拉。离纵向力较近一侧的受压钢筋 A'_s，一般都能达到屈服强度；而远离纵向力一侧的钢筋 A_s 则可能受压或受拉，其应力 σ_s 往往都未达到屈服强度。分三种情况：

(a)$\xi_{cy} > \xi > \xi_b$，A_s 受拉或受压，但都不屈服，如图 6-16(a)所示；

(b)$h/h_0 > \xi \geqslant \xi_{cy}$，$A_s$ 受压屈服，但 $x < h$，如图 6-16(b)所示；

(c)$\xi \geqslant \xi_{cy}$，且 $\xi \geqslant h/h_0$，A_s 受压屈服，且全截面受压，如图 6-16(c)所示。

其中，$\xi_{cy} = 2\beta_1 - \xi_b$。

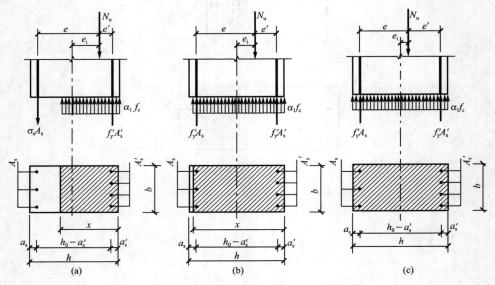

图 6-16 小偏心受压截面承载力计算简图

假定 A_s 是受拉的，根据纵向力的平衡和力矩平衡可得

$$N_u = \alpha_1 f_c bx + f'_y A'_s - A_s \sigma_s \tag{6-18}$$

$$N_u e = \alpha_1 f_c bx \left(h_0 - \frac{x}{2}\right) + f'_y A'_s (h_0 - a'_s) \tag{6-19}$$

或

$$N_u e' = \alpha_1 f_c bx \left(\frac{x}{2} - a'_s\right) - \sigma_s A_s (h_0 - a'_s) \tag{6-20}$$

$$e = e_i + \frac{h}{2} - a_s \tag{6-21}$$

$$e' = \frac{h}{2} - e_i - a'_s \tag{6-22}$$

式中　x——受压区高度，当 $x > h$ 时，取 $x = h$；

　　　σ_s——钢筋 A_s 的应力值，可根据截面应变保持平面的假定计算，亦可近似取

$$\sigma_s = \frac{\xi - \beta_1}{\xi_b - \beta_1} f_y \tag{6-23}$$

6.6.4 矩形截面小偏心受压构件反向破坏的正截面承载力计算

当偏心距很小，A'_s 比 A_s 大得多，且轴向力很大时，截面的实际形心轴偏向 A'_s，导致偏心

方向的改变,有可能在离轴向力较远一侧的边缘混凝土先压坏的情况,称为反向破坏。此时的截面承载力计算简图如图 6-17 所示。

这时,附加偏心距 e_a 反向了,使 e_0 减小,即

$$e' = \frac{h}{2} - a_s' - (e_0 - e_a)$$ (6-24)

对 A_s' 合力点取矩,得

$$A_s = \frac{N_u e' - \alpha_1 f_c bh \left(h_0' - \frac{h}{2} \right)}{f_y' (h_0' - a_s)}$$ (6-25)

截面设计时,令 $N_u = N$,按式(6-25)求得的 A_s 应不小于 $\rho_{\min} bh$,$\rho_{\min} = 0.2\%$,否则应取 $A_s = 0.002bh$。

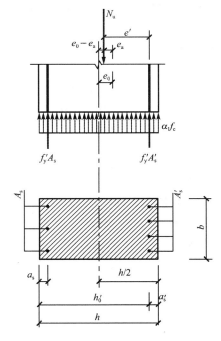

图 6-17　反向破坏时的截面承载力计算简图

数值分析表明,只有当 $N > \alpha_1 f_c bh$ 时,按式(6-25)求得的 A_s 才有可能大于 $0.002bh$;当 $N \leqslant \alpha_1 f_c bh$ 时,求得的 A_s 总是小于 $0.002bh$。所以《规范》规定,当 $N > f_c bh$ 时,尚应验算反向破坏的承载力。

6.7　不对称配筋矩形截面偏心受压构件正截面承载力计算

偏心受压构件,其截面尺寸一般是预先估算确定的,截面设计计算的目的主要是确定配筋的数量。大小偏心受压构件的配筋计算公式不同,因此应首先判别偏心受压的类型,根据截面的相对受压区高度 ξ 来分类,当 $\xi \leqslant \xi_b$ 时为大偏压;当 $\xi > \xi_b$ 时则为小偏压。但由大、小偏压承载力计算的基本公式可以看出,当 A_s 和 A_s' 未确定之前,x 值是无法确定的,也无法

根据 ξ 来判定大小偏压。所以只能根据偏心情况来确定设计方法。

根据设计经验和理论分析,对于非对称配筋的偏心受压构件,在常用的配筋范围内可以采用如下条件来判别大小偏压:

当 $e_i \leqslant 0.3h_0$ 时按小偏心受压计算;当 $e_i > 0.3h_0$ 时按大偏心受压计算。

在承载力校核时不应像截面配筋设计那样按偏心距 e_i 的大小来作为两种偏心受压情况的分界。因为在截面尺寸、偏心距以及配筋面积 A_s、A_s' 均已确定的条件下,受压区高度即已确定。所以应根据 x 或 ξ 的大小来判别大、小偏压。

6.7.1 大偏心受压构件截面设计

(1)已知 b,h,f_c,f_y,f_y',M,N,求 A_s,A_s'

当 $e_i > 0.3h_0$ 时可按大偏心受压设计,由大偏心受压的基本公式可以看出,两个方程共有 A_s、A_s' 及 x 三个未知数,因此可求得无数解答。其中最经济合理的解答是能使用钢量最少(这一点应根据国情)。要使用钢量最少,就应充分利用受压区混凝土的抗压作用,所以可补充一条件,令 $x = \xi_b h_0$,代入式(6-14)可得

$$Ne = \alpha_1 f_c bh_0^2 \xi_b(1-0.5\xi_b) + A_s' f_y'(h_0-a_s')$$

$$A_s' = \frac{Ne - \alpha_1 f_c bh_0^2 \xi_b(1-0.5\xi_b)}{f_y'(h_0-a_s')} \tag{6-26}$$

对于所求出的 A_s' 要进行判定,以确定 A_s 的计算方法。

$$A_s' \begin{cases} \geqslant \rho_{min}'bh \longrightarrow A_s = \frac{1}{f_y}(\alpha_1 f_c \xi_b bh_0 + A_s' f_y' - N) \\ < \rho_{min}'bh \longrightarrow 令 A_s' = \rho_{min}'bh,按下面的(2)已知 A_s' 计算 A_s \end{cases}$$

ρ_{min}' 为受压钢筋最小配筋率,可取 0.002。则 $A_{s,min}' = \rho_{min}'bh$。

(2)已知 $b,h,f_c,f_y,f_y',M,N,A_s'$,求 A_s

此种情况即已知 A_s' 求 A_s,将式(6-14)写成

$$Ne = \alpha_1 \alpha_s bh_0^2 f_c + A_s' f_y'(h_0-a_s') \tag{6-27}$$

式中,$\alpha_s = \xi(1-0.5\xi)$

由式(6-27)可得

$$\alpha_s = \frac{Ne - A_s' f_y'(h_0-a_s')}{\alpha_1 bh_0^2 f_c} \tag{6-28}$$

根据 α_s 由下式计算 ξ 值

$$\xi = 1 - \sqrt{1-2\alpha_s} \tag{6-29}$$

$x = \xi h_0$,应根据求解出的受压区高度 x 来确定 A_s 的计算方法。

$$x = \xi h_0 \begin{cases} \geqslant 2a_s'(A_s'可屈服) \longrightarrow A_s = \frac{1}{f_y}(\alpha_1 f_c bx + A_s' f_y' - N) \\ < 2a_s'(A_s'不屈服) \xrightarrow{对 A_s'取矩} A_s = \frac{Ne'}{f_y(h_0-a_s')} \end{cases}$$

设计中出现 $x < 2a_s'$ 的情况,说明压区高度很小,受压钢筋的应变 ε_s' 亦很小,$\sigma_s' = \varepsilon_s' E_s$,达不到屈服强度,所以基本公式已经不适用。此时可对受压钢筋 A_s' 取矩,并近似认为压区混凝土的合力通过 A_s' 重心,

$$Ne' = A_s f_y(h_0-a_s')$$

$$A_s = \frac{Ne'}{f_y(h_0 - a_s')} \tag{6-30}$$

$$e' = e_i - \frac{h}{2} + a_s'$$

在已知 A_s' 求 A_s 的情况下还可能会出现式(6-28)求出的 $\alpha_s > \alpha_{s,\max} = \xi_b(1-0.5\xi_b)$，这说明 A_s' 过小，可增大 A_s' 后重新计算；也可按 A_s，A_s' 均为未知的情况求 A_s' 和 A_s。

【例题 6-3】　一偏心受压柱，截面尺寸 $b \times h = 300~\text{mm} \times 400~\text{mm}$，$a_s = a_s' = 40~\text{mm}$，承受设计内力组合为 $M_1 = 0.92M_2$，$M_2 = 218~\text{kN} \cdot \text{m}$，$N = 396~\text{kN}$，混凝土强度等级 C30，钢筋为 HRB400，$l_c/h = 6$，试进行截面的配筋设计。

求：钢筋截面面积 A_s' 及 A_s。

解　因 $\dfrac{M_1}{M_2} = 0.92 > 0.9$，故需考虑 $P-\delta$ 二阶效应

$$C_m = 0.7 + 0.3\frac{M_1}{M_2} = 0.976$$

$$\zeta_c = \frac{0.5 f_c A}{N} = 0.5 \times \frac{14.3 \times 300 \times 400}{396 \times 10^3} = 2.17 > 1，取 \zeta_c = 1$$

$$\eta_{ns} = 1 + \frac{1}{1\,300\left(\dfrac{M_2}{N} + e_a\right)/h_0}\left(\frac{l_c}{h}\right)^2 \zeta_c$$

$$= 1 + \frac{1}{1\,300 \times \left(\dfrac{218 \times 10^6}{396 \times 10^3} + 20\right)/360} \times 6^2 \times 1$$

$$= 1.017$$

$C_m \eta_{ns} = 0.976 \times 1.017 = 0.993\,1$，取 $C_m \eta_{ns} = 1$

$$M = C_m \eta_{ns} M_2 = 218~\text{kN} \cdot \text{m}$$

则 $e_0 = \dfrac{M}{N} = \dfrac{218 \times 10^6}{396 \times 10^3} = 551~\text{mm}$，$e_a = 20~\text{mm}$

$e_i = e_0 + e_a = 551 + 20 = 571~\text{mm} > 0.3h_0 = 0.3 \times 360 = 108~\text{mm}$，先按大偏心受压情况计算

$$e = e_i + h/2 - a_s = 571 + 400/2 - 40 = 731~\text{mm}$$

则 $$A_s' = \frac{Ne - \alpha_1 f_c b h_0^2 \xi_b (1 - 0.5\xi_b)}{f_y'(h_0 - a_s')}$$

$$= \frac{396 \times 10^3 \times 731 - 1.0 \times 14.3 \times 300 \times 360^2 \times 0.518(1 - 0.5 \times 0.518)}{360 \times (360 - 40)}$$

$$= 660~\text{mm}^2 > \rho_{\min}' bh = 0.002 \times 300 \times 400 = 240~\text{mm}^2$$

$$A_s = \frac{1}{f_y}(\alpha_1 f_c b h_0 \xi_b + A_s' f_y' - N)$$

$$= \frac{1}{360}(1 \times 14.3 \times 300 \times 360 \times 0.518 + 660 \times 360 - 396 \times 10^3)$$

$$= 1\,782~\text{mm}^2$$

受拉钢筋 A_s 选用 3 ⌀22 + 2 ⌀20（$A_s = 1\,768~\text{mm}^2$），受压钢筋 A_s' 选用 2 ⌀18 + 1 ⌀14（$A_s' = 662.9~\text{mm}^2$）

此时有

$$x=\frac{N-f_y'A_s'+f_yA_s}{\alpha_1 f_c b}=\frac{396\times10^3-360\times662.9+360\times1\,768}{1.0\times14.3\times300}=185\ \text{mm}$$

$$\xi=\frac{x}{h_0}=\frac{185}{360}=0.514<\xi_b=0.518,故前面假定为大偏心受压是正确的。$$

【例题 6-4】 已知条件同【例题 6-3】，并已知受压钢筋为 $A_s'=942\ \text{mm}^2$。
求：受拉钢筋截面面积 A_s。

解　$\alpha_s=\dfrac{Ne-A_s'f_y'(h_0-a_s')}{\alpha_1 bh_0^2 f_c}=\dfrac{396\times10^3\times731-942\times360\times320}{1.0\times300\times360^2\times14.3}=0.326$

$$\xi=1-\sqrt{1-2\alpha_s}=1-\sqrt{1-2\times0.326}=0.41<\xi_b=0.518$$

$$x=\xi h_0=0.41\times360=148\ \text{mm},x>2a_s'=2\times40=80\ \text{mm}$$

$$A_s=\frac{1}{f_y}(\alpha_1 f_c bx+A_s'f_y'-N)$$
$$=\frac{1}{360}(1.0\times14.3\times300\times148+942\times360-396\times10^3)$$
$$=1\,606\ \text{mm}^2$$

实配 2 Φ20＋2 Φ25（$A_s=1\,610\ \text{mm}^2$）。

比较【例题 6-3】和【例题 6-4】可知，当取 $\xi=\xi_b(x=\xi_b h_0)$时求出的总用钢量要少些。

6.7.2　小偏心受压构件截面设计

当 $e_i\leqslant0.3h_0$ 时可按小偏心受压设计。由于小偏压构件离纵向力较远一侧的钢筋 A_s 不屈服，钢筋的应力 σ_s 是 ξ 的函数，把式(6-23)表示的钢筋应力 σ_s 代入到小偏压承载力计算的基本公式中，可以看出，小偏压两个基本计算公式中，含有三个未知量即 A_s，A_s'，x（或 ξ），因此必须补充一个条件，才能求解 A_s 和 A_s'。

补充条件的建立应考虑经济、可靠。因离纵向力较远一侧的钢筋 A_s 一般情况下不屈服，所以，可取 $A_s=\rho_{\min}bh$，这种取法当偏心距相对较大（e_i 比较接近 $0.3h_0$）是可行的。但是，当轴向力 N 很大且偏心距很小时，取 $A_s=\rho_{\min}bh$ 显然是不安全的，因为由于 A_s 配置过少，此时，破坏可能始自 A_s 一侧（压坏）。为了避免这种破坏的发生，《规范》规定，当 $N>f_c bh$ 时，尚应根据下列公式进行验算：

$$Ne'=f_c bh\left(h_0'-\frac{h}{2}\right)+A_s f_y'(h_0'-a_s)$$

$$e'=\frac{h}{2}-a_s'-(e_0-e_a)$$

故 $$A_s=\frac{Ne'-f_c bh\left(h_0'-\frac{h}{2}\right)}{f_y'(h_0'-a_s)} \tag{6-31}$$

所以对于小偏心受压构件在确定离纵向力较远一侧的钢筋面积 A_s 时应由两个条件控制即

$$A_s\geqslant\rho_{\min}bh$$

且 A_s 不小于由式(6-31)确定的面积。

当 A_s 选定后,即可将 A_s 代入基本公式式(6-18)、式(6-19),并取 $\sigma_s = \dfrac{\xi - \beta_1}{\xi_b - \beta_1} f_y$,则可得出关于受压区高度 ξ 的一元二次方程,经整理可得

$$\xi = A + \sqrt{A^2 + B}$$

式中

$$A = \frac{a'_s}{h_0} + \left(1 - \frac{a'_s}{h_0}\right) \frac{f_y A_s}{(\xi_b - \beta_1)\alpha_1 f_c b h_0} \tag{6-32a}$$

$$B = \frac{2Ne'}{\alpha_1 f_c b h_0^2} - \left(1 - \frac{a'_s}{h_0}\right) \frac{2\beta_1 f_y A_s}{(\xi_b - \beta_1)\alpha_1 f_c b h_0} \tag{6-32b}$$

得到 ξ 值后,按上述小偏心受压的三种情况分别求出 A'_s。

(1)$\xi_{cy} > \xi \geqslant \xi_b$,其中 $\xi_{cy} = 2\beta_1 - \xi_b$,把 ξ 代入力的平衡方程或力矩平衡方程式中,即可求出 A'_s。

(2)$h/h_0 > \xi \geqslant \xi_{cy}$,取 $\sigma_s = -f'_y$,按下式重新求 ξ:

$$\xi = \frac{a'_s}{h_0} + \sqrt{\left(\frac{a'_s}{h_0}\right)^2 + 2\left[\frac{Ne'}{\alpha_1 f_c b h_0^2} - \left(1 - \frac{a'_s}{h_0}\right)\frac{f'_y A_s}{\alpha_1 f_c b h_0}\right]} \tag{6-33}$$

再按式(6-18)求出 A'_s。

(3)$\xi \geqslant \xi_{cy}$,且 $\xi \geqslant h/h_0$ 时,取 $x=h$,$\sigma_s = -f'_y$,由式(6-19)得:

$$A'_s = \frac{Ne - \alpha_1 f_c b x (h_0 - 0.5h)}{f'_y (h_0 - a'_s)} \tag{6-34}$$

如果 $A'_s < 0.002bh$,应取 $A'_s = 0.002bh$。

【例题 6-5】　一偏心受压柱,截面尺寸 $b \times h = 400 \text{ mm} \times 600 \text{ mm}$,$a_s = a'_s = 45 \text{ mm}$,承受设计内力组合为 $M_1 = 0.5M_2$,$M_2 = 130 \text{ kN} \cdot \text{m}$,$N = 4\,600 \text{ kN}$,混凝土强度等级为 C35,钢筋为 HRB400,$l_c = l_0 = 3 \text{ m}$,试进行截面的配筋设计。

求:钢筋截面面积 A'_s 及 A_s。

解　因轴压比 $\dfrac{N}{f_c bh} = \dfrac{4\,600 \times 10^3}{16.7 \times 400 \times 600} = 1.15 > 0.9$,故需考虑 $P\text{-}\delta$ 二阶效应

$$C_m = 0.7 + 0.3\frac{M_1}{M_2} = 0.85$$

$$\zeta_c = \frac{0.5 f_c A}{N} = 0.5 \times \frac{16.7 \times 400 \times 600}{4\,600 \times 10^3} = 0.436$$

$$\eta_{ns} = 1 + \frac{1}{1\,300\left(\dfrac{M_2}{N} + e_a\right)/h_0}\left(\frac{l_c}{h}\right)^2 \zeta_c$$

$$= 1 + \frac{1}{1\,300 \times \left(\dfrac{130 \times 10^6}{4\,600 \times 10^3} + 20\right)/555} \times \left(\frac{3.0}{0.6}\right)^2 \times 0.436$$

$$= 1.096$$

$C_m \eta_{ns} = 0.85 \times 1.096 = 0.932\,1$,取 $C_m \eta_{ns} = 1.0$

$$M = C_m \eta_{ns} M_2 = 1.0 \times 130 = 130 \text{ kN} \cdot \text{m}$$

则 $e_0 = \dfrac{M}{N} = \dfrac{130 \times 10^6}{4\,600 \times 10^3} = 28.26 \text{ mm}$,$e_a = 20 \text{ mm}$

$e_i = e_0 + e_a = 28.26 + 20 = 48.26 \text{ mm} < 0.3h_0 = 0.3 \times 555 = 166.5 \text{ mm}$,初步按小偏压情

况计算,分两步骤。

(1)确定 A_s

$N=4\,600\,\text{kN}>f_c bh=16.7\times400\times600=4\,008\,\text{kN}$,故令 $N=N_u$,

$$e'=\frac{h}{2}-a_s'-(e_0-e_a)=\frac{600}{2}-45-(28.26-20)=246.74\,\text{mm}$$

$$A_s=\frac{Ne'-\alpha_1 f_c bh\left(h_0'-\frac{h}{2}\right)}{f_y'(h_0'-a_s)}$$

$$=\frac{4\,600\times10^3\times246.74-1.0\times16.7\times400\times600\times(555-300)}{360\times(555-45)}$$

$$=615\,\text{mm}^2>0.002bh=0.002\times400\times600=480\,\text{mm}^2$$

因此取 $A_s=615\,\text{mm}^2$ 作为补充条件。

(2)求 ξ 和 A_s'

$$A=\frac{a_s'}{h_0}+\left(1-\frac{a_s'}{h_0}\right)\frac{f_y A_s}{(\xi_b-\beta_1)\alpha_1 f_c bh_0}$$

$$=\frac{45}{555}+\left(1-\frac{45}{555}\right)\frac{360\times615}{(0.518-0.8)\times1.0\times16.7\times400\times555}$$

$$=0.081-0.194\,6=-0.113\,6$$

$$B=\frac{2Ne'}{\alpha_1 f_c bh_0^2}-\left(1-\frac{a_s'}{h_0}\right)\frac{2\beta_1 f_y A_s}{(\xi_b-\beta_1)\alpha_1 f_c bh_0}$$

$$=\frac{2\times4\,600\times10^3\times246.74}{1.0\times16.7\times400\times555^2}-\left(1-\frac{45}{555}\right)\frac{2\times0.8\times360\times615}{(0.518-0.8)\times1.0\times16.7\times400\times555}$$

$$=1.103+0.311\,4=1.414\,4$$

$$\xi=A+\sqrt{A^2+B}=-0.113\,6+\sqrt{(-0.113\,6)^2+1.414\,4}=1.081>\xi_b=0.518,$$ 的确是小偏压。

其中 $\xi_{cy}=2\beta_1-\xi_b=2\times0.8-0.518=1.082>\xi=1.081$,故属于小偏心受压的第一种情况:$\xi_{cy}>\xi>\xi_b$,则

$$A_s'=\frac{N-\alpha_1 f_c \xi bh_0+\left(\frac{\xi-\beta_1}{\xi_b-\beta_1}\right)A_s f_y}{f_y'}$$

$$=\frac{4\,600\times10^3-1.0\times16.7\times1.081\times400\times555+\frac{1.081-0.8}{0.518-0.8}\times360\times615}{360}$$

$$=1\,032\,\text{mm}^2$$

实际 A_s 配 3Φ16,$A_s=603\,\text{mm}^2$,A_s' 配 3Φ22,$A_s'=1\,140\,\text{mm}^2$,

再验算垂直于弯矩作用平面的轴心受压承载力:

由 $\frac{l_0}{b}=\frac{3\,000}{400}=7.5$,得 $\varphi=1.0$,则

$$N_u=0.9\varphi[f_c A+f_y'(A_s'+A_s)]$$

$$=0.9\times1.0\times[16.7\times400\times600+360\times(603+1\,140)]$$

$$=4\,171.93\,\text{kN}<4\,600\,\text{kN},不满足。应增加截面尺寸或钢筋数量,这里$$

A_s' 配 4Φ25 的钢筋,$A_s'=1\,964\,\text{mm}^2$,重新计算可得

$$N_u = 0.9\varphi[f_c A + f_y'(A_s' + A_s)]$$
$$= 0.9 \times 1.0 \times [16.7 \times 400 \times 600 + 360 \times (603 + 1\ 964)]$$
$$= 5\ 074.92\ \text{kN} < 4\ 600\ \text{kN},满足。$$

6.7.3　偏心受压构件的承载力校核

偏心受压构件，当已知构件截面尺寸、偏心距的大小、构件计算长度、混凝土和钢筋的强度等级、钢筋的截面面积 A_s 和 A_s'，进行承载力校核时，一般情况要先求出受压区高度 x，然后计算出 N_u，如果 $\gamma_0 N \leqslant N_u$ 则证明是安全的，否则是不安全的。

一般分为两种情况：一种是已知轴向力设计值，求偏心距 e_0，即验算截面能承受的弯矩设计值 M；另一种是已知 e_0，求轴向力设计值。不论哪一种情况，都需要进行垂直于弯矩作用平面的承载力复核。

6.8　对称配筋矩形截面偏心受压构件正截面承载力计算

对称配筋的偏心受压构件，在工程上应用极为广泛。例如，厂房的排架柱或工业民用建筑中的框架柱，要承受水平荷载如风荷载、吊车荷载的作用，特别是在地震区的结构还要承受地震荷载的作用，这些荷载的特点是方向具有不确定性。在不同方向的荷载作用下，同一截面可能分别承受正、反向弯矩。亦即截面中，在正向弯矩作用下的受拉钢筋，在反向弯矩作用下就成为受压钢筋。如果正、反向弯矩相差不大，宜采用对称配筋。

与非对称配筋相比，对称配筋有时虽然要多用一些钢筋，但构造简单，施工方便，不易造成配筋错误（比如 A_s 和 A_s' 的位置放错），所以工程上柱类构件大多采用对称配筋，其中对称配筋的矩形和 I 形柱应用最广。

对称配筋的偏心受压构件，其受力性能大体上与非对称配筋基本相同，但由于附加了一个补充条件即 $A_s = A_s'$，使具体计算略有差别。

6.8.1　矩形截面对称配筋

（1）大、小偏压的分界（$\xi = \xi_b$）

对称配筋因 $A_s = A_s'$，当发生界限破坏时，受拉钢筋 A_s 可屈服，可取 $f_y = f_y'$，由式（6-13）可得

$$N_b = \alpha_1 f_c b h_0 \xi_b \tag{6-35}$$

所以对称配筋的判别条件为

$N > N_b$ 为小偏压破坏；

$N \leqslant N_b$ 为大偏压破坏（含界限破坏）

或者根据相对受压区高度 ξ 来判别，即

$$\xi = \frac{N}{\alpha_1 f_c b h_0} > \xi_b\ 为小偏压；$$

$$\xi = \frac{N}{\alpha_1 f_c b h_0} \leqslant \xi_b\ 为大偏压$$

（2）大偏心受压构件（$\xi \leqslant \xi_b$）

由基本公式式（6-18）得

$$\xi = \frac{N}{\alpha_1 f_c b h_0} \tag{6-36}$$

$$Ne \leqslant \alpha_1 f_c b h_0^2 \xi(1-0.5\xi) + A_s' f_y'(h_0 - a_s') \tag{6-37}$$

故得

$$A_s = A_s' = \frac{Ne - \alpha_1 f_c b h_0^2 \xi(1-0.5\xi)}{f_y'(h_0 - a_s')} \tag{6-38}$$

$$e = e_i + \frac{h}{2} - a_s$$

（3）小偏心受压构件（$\xi > \xi_b$）

由基本公式式（6-18）得

$$N \leqslant \alpha_1 f_c b h_0 \xi + A_s' f_y' - A_s f_y \frac{\xi - \beta_1}{\xi_b - \beta_1} = \alpha_1 f_c b h_0 \xi + A_s' f_y' \left(\frac{\xi_b - \xi}{\xi_b - \beta_1}\right)$$

则 $A_s' f_y' = (N - \alpha_1 f_c b h_0 \xi)\frac{\xi_b - \beta_1}{\xi_b - \xi}$

又由力矩的平衡方程式得

$$Ne = \alpha_1 f_c b h_0^2 \xi(1-0.5\xi) + A_s' f_y'(h_0 - a_s')$$

$$= \alpha_1 f_c b h_0^2 \xi(1-0.5\xi) + (N - \alpha_1 f_c b h_0 \xi)\cdot\left(\frac{\xi_b - \beta_1}{\xi_b - \xi}\right)\cdot(h_0 - a_s')$$

即 $Ne\frac{\xi_b - \xi}{\xi_b - \beta_1} = \alpha_1 f_c b h_0^2 \xi(1-0.5\xi)\cdot\left(\frac{\xi_b - \xi}{\xi_b - \beta_1}\right) + (N - \alpha_1 f_c b h_0 \xi)(h_0 - a_s')$

上式为 ξ 的三次方程，直接求解很烦琐。

《规范》给出了简化方法，小偏心受压时 ξ 的常用范围为 $\xi = 0.6 \sim 1.0$，近似取 $\xi(1-0.5\xi) \approx 0.43$。

这样把 ξ 的三次方程降为 ξ 的一次方程，经整理后得

$$\xi = \frac{N - \alpha_1 f_c b h_0 \xi_b}{\frac{Ne - 0.43\alpha_1 f_c b h_0^2}{(\beta_1 - \xi_b)(h_0 - a_s')} + \alpha_1 f_c b h_0} + \xi_b \tag{6-39}$$

当 ξ 值求出后仍可利用式（6-38）求 $A_s = A_s'$，即

$$A_s = A_s' = \frac{Ne - \alpha_1 f_c b h_0^2 \xi(1-0.5\xi)}{f_y'(h_0 - a_s')}$$

应该指出《规范》给出的 ξ 值近似表达式（6-39）可以使小偏压设计得到简化，并在一定范围内精确解和近似解的误差不大，但在某些条件下，近似解与精确解相差较大，有时偏于不安全，或者造成浪费。其主要原因是配筋量的误差，不仅与 $\xi(1-0.5\xi)$ 值的误差有关，还与荷载的组合情况有关。

【例题 6-6】 已知条件同【例题 6-3】，设计成对称配筋。

解 由【例题 6-3】的已知条件，可求得 $e_i = 571$ mm $> 0.3h_0 = 108$ mm，属于大偏心受压情况。

$$\xi=\frac{N}{\alpha_1 f_c b h_0}=\frac{396\times10^3}{1.0\times14.3\times300\times360}=0.256\,4<0.518$$

$$x=\xi h_0=92.3\text{ mm}>2a_s'$$

$$A_s=A_s'=\frac{Ne-\alpha_1 f_c b x(h_0-0.5x)}{f_y'(h_0-a_s')}$$

$$=\frac{396\times10^3\times731-1.0\times14.3\times300\times92.3\times(360-92.3/2)}{360\times(360-40)}$$

$$=1\,434\text{ mm}^2$$

微课

钢筋混凝土受压
构件承载力 M_u-
N_u 关系

每边配置 3 ⏀20＋1 ⏀18（$A_s=A_s'=1\,451$ mm²）。

6.8.2　矩形截面偏压构件 N_u-M_u 相关曲线及其特点

对于给定截面尺寸、配筋和材料强度的偏心受压构件，可以在无数组不同的 N_u 和 M_u 的组合下达到承载能力极限状态，或者说当给定轴力 N_u 时就有唯一的 M_u，反之，也一样。图 6-18 给出了对称配筋时的 N_u-M_u 的相关曲线。

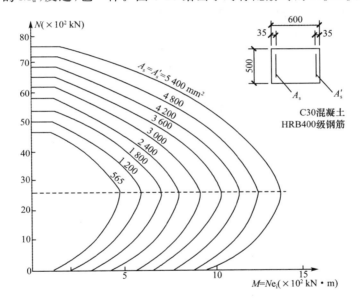

图 6-18　对称配筋时的 N_u-M_u 的相关曲线

整个曲线分为大偏心受压破坏（虚线以下部分）和小偏心受压破坏（虚线以上部分）两个曲线段，水平虚线对应界限破坏。该曲线的特点是：

（1）$M_u=0$ 时，N_u 最大；$N_u=0$ 时，M_u 不是最大；界限破坏时，M_u 最大。

（2）小偏心受压时，N_u 随 M_u 的增大而减小。大偏心受压时，N_u 随 M_u 的增大而增大。

（3）对称配筋时，如果截面形状和尺寸相同，混凝土强度等级和钢筋级别也相同，但配筋数量不同，则在界限破坏时，它们的 N_u 是相同的（因为 $N_u=\alpha_1 f_c b x_b$），因此各条 N_u-M_u 曲线的界限破坏点在同一水平线处，如图 6-18 虚线所示。

6.9 偏心受压构件斜截面受剪承载力计算

偏心受压构件,当以承受垂直荷载为主时,一般情况剪力值相对较小,可只进行正截面承载力计算而不进行斜截面承载力计算。但对于排架柱或框架柱,当作用有较大的水平荷载,例如吊车水平荷载、风荷载或地震荷载时,则可能在截面中产生较大的剪力,此时,除应按偏心受压构件计算其正截面承载力外,还应计算其斜截面受剪承载力。

试验表明:轴向压力对构件斜截面承载力起有利作用,由于压力的存在延缓了斜裂缝出现的时间,阻滞了斜裂缝的开展,增强了骨料咬合作用,增大了混凝土剪压区高度,从而提高了混凝土的受剪承载力。

试验表明,在轴压比 $\dfrac{N}{f_c bh}$ 较小时,构件的受剪承载力随轴压比的增大而提高,当轴压比 $\dfrac{N}{f_c bh} = 0.4 \sim 0.5$ 时,受剪承载力达到最大值,再增大轴压力将导致抗剪承载力逐渐降低。当轴压比很大时,抗剪能力降到很低的程度。由此可知,轴向压力对构件抗剪承载力的有利作用是有限制的。故在计算中,《规范》规定,偏心受压构件受剪承载力计算公式是在无轴向压力计算公式的基础上,加上一项轴向压力对受剪承载力影响的提高值。根据试验资料分析,其提高值取 $0.07N$,并对轴向压力的有利影响规定了一个上限值,当 $N > 0.3 f_c A$ 时,在受剪承载力计算时取 $N = 0.3 f_c A$。

矩形、T 形和 I 形截面钢筋混凝土偏心受压构件,其受剪截面尺寸限制条件与受弯构件相同,需满足下式要求。

$$V \leqslant 0.25 \beta_c f_c bh_0 \tag{6-40}$$

其斜截面受剪承载力应按下列公式计算:

$$V \leqslant \frac{1.75}{\lambda + 1} f_t bh_0 + \frac{A_{sv} f_{yv}}{s} h_0 + 0.07N \tag{6-41}$$

式中 V——剪力设计值;

       λ——偏心受压构件计算截面的剪跨比;

       N——与剪力设计值 V 相应的轴向压力设计值;当 $N > 0.3 f_c A$ 时,取 $N = 0.3 f_c A$;A 为构件截面积。

计算截面的剪跨比应按下列规定取用:

(1)对框架柱,当反弯点在层高范围内时可取 $\lambda = \dfrac{H_n}{2h_0}$,当 $\lambda < 1$ 时取 $\lambda = 1$;当 $\lambda > 3$ 时取 $\lambda = 3$。H_n 为柱净高。

(2)对其他偏心受压构件,当承受均布荷载时,取 $\lambda = 1.5$;当承受集中荷载时(包括作用有多种荷载且集中荷载对支座截面或节点边缘所产生的剪力值占总剪力值的 75% 以上的情况),取 $\lambda = a/h_0$;当 $\lambda < 1.5$ 时取 $\lambda = 1.5$;当 $\lambda > 3$ 时,取 $\lambda = 3$;此处,a 为集中荷载作用点至支座或节点边缘的距离。

若符合下列公式的要求时,则可不进行斜截面受剪承载力计算,而仅需要根据构造要求配置箍筋。

$$V \leqslant \frac{1.75}{\lambda + 1} f_t bh_0 + 0.07N \tag{6-42}$$

本章小结

普通箍筋轴心受压构件在计算上分为长柱和短柱。短柱的破坏属于材料破坏。对于轴心受压构件的受压承载力,短柱和长柱均采用一个统一公式计算,引入稳定系数 φ 表达了纵向弯曲变形对受压承载力的影响。在螺旋箍筋轴心受压构件中,由于螺旋箍筋对核芯混凝土的约束作用,提高了核芯混凝土的抗压强度,从而使构件的承载力有所增加。

偏心受压构件正截面破坏有大偏心受压破坏和小偏心受压破坏两种形态。当纵向压力 N 的相对偏心距 e_0/h_0 较大,且 A_s 不过多时发生受拉破坏,也称大偏心受压破坏。其特征为受拉钢筋首先屈服,而后受压区边缘混凝土达到极限压应变,受压钢筋应力能达到屈服强度。当纵向压力 N 的相对偏心距 e_0/h_0 较大,但受拉钢筋 A_s 数量过多;或者相对偏心距 e_0/h_0 较小时发生受压破坏,也称小偏心受压破坏。其特征为受压区混凝土被压坏,压应力较大一侧钢筋应力能够达到屈服强度,而另一侧钢筋受拉不屈服或者受压不屈服。界限破坏指受拉钢筋应力达到屈服强度的同时受压区边缘混凝土刚好达到极限压应变。

大、小偏心受压破坏的判别条件是:$\xi \leqslant \xi_b$ 时,属于大偏心受压破坏;$\xi > \xi_b$ 时,属于小偏心受压破坏。大、小偏心受压构件的基本计算公式实际上是统一的,建立公式的基本假定也相同,只是小偏心受压时离纵向力较远一侧钢筋 A_s 的应力 σ_s 不明确,在 $-f_y' \leqslant \sigma_s \leqslant f_y$ 范围内变化,使小偏心受压构件的计算较复杂。

对于各种截面形式的大、小偏心受压构件,非对称和对称配筋、截面设计和截面复核时,应牢牢地把握住基本计算公式,根据不同情况,直接运用基本公式进行运算。

思 考 题

6.1　轴心受压普通箍筋短柱与长柱的破坏形态有何不同?轴心受压长柱的稳定性系数 φ 是怎么确定的?

6.2　简述偏心受压短柱的破坏形态,偏心受压构件如何分类?

6.3　长柱的正截面受压破坏与短柱有何异同?什么是偏心受压构件的 $P\text{-}\delta$ 二阶效应?

6.4　什么情况下不考虑 $P\text{-}\delta$ 二阶效应?

6.5　什么是大小偏心受压破坏的界限,有何特征?

6.6　矩形截面非对称配筋大、小偏心受压构件正截面受压承载力如何计算?如何进行截面设计?

6.7　矩形截面对称配筋偏心受压构件大、小偏心受压破坏的界限如何区分?

6.8　怎样计算偏心受压构件的斜截面受剪承载力?

习　题

6.1　轴心受压柱,计算长度 $l_0 = 4.8$ m,承受轴心压力设计值 $N = 3\,400$ kN(包括自重)。混凝土强度等级 C40,纵筋采用 HRB500 级,箍筋采用 HPB300 级。设计该柱截面。

6.2　已知某圆形现浇钢筋混凝土柱,直径 $d = 350$ mm,承受轴向压力设计值 $N = 3\,230$ kN,计算长度 $l_0 = 4$ m。混凝土用 C35,纵筋为 HRB500,箍筋用 HPB300。混凝土保护层厚度 $c = 25$ mm。试进行该柱配筋计算。

6.3　一偏心受压柱,截面尺寸 $b \times h = 300$ mm $\times 500$ mm,$a_s = a'_s = 40$ mm,承受设计内力组合为 $M_1 = 0.6M_2$,$M_2 = 160$ kN·m,$N = 800$ kN,混凝土 C30 级,钢筋为 HRB400,$l_c = l_0 = 2.8$ m。求钢筋截面面积 A_s 及 A'_s。

6.4　已知荷载作用下偏心受压构件的轴向力设计值 $N = 3\,170$ kN,杆端弯矩设计值为 $M_1 = M_2 = 83.6$ kN·m,截面尺寸 $b \times h = 400$ mm $\times 600$ mm,$a_s = a'_s = 40$ mm,混凝土强度等级 C40,钢筋为 HRB400,$l_c = l_0 = 3$ m。求钢筋截面面积 A'_s 及 A_s。

6.5　已知轴向力设计值 $N = 7\,500$ kN,杆端弯矩设计值为 $M_1 = 0.9M_2$,$M_2 = 1\,800$ kN·m,截面尺寸 $b \times h = 800$ mm $\times 1\,000$ mm,$a_s = a'_s = 40$ mm,混凝土强度等级 C40,钢筋为 HRB400,$l_c = l_0 = 6$ m,采用对称配筋。求钢筋截面面积 A'_s 及 A_s。

第7章 受拉构件承载力计算

学习目标

理解受拉构件从加载到混凝土开裂、钢筋屈服直到构件破坏的全过程,掌握轴心受拉构件和偏心受拉构件的正截面承载力计算方法及构造要求。

7.1 轴心受拉构件正截面承载力计算

在钢筋混凝土结构中真正的轴心受拉构件几乎不存在。在实际工程中,如圆形水管,在内水压力作用下,忽略自重时的管壁、拱和桁架中的拉杆和圆形水池的环形池壁等,一般可按轴心受拉构件计算。

对于轴心受拉构件,在裂缝出现前钢筋和混凝土共同承受拉力,裂缝出现后,裂缝截面处的混凝土退出工作,拉力完全由钢筋承担,随着荷载的进一步增大,钢筋达到屈服极限,构件破坏,所以轴心受拉构件的承载力可按式(7-1)计算

$$N \leqslant N_u = f_y A_s \tag{7-1}$$

式中　　N——轴向拉力设计值;

　　　　N_u——轴心受拉构件正截面承载力设计值;

　　　　A_s——截面上全部纵向受拉钢筋截面面积;

　　　　f_y——受拉钢筋抗拉强度设计值。

【例题 7-1】 已知某钢筋混凝土屋架下弦,截面尺寸 $b=150$ mm,$h=150$ mm,其所受的轴心拉力设计值为 275 kN,混凝土强度等级为 C30,钢筋为 HRB400,求钢筋截面面积。

解 由附录附表 3 查 HRB400 钢筋得 $f_y=360$ N/mm^2,由式(7-1)得

$$A_s = N/f_y = 275 \times 10^3/360 = 763.89 \text{ mm}^2$$

选用 4 ϕ16,$A_s = 804$ mm^2。

7.2 偏心受拉构件正截面承载力计算及构造措施

7.2.1 大、小偏心受拉构件的界限

当纵向拉力不作用在构件截面形心上时称为偏心受拉构件。偏心受拉构件按作用力的位置不同分为小偏心受拉构件和大偏心受拉构件。设一矩形截面($b \times h$),作用有纵向拉力

N,N 的作用点距截面形心 e_0，截面在偏心力的一侧配有钢筋 A_s，另一侧配有钢筋 A_s'，当纵向拉力 N 作用在 A_s 的外侧（图 7-1(a)），即 $e_0 > (\frac{h}{2} - a_s)$ 时，截面虽然开裂，但存在受压区。既然有受压区，截面就不会裂通，受力情况类似于大偏心受压构件。这类情况称为大偏心受拉，对应的构件为大偏心受拉构件；当纵向拉力 N 作用在 A_s 和 A_s' 之间（图 7-1(b)），即 $e_0 \leqslant (\frac{h}{2} - a_s)$ 时，假设破坏时混凝土全部裂通，仅由钢筋 A_s 和 A_s' 承受纵向拉力 N，这类情况称为小偏心受拉，对应的构件为小偏心受拉构件。根据以上分析，可以纵向拉力 N 的作用点在纵向钢筋之间或纵向钢筋之外，作为判断大、小偏拉的依据。

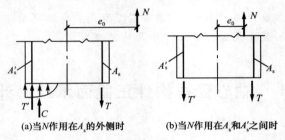

(a)当N作用在A_s的外侧时   (b)当N作用在A_s和A_s'之间时

图 7-1　大、小偏心受拉构件的界限

7.2.2　矩形截面小偏心受拉构件正截面承载力计算

矩形截面小偏心受拉构件正截面承载力计算简图如图 7-2 所示。根据两个力矩平衡方程可以分别确定 A 和 A_s'。

$$Ne \leqslant N_u e = f_y A_s'(h_0 - a_s') \tag{7-2}$$

$$Ne' \leqslant N_u e' = f_y A_s(h_0 - a_s') \tag{7-3}$$

式中　e——纵向拉力 N 到 A_s 的距离，$e = \frac{h}{2} - e_0 - a_s$；

e'——纵向拉力 N 到 A_s' 的距离，$e' = \frac{h}{2} + e_0 - a_s'$。

设计时，由式（7-2）和式（7-3）可得

$$A_s' \geqslant \frac{Ne}{f_y(h_0 - a_s')} \tag{7-4}$$

$$A_s \geqslant \frac{Ne'}{f_y(h_0 - a_s')} \tag{7-5}$$

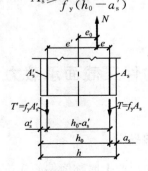

图 7-2　小偏心受拉构件的正截面承载力计算简图

若设计中采用对称配筋,由于 $e'>e$(图 7-2),由式(7-4)和式(7-5)可以看出 $A_s>A_s'$,因此可通过式(7-5)计算 A_s,并取 $A_s=A_s'$。

【例题 7-2】　某偏心受拉构件处于一类环境,截面尺寸 $b \times h = 300$ mm $\times 500$ mm,采用 C25 混凝土和 HRB335 级钢筋;承受轴向拉力设计值 $N=400$ kN,弯矩设计值 $M=60$ kN·m。试对构件进行配筋。

解　本例题属于截面设计问题。

(1)设计参数

查附录附表,C25 混凝土 $f_t=1.27$ N/mm²,HRB335 级钢筋 $f_y=300$ N/mm²,由附录附表 15 查得,一类环境 $c=20$ mm,假定箍筋选用 $\phi8$,纵筋直径是 20 mm,则 $a_s=a_s'=c+d_{sv}$ $+d/2=20+8+20/2=38$ mm,$\rho_{min}=45\dfrac{f_t}{f_y}\%=45\times\dfrac{1.27}{300}=0.19\%<0.2\%$,故取 $\rho_{min}=0.2\%$。

(2)判断构件类型

$$e_0=\frac{M}{N}=\frac{60\times10^6}{400\times10^3}=150 \text{ mm}<\frac{h}{2}-a_s=\frac{500}{2}-38=212 \text{ mm},\text{故为小偏心受拉构件。}$$

(3)计算几何尺寸

$$e=\frac{h}{2}-e_0-a_s=\frac{500}{2}-150-38=62 \text{ mm}$$

$$e'=\frac{h}{2}+e_0-a_s'=\frac{500}{2}+150-38=362 \text{ mm}$$

(4)计算 A_s' 和 A_s

$$A_s'=\frac{Ne}{f_y(h_0-a_s')}=\frac{400\ 000\times62}{300\times(462-38)}=194.97 \text{ mm}^2<\rho_{min}bh=0.2\%\times300\times500=300 \text{ mm}^2$$

故取 $A_s'=300$ mm²

$$A_s=\frac{Ne'}{f_y(h_0-a_s')}=\frac{400\ 000\times362}{300\times(462-38)}=1\ 138.36 \text{ mm}^2\geqslant\rho_{min}bh=0.2\%\times300\times500=300 \text{ mm}^2$$

(5)选用钢筋

A_s 选 3 $\phi22$($A_s=1\ 140$ mm²),A_s' 选用 3 $\phi12$($A_s'=339$ mm²)。

【例题 7-3】　某偏心受拉构件,截面尺寸 $b \times h = 200$ mm $\times 350$ mm,采用 C25 混凝土和 HRB335 级钢筋,$A_s=628$ mm²(2 $\phi16$),$A_s'=226$ mm²(2 $\phi12$)。求此构件在 $e_0=55$ mm 时所能承受的拉力。

解　本例题属于截面复核问题。

(1)基本设计参数

查附录附表得 C25 混凝土 $f_t=1.27$ N/mm²,HRB335 级钢筋 $f_y=300$ kN/mm²,取 $a_s=a_s'=40$ mm。

(2)判断构件类型

$e_0=55$ mm$<\dfrac{h}{2}-a_s=\dfrac{350}{2}-40=135$ mm,故为小偏心受拉构件。

(3)计算几何尺寸

$$e'=\frac{h}{2}+e_0-a_s'=\frac{350}{2}+55-40=190 \text{ mm}$$

$$e=\frac{h}{2}-e_0-a_s=\frac{350}{2}-55-40=80 \text{ mm}$$

（4）求 N_u

$$h_0=h-a_s=350-40=310 \text{ mm}$$

$$N_u=\frac{f_y A_s(h_0-a_s')}{e'}=\frac{300\times628\times(310-40)}{190}\times10^{-3}=267.73 \text{ kN}$$

$$N_u=\frac{f_y' A_s'(h_0-a_s')}{e}=\frac{300\times226\times(310-40)}{80}\times10^{-3}=228.83 \text{ kN}$$

故此构件在 $e_0=55$ mm 时所能承受的拉力为 228.83 kN。

7.2.3 矩形截面大偏心受拉构件正截面承载力计算

1.基本公式

当纵向拉力作用在 A_s 和 A_s' 之外时，矩形截面大偏心受拉构件正截面承载力的计算简图如图 7-3 所示。构件破坏时，如果钢筋 A_s 和 A_s' 的应力都达到屈服强度，受压区混凝土应力达到 $\alpha_1 f_c$，由计算简图可以建立基本方程如下：

由 $\sum X=0$ 得

$$N\leqslant N_u=f_y A_s-f_y' A_s'-\alpha_1 f_c bx \qquad (7\text{-}6)$$

由 $\sum M=0$ 得

$$Ne\leqslant N_u e=\alpha_1 f_c bx(h_0-\frac{x}{2})+f_y' A_s'(h_0-a_s') \qquad (7\text{-}7)$$

$$e=e_0-\frac{h}{2}+a_s \qquad (7\text{-}8)$$

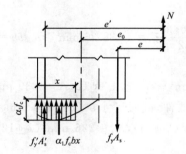
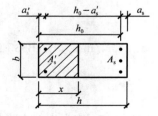

图 7-3 大偏心受拉构件正截面承载力计算简图

2.适用条件

（1）构件破坏时首先保证受拉钢筋 A_s 先屈服，则必须满足 $x\leqslant\xi_b h_0$ 或 $\xi\leqslant\xi_b$。

（2）保证构件破坏时，受压钢筋 A_s' 达到屈服，则必须满足 $x \geqslant 2a_s'$。

3. 截面设计

（1）A_s 和 A_s' 均未知时，两个基本方程，三个未知数 A_s、A_s' 和 x，无唯一解，与双筋矩形截面梁和大偏心受压构件类似，为使总配筋面积（$A_s + A_s'$）最小，可假定 $x = \xi_b h_0$，代入式（7-7）和式（7-6）得

$$A_s' = \frac{Ne - \alpha_1 f_c \xi_b (1 - 0.5\xi_b) b h_0^2}{f_y'(h_0 - a_s')} = \frac{Ne - \alpha_1 f_c \alpha_{sb} b h_0^2}{f_y'(h_0 - a_s')} \geqslant \rho_{min}' bh \tag{7-9}$$

$$A_s = \frac{\alpha_1 f_c \xi_b b h_0 + f_y' A_s' + N}{f_y} \geqslant \rho_{min} bh \tag{7-10}$$

（2）A_s' 为已知时，两个基本方程有两个未知数 A_s 和 x，有唯一解。

首先由式（7-7）计算 x

$$x = h_0 - \sqrt{h_0^2 - \frac{2[Ne - f_y'A_s'(h_0 - a_s')]}{\alpha_1 f_c b}} \tag{7-11}$$

或先计算 α_s、ξ，再计算 x

$$\alpha_s = \frac{Ne - f_y'A_s'(h_0 - a_s')}{\alpha_1 f_c b h_0^2} \tag{7-12}$$

$$\xi = 1 - \sqrt{1 - 2\alpha_s} \tag{7-13}$$

$$x = \xi h_0 \tag{7-14}$$

然后根据 x 的大小决定计算 A_s 的公式。

当 $2a_s' \leqslant x \leqslant \xi_b h_0$ 时，由式（7-6）得

$$A_s = \frac{\alpha_1 f_c \xi b h_0 + f_y' A_s' + N}{f_y} \geqslant \rho_{min} bh$$

当 $x > \xi_b h_0$ 时，说明受压区承载力不足，按第一种情况重新设计。

当 $x < 2a_s'$ 时，说明受压钢筋未达到屈服极限，前面建立的公式已不适用，需要另建立公式，如图 7-4 所示，取 $x = 2a_s'$，对 A_s' 中心取矩。

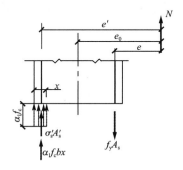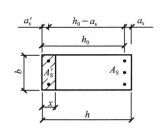

图 7-4　大偏心受拉构件 $x < 2a_s'$ 的计算简图

$$Ne' \leqslant N_u e' = f_y A_s(h_0 - a_s') \tag{7-15}$$

$$A_s = \frac{Ne'}{f_y(h_0 - a_s')} \tag{7-16}$$

式中，$e' = e_0 + \dfrac{h}{2} - a_s'$。

对称配筋时，由于 $A_s = A_s'$ 和 $f_y = f_y'$，将其代入基本公式式（7-6）后，必然会求得 x 为负

值,即属于 $x<2a_s'$ 的情况,此时需按式(7-16)计算 A_s 值。

A_s 和 A_s' 均需满足最小配筋率要求。

【例题 7-4】 已知某矩形水池,壁厚为 300 mm,求得跨中水平方向每米宽度上最大弯矩设计值 $M=120$ kN·m,相应的每米宽度上的轴向拉力设计值 $N=240$ kN,该水池的混凝土强度等级为 C30,钢筋采用 HRB400 钢筋。

求:水池需要的 A_s 和 A_s'。

解 本例题属于截面设计问题。

(1)设计参数

$f_y=f_y'=360$ N/mm², $f_c=14.3$ N/mm², $f_t=1.43$ N/mm²,取 $a_s=a_s'=35$ mm,$\rho_{min}=45\dfrac{f_t}{f_y}\%=45\times\dfrac{1.43}{360}\%=0.18\%<0.2\%$,$\rho_{min}=0.2\%$

(2)判断构件类型

因为 $e_0=\dfrac{M}{N}=\dfrac{120\times1\,000}{240}=500$ mm$>\dfrac{h}{2}-a_s=\dfrac{300}{2}-35=115$ mm

所以属于大偏心受拉构件

(3)配筋计算

$$e=e_0-\frac{h}{2}+a_s=500-\frac{300}{2}+35=385 \text{ mm}$$

先假定 $x=\xi_b h_0=0.518\times(300-35)=137$ mm 来计算 A_s' 值,因为这样能使 $(A_s'+A_s)$ 最小。

$$A_s'=\frac{Ne-\alpha_1 f_c bx(h_0-\frac{x}{2})}{f_y'(h_0-a_s')}=\frac{240\times10^3\times385-1.0\times14.3\times1\,000\times137\times(265-\frac{137}{2})}{360\times(265-35)}<0$$

取 $A_s'=\rho'_{min}bh=0.2\%\times1\,000\times300=600$ mm²,选用 $\Phi12@180$ mm($A_s'=628$ mm²)。当本例题由 A_s' 和 A_s 均未知的情况转化为 $A_s'=628$ mm²,求 A_s 的问题时,需根据 A_s' 求 x。

由式(7-11)求 x

$$x=h_0-\sqrt{h_0^2-\frac{2[Ne-f_y'A_s'(h_0-a_s')]}{\alpha_1 f_c b}}$$

$$=265-\sqrt{265^2-\frac{2[240\times10^3\times385-360\times628\times(265-35)]}{1.0\times14.3\times1\,000}}$$

$$=10.89 \text{ mm}<2a_s'=2\times35=70 \text{ mm}$$

或由式(7-12)~式(7-14)求 x。

$$\alpha_s=\frac{Ne-A_s'f_y'(h_0-a_s')}{\alpha_1 f_c bh_0^2}=\frac{240\times10^3\times385-628\times360\times(265-35)}{1.0\times14.3\times1\,000\times265^2}=0.04$$

$$\xi=1-\sqrt{1-2\alpha_s}=1-\sqrt{1-2\times0.04}=0.04$$

$$x=\xi h_0=0.04\times265=10.6 \text{ mm}<2a_s'=2\times35=70 \text{ mm}$$

说明受压区钢筋未屈服,取 $x=2a_s'$,并对 A_s' 合力点取矩,用式(7-16)计算 A_s。

$$e'=e_0+\frac{h}{2}-a_s'=500+\frac{300}{2}-35=615 \text{ mm}$$

$$A_s = \frac{Ne'}{f_y(h_0 - a_s')} = \frac{240 \times 10^3 \times 615}{360 \times (265 - 35)} = 1\,782.6 \text{ mm}^2$$

则 A_s 选用 Φ 14@85 mm（$A_s = 1\,811$ mm^2）。

【例题 7-5】 某偏心受拉构件，处于一类环境，截面尺寸 $b \times h = 300$ mm $\times 450$ mm，采用 C25 混凝土和 HRB335 级钢筋，$A_s = 1\,964$ mm^2（4 ϕ25），$A_s' = 226$ mm^2（2 ϕ12）。求此构件在 $e_0 = 195$ mm 时所能承受的拉力。

解 本例题属于截面复核问题。

（1）基本参数

查附录附表得，C25 混凝土 $f_t = 1.27$ kN/mm^2，$f_c = 11.9$ kN/mm^2，HRB335 级钢筋 $f_y = 300$ kN/mm^2，取 $a_s = a_s' = 35$ mm。

（2）判断构件类型

$e_0 = 195$ mm $> \dfrac{h}{2} - a_s = \dfrac{450}{2} - 35 = 190$ mm，故为大偏心受拉构件。

（3）计算几何尺寸

$$e = e_0 - \frac{h}{2} + a_s = 195 - \frac{450}{2} + 35 = 5 \text{ mm}$$

$$e' = e_0 + \frac{h}{2} - a_s' = 195 + \frac{450}{2} - 35 = 385 \text{ mm}$$

（4）求 N_u

$$\begin{aligned}
\xi &= \left(1 + \frac{e}{h_0}\right) - \sqrt{\left(1 + \frac{e}{h_0}\right)^2 - \frac{2(f_y A_s e - f_y' A_s' e')}{\alpha_1 f_c b h_0^2}} \\
&= \left(1 + \frac{5}{415}\right) - \sqrt{\left(1 + \frac{5}{415}\right)^2 - \frac{2 \times (300 \times 1\,964 \times 5 - 300 \times 226 \times 385)}{1.0 \times 11.9 \times 300 \times 415^2}} \\
&= -0.037 < \frac{2a_s'}{h_0} = \frac{2 \times 35}{415} = 0.169
\end{aligned}$$

x 小于 $2a_s'$，故构件所能承担的拉力应按式(7-15)计算：

$$N_u = \frac{f_y A_s (h_0 - a_s')}{e'} = \frac{300 \times 1\,964 \times (415 - 35)}{385} = 581\,548 \text{ N} = 581.5 \text{ kN}$$

7.2.4　受拉构件斜截面承载力计算

受拉构件在承受拉力和弯矩作用的同时，也存在剪力，当剪力较大时，不能忽视斜截面承载力的计算。

试验表明，拉力的存在有时会使斜裂缝贯穿全截面，使斜截面末端没有剪压区，构件的斜截面承载力比无轴向拉力时要降低一些，降低的程度与轴向拉力的大小有关。

通过对试验资料的分析，《规范》给出了受拉构件斜截面承载力计算公式

$$V \leqslant V_u = \frac{1.75}{\lambda + 1} f_t b h_0 + f_{yv} \frac{A_{sv}}{s} h_0 - 0.2N \qquad (7\text{-}17)$$

式中　λ——计算截面剪跨比，λ 取值与第 6 章相同；

N——与剪力设计值 V 对应的轴向拉力设计值。

式(7-17)右侧的计算值小于 $f_{yv}\dfrac{A_{sv}}{s}h_0$ 时,应取等于 $f_{yv}\dfrac{A_{sv}}{s}h_0$,且满足 $f_{yv}\dfrac{A_{sv}}{s}h_0 \geqslant 0.36f_t bh_0$。

与受压构件相同,受剪截面尺寸尚应符合《规范》的有关要求。

【例题 7-6】 某偏心受拉构件,处于一类环境,截面尺寸 $b \times h = 300\ \text{mm} \times 400\ \text{mm}$,采用 C25 混凝土,箍筋采用 HPB300 级钢筋,构件作用轴向拉力设计值 $N = 200\ \text{kN}$,剪力设计值 $V = 180\ \text{kN}$(均布荷载),试求该构件的箍筋。

解 本例题属于截面设计问题。

(1)基本参数

由附录附表查得,C25 混凝土 $f_t = 1.27\ \text{kN/mm}^2$,$f_c = 11.9\ \text{kN/mm}^2$,HPB300 级钢筋 $f_{yv} = 270\ \text{N/mm}^2$,取 $a_s = a'_s = 35\ \text{mm}$。

(2)求 A_{sv}

$$h_0 = h - a_s = 400 - 35 = 365\ \text{mm}$$

均布荷载 $\lambda = 1.5$

由 $V \leqslant V_u = \dfrac{1.75}{\lambda + 1}f_t bh_0 + f_{yv}\dfrac{A_{sv}}{s}h_0 - 0.2N$ 得

$$f_{yv}\frac{A_{sv}}{s}h_0 \geqslant V + 0.2N - \frac{1.75}{\lambda + 1}f_t bh_0$$

$$\frac{A_{sv}}{s} \geqslant \frac{V + 0.2N - \dfrac{1.75}{\lambda + 1}f_t bh_0}{f_{yv}h_0} = \frac{180 \times 10^3 + 0.2 \times 200 \times 10^3 - \dfrac{1.75}{1.5 + 1} \times 1.27 \times 300 \times 365}{270 \times 365} = 1.24\ \text{mm}^2/\text{s}$$

选用双肢箍 $\phi 10$,即 $A_{sv} = 157\ \text{mm}^2$,$s \leqslant 157/1.24 = 126.61\ \text{mm}$,取 $s = 120\ \text{mm} < s_{max} = 200\ \text{mm}$,$\rho_{sv} = \dfrac{A_{sv}}{bs} = \dfrac{157}{300 \times 120} = 0.44\% > 0.36\dfrac{f_t}{f_{yv}} = 0.36 \times \dfrac{1.27}{270} = 0.17\%$

$0.25\beta_c f_c bh_0 = 0.25 \times 1.0 \times 11.9 \times 300 \times 365 \times 10^{-3} = 325.76\ \text{kN} > V = 180\ \text{kN}$,受剪截面符合要求。

故该构件的箍筋配置为 $2\phi 10@120$ 时,满足斜截面承载力要求。

本章小结

本章主要介绍受拉构件的分类和受力特征,矩形截面偏拉构件的正截面承载力计算和斜截面承载力计算。要求学生掌握轴心受拉构件的受力全过程、破坏形态、正截面受拉承载力的计算方法与配筋的主要构造要求;掌握偏心受拉构件的受力全过程、两种破坏形态的特征以及矩形截面偏心受拉构件正截面受拉承载力的计算方法;熟悉偏心受拉构件斜截面受剪承载力的计算。

思考题

7.1 轴心受拉构件的受拉钢筋用量是按什么条件确定的?

7.2 大、小偏心受拉构件的界限是什么?这两种受拉构件的受力特点和破坏形态有何不同?

7.3 小偏心受拉构件的截面用钢量随偏心距如何变化?

习　题

7.1　某钢筋混凝土拉杆，处于一类环境，截面尺寸 $b \times h = 250 \text{ mm} \times 250 \text{ mm}$，采用 C30 混凝土，其内配置 4$\Phi$18（HRB400 级）钢筋；构件上作用轴向拉力设计值 $N = 360 \text{ kN}$。试校核此拉杆是否安全。

7.2　某偏心受拉构件，处于一类环境，截面尺寸 $b \times h = 300 \text{ mm} \times 500 \text{ mm}$，采用 C30 混凝土和 HRB400 级钢筋；承受轴向拉力设计值 $N = 350 \text{ kN}$，弯矩设计值 $M = 35 \text{ kN} \cdot \text{m}$。试对构件进行配筋。

7.3　某偏心受拉构件，处于一类环境，截面尺寸 $b \times h = 350 \text{ mm} \times 500 \text{ mm}$，采用 C25 混凝土和 HRB400 级钢筋；承受轴向拉力设计值 $N = 140 \text{ kN}$，弯矩设计值 $M = 110 \text{ kN} \cdot \text{m}$。试对构件进行配筋。

第8章 受扭构件承载力计算

学习目标

了解钢筋混凝土纯扭构件的裂缝开展过程和破坏机理；理解纯扭构件的破坏形态；掌握纯扭构件的开裂扭矩计算方法；掌握矩形截面纯扭构件的受扭承载力计算方法；理解剪扭相关性并掌握弯剪扭构件承载力计算方法和计算步骤。

8.1 概 述

在工程中常见的受扭构件有吊车梁、雨篷梁、现浇框架边梁、曲梁、螺旋形楼梯以及剧院或体育场的曲线挑台梁等。钢筋混凝土结构在扭矩作用下，根据其扭矩形成的原因可以分成两种类型：一是平衡扭转；二是协调扭转或者称为附加扭转。

平衡扭转是荷载直接作用在静定构件中引起的扭转，构件所承受的扭矩可由静力平衡条件求得，而与其抗扭刚度无关，称之为平衡扭转，如图 8-1(a)所示的吊车梁，梁所承受的扭矩为制动力 H 与它至截面弯曲中心距离 e_0 的乘积或者是竖向轮偏心带来的扭矩。除此以外，建筑工程中雨篷梁、曲线梁及螺旋楼梯等都属于平衡扭转。

协调扭转是超静定结构中由于构件间的连续性引起的扭转，构件所承受的扭矩随其抗扭刚度而变化，如图 8-1(b)所示的现浇框架边主梁，由于框架边梁具有一定的截面抗扭刚度，它对楼面梁的弯曲转动产生约束，在边梁和楼面梁交叉点处产生弯矩，该弯矩就是边主梁所承受的扭矩。因此，对于超静定受扭构件的协调扭转，扭矩除了满足静力平衡条件以外，还必须由相邻构件的变形协调条件才能确定。

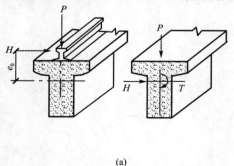
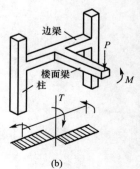

(a)   (b)

图 8-1 受扭构件示例

8.2　纯扭构件的受力性能和受扭承载力计算

8.2.1　试验研究

试验表明,构件开裂前配置在受扭构件中的钢筋应力很低,忽略钢筋作用的影响,可把构件视为素混凝土弹性体分析。以棱柱体构件为例,构件两端作用大小相等、方向相反的扭矩 T。由材料力学可知,在扭矩 T 作用下,构件截面上产生剪应力 τ,在与构件轴线呈 45°的方向上产生相应的主拉应力 σ_{tp} 和主压应力 σ_{cp},且大小等于 τ,如图 8-2(a)所示。截面的 T 与扭转角 θ 的关系基本为线性。当截面的主拉应力 σ_{tp} 达到混凝土抗拉强度时,构件开裂,矩形截面混凝土构件首先在长边中点沿着 45°被拉裂。对于素混凝土,初始裂缝迅速延伸到长边的上、下边缘,在两个短边裂缝沿着 45°继续延伸,最后在另一侧长边对应的混凝土受压面破坏。这种破坏形式在空间表现为三面开裂、一面受压的空间扭曲脆性破坏,如图 8-2(b)所示。

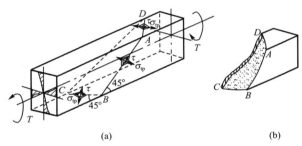

图 8-2　素混凝土纯扭的受力分析和破坏面

从以上素混凝土构件的扭曲破坏中可以看出,受扭破坏与受弯、受剪破坏有所不同。首先受扭破坏的开裂面是复杂的空间曲面,这与构件受弯、受剪的平面或近似平面破坏是不相同的。其次,如果对于圆形截面,扭转破坏具有随机性,即在各个方向开裂的概率相同。而受弯受剪破坏在一定程度上是可以预见的,即受弯将在弯矩最大截面处的底面发生破坏,而受剪则在剪应力最大的试件中部破坏。

为提高抗扭承载力并改善素混凝土受扭构件的脆性破坏特征,根据素混凝土构件的扭曲破坏试验分析,可以在主拉应力的方向上布置受扭螺旋形钢筋,但螺旋形钢筋施工比较复杂,并且在受力上不能适应扭矩方向的改变,而在实际工程中扭矩沿着构件全长不改变方向的情况很少。所以,在一般的工程中采用与受剪配筋类似的横向箍筋来承受斜裂缝处的扭矩。另外,由于扭矩在截面周边形成了封闭的剪应力流,在整个周长上均受拉力,因此所配抗扭箍筋亦应是全封闭的。此外,除了配置横向箍筋外,为了保证空间破坏面的内力平衡,还要沿着构件轴线方向配置抗扭纵筋。同时,纵筋的销栓作用比在受剪构件中体现得更为明显,且在梁的顶面和底面都有所体现,因此,抗扭纵筋沿构件周边均匀布置。总之,工程中通常采用横向箍筋和沿周边均匀对称布置的纵筋组成骨架来承担扭矩。

对于配置受扭钢筋的混凝土构件而言,斜裂缝出现前,材料基本处于弹性状态,扭矩 T 和扭转角 θ 的关系近似为直线,如图 8-3 所示。受扭斜裂缝出现后,混凝土部分退出工作,而跨过斜裂缝的钢筋应力显著增大,带有斜裂缝的混凝土和钢筋共同组成新的受力平衡体系:混凝土受压,受扭纵筋和受扭箍筋受拉。由于斜裂缝的出现,构件截面的扭转刚度降低,构件所承受的扭矩 T 和扭转角 θ 的关系不再呈现线性特征,而是扭转角 θ 的增大速度大于扭矩 T 的增大速度,表现为 T-θ 曲线偏向 θ 轴,偏离的程度和抗扭钢筋配置的数量有关,而且抗扭钢筋配筋率明显影响构件的破坏形态。钢筋混凝土构件的受扭破坏形态主要与配筋量有关,一般分为以下四种类型:

1. 适筋破坏

当配置适量的抗扭钢筋时,构件开裂从一条主裂缝(临界裂缝)开始,随着扭矩的增大,裂缝数量逐渐增加,在构件破坏前形成多条斜裂缝。由于抗扭钢筋配置适量,破坏时通过主裂缝处的抗扭钢筋——纵筋和箍筋均达到屈服强度,之后该主裂缝处第四个面上的受压区混凝土被压碎破坏。破坏时,扭转角较大,属于延性破坏。

2. 少筋破坏

当箍筋和抗扭纵筋配置过少时,一旦斜裂缝出现,迅速沿着 45° 方向向邻近的两个边的面上发展,在第四个面上(压区很小)出现裂缝后,构件立即破坏。此时,纵筋和箍筋不仅达到屈服强度而且可能进入强化阶段,构件的扭转角很小,破坏前无任何预兆,其破坏特性类似于受弯构件中的少筋梁,属于脆性破坏,因此在工程设计中应予以避免。

3. 部分超筋破坏

抗扭钢筋由纵筋和箍筋两部分组成,若两者配置数量不合适,会使混凝土压碎时两者之一尚未屈服,这种破坏称为部分超筋破坏。虽然破坏时有一定的延性,但总有一种钢筋不能充分发挥强度作用,设计不经济。

4. 完全超筋破坏

抗扭纵筋和箍筋都配置过多,致使两类钢筋屈服前混凝土已被压碎,这类破坏形态称为完全超筋破坏。构件破坏时螺旋裂缝细而多,扭转角很小,破坏没有预兆,这种破坏形式属于脆性破坏,在设计中也应避免。

从图 8-3 所示的扭矩 T 与扭转角 θ 的关系中可以看出,适筋破坏的塑性发展比较充分,部分超筋次之,而完全超筋破坏、少筋破坏与素混凝土构件相似,破坏都具有明显的脆性破坏性质,因此在截面设计中应尽量避免出现少筋、部分超筋或完全超筋破坏形式。

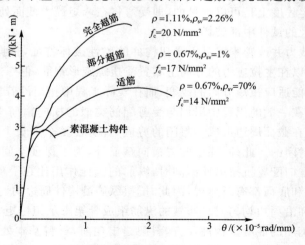

图 8-3   矩形截面纯扭构件的 T-θ 曲线

8.2.2　纯扭构件的开裂扭矩

钢筋混凝土纯扭构件在即将出现裂缝时,混凝土的极限拉应变很小,抗扭钢筋的应力很小,因此抗扭钢筋对开裂扭矩的影响很小,在确定开裂扭矩时可以不考虑抗扭钢筋的存在。

如果混凝土材料为均质弹性材料,则纯扭构件截面上的剪应力流分布如图 8-4(a)所示。当截面上的最大剪应力或最大主应力达到混凝土抗拉强度时,构件即开裂。由材料力学可知开裂扭矩为

$$T_{cr} = \beta b^2 h f_t \qquad (8\text{-}1)$$

式中　b、h——矩形截面的宽度和高度;

　　　β——与截面长边和短边比值 h/b 相关的系数,当 $h/b=1\sim10$ 时,$\beta=0.208\sim0.313$。

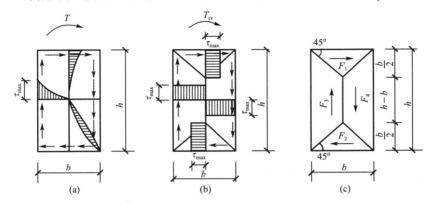

图 8-4　纯扭构件截面应力分布

如果材料为理想弹塑性,截面上某一点的应力达到抗拉强度时并不立即破坏,该点能保持极限应力不变而继续变形,截面仍然能继续承载,直到整个截面上的应力全部达到抗拉强度时,构件才开裂,这时截面上的应力分布如图 8-4(b)所示。根据塑性理论可将截面上的剪应力分为 4 个部分:2 个三角形和 2 个梯形。各部分的剪应力合力如图 8-4(c)所示,计算相应的合力力偶,根据极限平衡条件,截面受扭开裂扭矩为

$$T_{cr} = f_t W_t \qquad (8\text{-}2)$$

式中　W_t——截面抗扭塑性抵抗矩,对于矩形为 $\dfrac{b^2}{6}(3h-b)$。

然而,混凝土既非弹性材料,也不是理想弹塑性材料,因而受扭时极限应力分布将介于上述两种材料之间。与试验测得的开裂扭矩相比,按弹性应力分布得到的开裂扭矩偏低,而按理想塑性材料应力分布得到的开裂扭矩又偏高。同时,受扭构件开裂状态对应的是拉-压双向受力,混凝土在这种复合应力状态下的抗拉强度要低于单向的抗拉强度 f_t。考虑到以上两个原因,对混凝土开裂扭矩的确定一般是在按塑性应力分布计算基础上得到,但混凝土抗拉强度应适当降低。《规范》取混凝土抗拉强度降低系数为 0.7,故开裂扭矩的计算公式为

$$T_{cr} = 0.7 W_t f_t \qquad (8\text{-}3)$$

当荷载产生的扭矩 $T \leqslant T_{cr} = 0.7W_t f_t$ 时，则不必计算而直接按构造要求配置抗扭钢筋即可。

工程中的受扭构件常会遇到截面带有翼缘，如 T 形，I 形截面吊车梁或者倒 L 形截面的檩条梁和箱形截面梁桥等。计算带翼缘截面纯扭构件开裂扭矩，关键是考察翼缘参与受荷程度。

对于 T 形和 I 形截面，其截面受扭塑性抵抗矩近似以上、下翼缘和腹板三部分的塑性抵抗矩之和作为全截面总的受扭塑性抵抗矩，即

$$W_t = W_{tw} + W_{tf} + W'_{tf} \tag{8-4}$$

其中，腹板

$$W_{tw} = \frac{b^2}{6}(3h - b)$$

受拉翼缘

$$W_{tf} = \frac{h_f^2}{2}(b_f - b)$$

受压翼缘

$$W'_{tf} = \frac{h_f'^2}{2}(b_f' - b)$$

式中，b、h 分别为截面腹板宽度、截面高度；b_f'、b_f 分别为截面受压区、受拉区的翼缘宽度；h_f'、h_f 分别为截面受压区、受拉区翼缘高度。

计算时取用的翼缘宽度尚应符合 $b_f' \leqslant b + 6h_f'$ 及 $b_f \leqslant b + 6h_f$ 的规定。

将原 T、I 形截面划分为若干个小块矩形截面的原则是：先按照原截面总高度确定腹板截面，再按上、下翼缘各自划分成小块矩形截面，如图 8-5 所示。

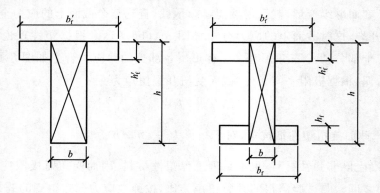

图 8-5　T、I 形截面划分矩形截面的方法

对于箱形截面的受扭塑性抵抗矩可按下式计算。

$$W_t = \frac{b_h^2}{6}(3h_h - b_h) - \frac{(b_h - 2t_w)^2}{6}\left[3h_w - (b_h - 2t_w)\right] \tag{8-5}$$

式中，b_h、h_h 分别为箱形截面的短边尺寸、长边尺寸；t_w、h_w 分别为箱形截面的壁厚和箱形孔的高度。

8.2.3　矩形纯扭构件的受扭承载力

为使受扭构件的破坏形态呈现为适筋破坏,充分发挥抗扭钢筋的作用,即破坏时,受扭纵筋和受扭箍筋都能达到屈服,故这两种钢筋应有合理的配置。《规范》中引入系数 ζ,ζ 为受扭构件纵向钢筋与箍筋的配筋强度比(二者的体积比与强度比的乘积),计算公式为

$$\zeta = \frac{f_y A_{stl} s}{f_{yv} A_{st1} u_{cor}} \tag{8-6}$$

式中　f_y——受扭纵筋的抗拉强度设计值;

f_{yv}——受扭箍筋的抗拉强度设计值;

A_{stl}——受扭计算中取对称布置的全部抗扭纵筋截面面积;

A_{st1}——受扭计算时沿截面周边配置的抗扭箍筋单肢截面面积;

u_{cor}——截面核芯部分的周长,$u_{cor}=2(b_{cor}+h_{cor})$,其中 b_{cor}、h_{cor} 为从箍筋内表面计算的截面核芯部分的短边长度和长边长度;

s——抗扭箍筋的间距。

试验结果表明 ζ 值在 0.5~2.0 时,纵筋和箍筋均能在构件破坏前屈服,为了安全起见,《规范》规定 ζ 值不应小于 0.6,当 $\zeta>1.7$ 时,取 1.7。

迄今为止,钢筋混凝土受扭构件的承载力计算主要有以变角度空间桁架模型和以斜弯理论为基础的两类计算方法。但由于受扭构件受力复杂,影响因素又很多,因此《规范》采用变角度空间桁架模型,认为构件的抗扭极限强度计算由两部分组成,即钢筋承担的扭矩 T_s 和混凝土承担的扭矩 T_c,并对试验资料进行统计分析得到矩形截面纯扭构件的受扭承载力公式如下:

$$T_u = T_c + T_s = 0.35 f_t W_t + 1.2\sqrt{\zeta} f_{yv} \frac{A_{st1}}{s} A_{cor} \tag{8-7}$$

式中　T_u——受扭构件承载力;

A_{cor}——截面核芯部分面积,取为 $A_{cor}=b_{cor}h_{cor}$;

W_t——截面的抗扭塑性抵抗矩;

f_t——混凝土的抗拉强度设计值。

其余符号同前。

式(8-7)中等式右边第一项为混凝土的受扭作用,第二项为钢筋的受扭作用。

对于钢筋的受扭作用,可采用变角空间桁架模型予以说明。如图 8-6 所示为式(8-7)计算结果与试验值的对比。式(8-7)的系数 1.2 及 0.35 是在统计试验资料的基础上,考虑可靠度指标的要求,由试验点偏下限得出的。

8.2.4　带翼缘截面纯扭构件的受扭承载力计算

试验表明,带翼缘的 T 形和 I 形截面纯扭构件,和矩形截面一样,不但其第一条斜裂缝出现在腹板侧面中部,而且其裂缝发展趋势与构件破坏形态也与矩形截面相同。T 形或 I 形截面破坏时整个截面的受扭塑性抵抗矩与腹板以及上、下翼缘各矩形块受扭塑性抵抗矩之和接近,因此《规范》采用按各矩形块的塑性抵抗矩来分配各截面的扭矩大小,即按照各

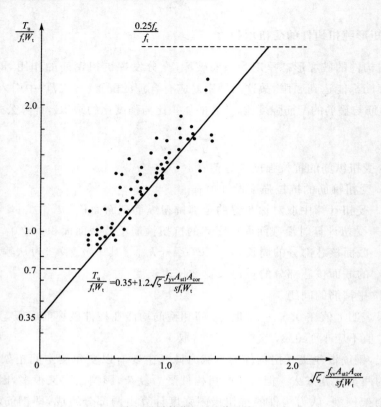

图 8-6　计算值与试验值比较

小块的受扭塑性抵抗矩比值的大小来计算各小块矩形截面所承受的扭矩。截面矩形块的划分原则和开裂扭矩计算时的划分原则一致。

截面总的受扭塑性抵抗矩为

$$W_t = W_{tw} + W'_{tf} + W_{tf} \tag{8-8}$$

根据每个矩形块的受扭塑性抵抗矩,每个矩形截面分配到的扭矩设计值为

(1)腹板

$$T_w = \frac{W_{tw}}{W_t} T \tag{8-9a}$$

(2)受压翼缘

$$T'_f = \frac{W'_{tf}}{W_t} T \tag{8-9b}$$

(3)受拉翼缘

$$T_f = \frac{W_{tf}}{W_t} T \tag{8-9c}$$

式中　T——T形或I形截面总扭矩设计值;

T_w、T'_f、T_f——腹板、受压翼缘、受拉翼缘截面所承受的扭矩设计值;

W_t、W_{tw}、W'_{tf}、W_{tf}——受扭构件、腹板、受压翼缘及受拉翼缘矩形截面受扭塑性抵抗矩。

由上述方法求得各小块矩形截面所分配的扭矩后,再分别按照式(8-7)进行各个小块矩形截面的配筋计算。计算所得的抗扭纵筋应均匀地配置在整个截面的外沿上。

8.3　弯剪扭构件的承载力计算

8.3.1　破坏形态

实际工程中单纯受扭的构件很少,大多数情况都是弯矩、剪力、扭矩甚至轴力共同作用下的复合受力状态。试验表明,对于弯剪扭构件,构件的受扭承载力、受弯承载力和受剪承载力是相互影响的,这种影响称为构件各承载力之间的相关性。由于相关性的存在,弯剪扭共同作用下的构件的破坏形态与荷载效应相关,主要是与扭弯比 $\varphi = \dfrac{T}{M}$ 和扭剪比 $\chi = \dfrac{T}{Vb}$ 相关。除此以外,弯剪扭作用下构件的破坏形态还与构件的内在因素相关,比如截面尺寸、配筋情况以及材料的强度。在荷载效应和内在因素共同影响下,弯剪扭构件基本有弯型破坏、扭型破坏和剪扭型破坏三类形式。如图 8-7 所示。

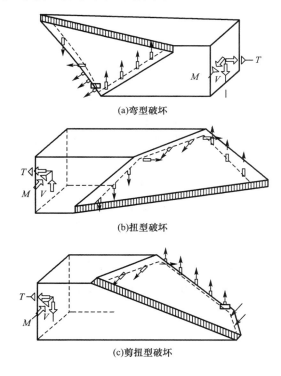

图 8-7　弯剪扭构件的破坏形态

1. 弯型破坏

当弯矩较大,扭矩和剪力均较小时,弯矩起主导作用。当底部钢筋配置不多时,构件底部由于弯矩和扭矩同时产生的拉应力叠加,裂缝首先在弯曲受拉底面出现,然后以螺旋式发展到两个侧面,最后在受压的顶面混凝土压碎破坏,破坏形式如图 8-7(a)所示。由于扭矩在构件底部产生的是拉应力,弯矩在构件底部产生的也是拉应力,因此,受弯承载力因扭矩的存在而降低。

当底部钢筋多于顶部钢筋很多或者混凝土强度过低时,会发生顶部混凝土先压碎的破坏,这种破坏也称为弯型破坏。

2. 扭型破坏

当扭矩较大、剪力较小、弯矩也不大时,而且顶部纵筋小于底部纵筋,破坏形态如图 8-7(b)所示。由于扭矩在构件顶部产生的拉应力大于弯矩产生的压应力,而且由于顶部钢筋配置较少,因此构件破坏始于顶部钢筋的屈服,顶部产生的斜裂缝向两侧面发展,最后构件底部的混凝土被压碎破坏。承载力是由顶部钢筋控制的。由于弯矩在构件顶部产生压应力,抵消了一部分扭矩产生的拉应力,因此弯矩的存在对受扭承载力有一定的提高作用。对于顶部和底部纵筋对称布置情况,总是底部纵筋先达到屈服,因此不可能出现扭型破坏,破坏形式为弯型破坏。

3. 剪扭型破坏

当弯矩较小、剪力和扭矩比较大时,构件的破坏由剪力和扭矩起控制作用。破坏形式为剪扭型或者扭剪型的受剪破坏。由于剪力和扭矩产生的剪应力总会在构件的一个侧面叠加,斜裂缝将从此位置开始出现,并向顶面和底面延伸,最后在相对应的侧面混凝土被压碎破坏,破坏形式如图 8-7(c)所示。由于剪力和扭矩的叠加作用,剪扭复合作用下的承载力要小于剪力和扭矩单独作用时的承载力。

8.3.2 剪扭构件承载力计算

试验表明,剪力和扭矩共同作用下的构件承载力比剪力或扭矩单独作用下的承载力要低。也就是说,在剪扭构件中,由于剪力的存在,会使构件的受扭承载力降低;同样,由于扭矩的存在,也会引起构件受剪承载力降低,即存在着剪扭的相关性。图 8-8(a)给出了无腹筋构件在不同扭矩和剪力比值下的承载力试验结果,图中横坐标为 V_c/V_{c0},纵坐标为 T_c/T_{c0}。这里 V_c、T_c 为无腹筋构件剪、扭共同作用时的剪、扭承载力,V_{c0}、T_{c0} 为无腹筋构件剪、扭单独作用时的剪、扭承载力。如图 8-8(a)所示受扭和受剪承载力的相关关系近似于 1/4 圆曲线,即随着同时作用的扭矩的增大,构件受剪承载力逐渐降低,当扭矩达到构件的受纯扭承载力时,其受剪承载力下降为零;反之亦然。

对于有腹筋梁的剪扭构件,为了计算方便,也为了与单独受扭、受剪承载力公式相协调,可采用两项式的表达式来计算其承载力,因此剪扭共同作用下构件的受剪和受扭承载力按下式确定:

$$V_u = V_c + V_s \tag{8-10a}$$
$$T_u = T_c + T_s \tag{8-10b}$$

式中　V_u、T_u——剪扭构件的受剪、受扭承载力;

V_c、T_c——剪扭构件中混凝土的受剪、受扭承载力;

V_s、T_s——剪扭构件中钢筋的受剪、受扭承载力。

根据剪扭作用下混凝土部分相关而钢筋部分叠加的原则,式(8-10a)和式(8-10b)中的 V_s 和 T_s 分别按纯剪和纯扭构件的相应公式计算,而 V_c 和 T_c 考虑剪扭相关性。根据剪扭破坏的特性,剪力的存在使构件的受扭承载力低于纯扭状态的承载力,同时扭矩的存在也会降低受剪承载力。试验表明,剪扭相关性接近 1/4 圆弧,如图 8-8(a)所示。

$$\left(\frac{T_c}{T_{c0}}\right)^2 + \left(\frac{V_c}{V_{c0}}\right)^2 = 1 \tag{8-11}$$

式中　V_c、T_c——剪扭共同作用下混凝土的受剪、受扭承载力；

　　　V_{c0}——纯剪构件混凝土的受剪承载力；

　　　T_{c0}——纯扭构件混凝土的受扭承载力。

为简化计算，《规范》用三段线段 AB、BC 和 CD 代替剪扭共同作用下混凝土相关性的 1/4 圆弧，如图 8-8(b)所示。

AB 线段：

$$\frac{T_c}{T_{c0}} \leqslant 0.5 \text{ 时}, \frac{V_c}{V_{c0}} = 1.0 \tag{8-12a}$$

BC 线段：

$$\frac{T_c}{T_{c0}}、\frac{V_c}{V_{c0}} > 0.5 \text{ 时}, \frac{V_c}{V_{c0}} + \frac{T_c}{T_{c0}} = 1.5 \tag{8-12b}$$

CD 线段：

$$\frac{V_c}{V_{c0}} \leqslant 0.5 \text{ 时}, \frac{T_c}{T_{c0}} = 1.0 \tag{8-12c}$$

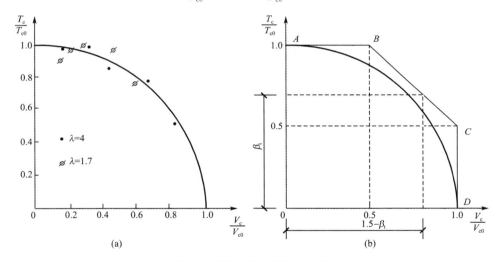

图 8-8　混凝土剪扭承载力相关性

定义剪扭构件混凝土受扭承载力降低系数为 β_t

$$\beta_t = \frac{T_c}{T_{c0}} \tag{8-13}$$

根据图 8-8(b)，斜线段 BC 上任一点的横坐标 $\frac{V_c}{V_{c0}} = 1.5 - \beta_t$，结合式(8-12)可得

$$\beta_t = \frac{1.5}{1 + \dfrac{V_c/V_{c0}}{T_c/T_{c0}}} \tag{8-14}$$

式(8-14)是根据图 8-8(b)中的斜线段 BC 推导的，因此剪扭构件混凝土受扭承载力降低系数为 β_t 的取值范围在[0.5,1.0]。当 $\beta_t < 0.5$ 时，可不考虑扭矩的存在对受剪承载力的影响，直接取 $\beta_t = 0.5$。当 $\beta_t > 1.0$ 时，可不考虑剪力对受扭承载力的影响，取 $\beta_t = 1.0$。

下面根据截面形式分别介绍剪扭共同作用下钢筋混凝土构件的承载力计算方法。

1. 矩形截面钢筋混凝土一般剪扭构件

受剪承载力

$$V_u = 0.7(1.5-\beta_t)f_t bh_0 + f_{yv}\frac{A_{sv}}{s}h_0 \quad (8\text{-}15)$$

受扭承载力

$$T_u = 0.35\beta_t f_t W_t + 1.2\sqrt{\zeta}f_{yv}\frac{A_{st1}A_{cor}}{s} \quad (8\text{-}16)$$

近似取 $V_c/T_c=V/T$，$V_{c0}=0.7f_t bh_0$，$T_{c0}=0.35f_t W_t$，则剪扭构件混凝土受扭承载力降低系数 β_t 根据式(8-14)可得

$$\beta_t = \frac{1.5}{1+0.5\dfrac{VW_t}{Tbh_0}} \quad (8\text{-}17)$$

对集中荷载作用下的独立剪扭构件，其受剪承载力为

$$V_u = \frac{1.75}{\lambda+1}(1.5-\beta_t)f_t bh_0 + f_{yv}\frac{A_{sv}}{s}h_0 \quad (8\text{-}18)$$

式中，λ 为计算截面的剪跨比，按第5章计算确定。

集中荷载下的剪扭构件的受扭承载力仍按式(8-16)计算，但式(8-16)和式(8-18)中的 β_t 应考虑剪跨比 λ 的影响按下列公式计算，即将 $V_c/T_c=V/T$，$V_{c0}=1.75f_t bh_0/(\lambda+1)$，$T_{c0}=0.35f_t W_t$ 代入式(8-14)可得

$$\beta_t = \frac{1.5}{1+0.2(\lambda+1)\dfrac{VW_t}{Tbh_0}} \quad (8\text{-}19)$$

2. 箱形截面的钢筋混凝土一般剪扭构件

箱形截面剪扭构件的受扭性能与矩形截面剪扭构件相似，但应考虑箱形截面壁厚影响系数 α_h。具体而言，对一般剪扭构件考虑混凝土部分的剪扭相关性，受剪承载力为

$$V_u = 0.7(1.5-\beta_t)f_t bh_0 + f_{yv}\frac{A_{sv}}{s}h_0 \quad (8\text{-}20)$$

受扭承载力为

$$T_u = 0.35\alpha_h\beta_t f_t W_t + 1.2\sqrt{\zeta}f_{yv}\frac{A_{st1}A_{cor}}{s} \quad (8\text{-}21)$$

式(8-20)和式(8-21)中的受扭承载力降低系数 β_t 根据式(8-22)计算

$$\beta_t = \frac{1.5}{1+0.5\dfrac{\alpha_h VW_t}{Tbh_0}} \quad (8\text{-}22)$$

箱形截面壁厚影响系数 $\alpha_h = 2.5t_w/b_h$，当 $\alpha_h > 1.0$ 时，取 1.0。

与矩形截面相同，对于集中荷载作用下的剪扭构件受扭承载力仍按式(8-21)计算，而受剪承载力计算按式(8-20)计算，但两个公式中的受扭承载力降低系数 β_t 为

$$\beta_t = \frac{1.5}{1+0.2(\lambda+1)\dfrac{\alpha_h VW_t}{Tbh_0}} \quad (8\text{-}23)$$

对于箱形截面，式(8-20)~式(8-23)中的 b 为箱形截面侧壁总厚度，即 $2t_w$。

对于 T 形和 I 形截面剪扭构件的受剪承载力计算是按宽度为腹板宽度,高度为截面总高度的矩形截面计算,即不考虑翼缘部分的受剪性能,具体计算如下:

一般剪扭构件按式(8-15)和式(8-17)计算,集中荷载作用下的 T 形和 I 形截面构件按式(8-18)和式(8-19)计算。计算时注意各式中的 b 应以 T 形或 I 形截面的腹板宽度代替,而各式中的 T 和 W_t 应以 T 形或 I 形截面的腹板参数 T_w 和 W_{tw} 代替。

对于剪扭构件的受扭承载力,可将 T 形和 I 形截面划分为几个矩形块分别进行计算。对一般剪扭构件,腹板可按式(8-16)和式(8-17)计算,只不过需要将原式中的 T 及 W_t 分别以 T_w 及 W_{tw} 代替。受压和受拉翼缘因为不受剪,只需按照纯扭构件公式式(8-7)进行计算即可。对于剪扭构件中集中荷载作用下的受扭承载力,腹板可按式(8-18)和式(8-19)计算,只不过需要将原式中的 T 及 W_t 分别以 T_w 及 W_{tw} 代替。受压和受拉翼缘同一般剪扭状况计算方法。

8.3.3　弯扭构件承载力计算

对弯扭共同作用下钢筋混凝土梁的理论分析和试验研究发现,受扭承载力和受弯承载力之间存在相关性。对于受弯破坏,由于扭矩的存在叠加了受拉区的拉应力,因此扭矩的存在降低了受弯承载力。对于扭型破坏而言,受压区钢筋相对受拉区配置较少,弯矩在受压区产生的压应力可以抵消部分扭矩产生的拉应力,在这种情况下弯矩的存在可以提高受扭承载力,但在受拉区,弯矩产生的拉应力与扭矩产生的拉应力叠加,又降低了受扭承载力,所以弯扭之间的相关性比剪扭相关性更为复杂。为简化设计,《规范》不考虑弯扭的相关性,只是对其承载力进行简单的叠加:分别按受弯构件和受扭构件进行纵筋的配置,然后在同一位置进行叠加;箍筋只需按纯扭构件计算即可。

8.3.4　弯剪扭构件承载力计算

综合剪扭、弯扭以及弯剪作用下的承载力计算方法,可以得到弯剪扭共同作用下的承载力计算原则:对于矩形、T 形、I 形和箱形截面的钢筋混凝土构件采用按受弯和受剪扭分别计算,然后进行叠加的近似计算方法,即纵筋应通过正截面受弯承载力和剪扭构件的受扭承载力计算求得的纵向钢筋进行配置,重叠处的纵筋截面面积可叠加。箍筋应按剪扭构件受剪承载力和受扭承载力计算求得的箍筋进行叠加配置。

1. 弯剪扭构件的构造要求

(1)最小截面尺寸

为避免出现完全超筋破坏,即破坏时混凝土不因截面尺寸较小而首先被压碎,《规范》对弯剪扭作用下截面尺寸进行了限制。对 h_w/b 不大于 6 的矩形、T 形、I 形截面和 h_w/t_w 不大于 6 的箱形截面构件,其截面应符合下列条件:

当 h_w/b(或 h_w/t_w)≤4 时

$$\frac{V}{bh_0} + \frac{T}{0.8W_t} \leqslant 0.25\beta_c f_c \tag{8-24}$$

当 h_w/b(或 h_w/t_w)≥6 时

$$\frac{V}{bh_0} + \frac{T}{0.8W_t} \leqslant 0.2\beta_c f_c \tag{8-25}$$

式中　　T——扭矩设计值；

$\quad\quad\quad\beta_c$——混凝土强度影响系数：当混凝土强度等级不超过 C50 时，β_c 取 1.0；当混凝土强度等级为 C80 时，β_c 取 0.8；其间按线性内插法确定；

$\quad\quad\quad b$——矩形截面的宽度，T 形或 I 形截面的腹板宽度，箱形截面的侧壁总厚度为 $2t_w$；

$\quad\quad\quad f_c$——混凝土抗压强度设计值；

$\quad\quad\quad h_0$——截面的有效高度；

$\quad\quad\quad W_t$——受扭构件的截面受扭塑性抵抗矩；

$\quad\quad\quad h_w$——截面的腹板高度：对矩形截面，取有效高度 h_0；对 T 形截面，取有效高度减去翼缘高度；对 I 形和箱形截面取腹板净高；

$\quad\quad\quad t_w$——箱形截面壁厚，其值不应小于 $b_h/7$，此处 b_h 为箱形截面的宽度。

当 $4 < h_w/b$（或 h_w/t_w）< 6 时，按线性内插法确定。

当 h_w/b（或 h_w/t_w）> 6 时受扭构件的截面尺寸条件及扭曲截面承载力计算应符合专门规定。

完全超筋破坏是由于混凝土被压碎而引起的，所以在截面限制条件公式中，采用混凝土抗压强度来表示。如果不满足上述要求，则需加大构件截面尺寸或提高混凝土的强度等级。

（2）构造配筋界限

在弯矩、剪力和扭矩共同作用下的构件，当符合下列要求时

$$\frac{V}{bh_0} + \frac{T}{W_t} \leqslant 0.7 f_t \tag{8-26a}$$

或

$$\frac{V}{bh_0} + \frac{T}{W_t} \leqslant 0.7 f_t + 0.07 \frac{N}{bh_0} \tag{8-26b}$$

可不进行构件受扭承载力计算，仅需根据构造要求配置抗扭纵向钢筋和箍筋，并应满足最小配筋率的要求。

式中　　N——与剪力、扭矩设计值 V、T 相应的轴向压力设计值，当 $N > 0.3 f_c A$ 时，取 $N = 0.3 f_c A$，此处，A 为构件的截面面积。

为防止受扭构件出现少筋形式的脆性破坏，弯剪扭构件的抗扭纵向钢筋的配筋率 ρ_{tl} 应符合

$$\rho_{tl} = \frac{A_{stl}}{bh} \geqslant \rho_{tl,min} = 0.6 \sqrt{\frac{T}{Vb}} \frac{f_t}{f_y} \tag{8-27}$$

当 $T/(Vb) > 2.0$ 时，取 $T/(Vb) = 2.0$。

式中　　T——扭矩设计值；

$\quad\quad\quad V$——剪力设计值；

$\quad\quad\quad \rho_{tl}$——受扭纵向钢筋的配筋率；

$\quad\quad\quad b$——构件的截面宽度；

$\quad\quad\quad A_{stl}$——沿截面周边布置的受扭纵向钢筋总截面面积。

沿截面周边布置受扭纵向钢筋的间距不应大于 200 mm 和梁截面短边长度。除应在梁截面四角设置受扭纵向钢筋外，其余受扭纵向钢筋宜沿截面周边均匀对称布置。这是因为扭矩产生的剪应力在截面周围较大，而且为应对可能出现的变号扭矩情况。抗扭纵向钢筋的两端应伸入支座，并应满足受拉钢筋的锚固长度 l_a 的要求。

在弯剪扭构件中,配置在截面弯曲受拉边的纵向受拉钢筋面积不应小于按受弯构件受拉钢筋最小配筋率计算的钢筋面积和按受扭纵筋配筋率公式式(8-27)计算得到并分配到弯曲受拉边的钢筋截面面积之和。

对于受扭箍筋,由于箍筋在整个周长上均受拉力,所以抗扭箍筋必须做成封闭式,且应沿截面周边布置。为避免受扭的少筋破坏,《规范》规定,在弯剪扭构件中,箍筋的配筋率 ρ_{sv} 应满足

$$\rho_{sv} = \frac{A_{sv}}{bs} \geqslant \rho_{sv,min} = 0.28 \frac{f_t}{f_{yv}} \tag{8-28}$$

除此以外,箍筋还应满足第 5 章相应的构造要求。当采用复合箍筋时,位于截面内部的箍筋不应计入受扭所需的箍筋面积。为保证搭接处受力时不产生相对滑移,受扭所需箍筋末端应做成不小于 135° 的弯钩(采用绑扎骨架时),且弯钩端头平直段长度不应小于 $10d_{sv}$(d_{sv} 为箍筋直径),以使箍筋端部锚固于截面核芯混凝土内。

2. 弯剪扭构件承载力计算

(1)首先根据式(8-24)或式(8-25)判定截面尺寸是否符合要求。

(2)验算构造配筋的界限。当满足式(8-26a)或式(8-26b)时,可不进行剪扭承载力计算,仅按构造要求配筋即可。否则在考虑剪扭相关性的前提下进行剪扭承载力计算配筋。

(3)判别配筋计算是否可忽略剪力 V 或者扭矩 T 的影响。为简化计算,当剪力 V 或者扭矩 T 较小时可忽略其作用。《规范》规定:当 V 不大于 $0.35f_t bh_0$ 或 V 不大于 $0.875f_t bh_0/(1+\lambda)$ 时,可仅计算受弯构件的正截面受弯承载力和纯扭构件的受扭承载力;当 T 不大于 $0.175f_t W_t$ 或 T 不大于 $0.175\alpha_h f_t W_t$ 时,可仅计算受弯构件的正截面受弯承载力和斜截面受剪承载力。

(4)箍筋计算。首先选定受扭纵筋和箍筋的配筋强度比 ζ。为保证构件破坏时纵筋和箍筋能同时屈服,一般可取 $\zeta = 1.2$;计算受扭构件承载力降低系数 β_t;然后分别代入剪扭构件的受剪和受扭承载力计算公式求得单支箍筋面积,按照叠加得到的箍筋面积选用箍筋的直径和间距,同时符合构造要求。

(5)纵筋计算。纵筋包括受弯纵筋和受扭纵筋,两者分别计算。其中受弯纵筋按照受弯构件正截面承载力计算,布置在受拉和受压区。抗扭纵筋按照上一步确定的箍筋和选定的 ζ 确定,沿着截面周边对称布置。注意,将受弯纵筋和受扭纵筋叠加,同时满足纵筋的各项构造要求。

【例题 8-1】 承受均布荷载的 T 形截面梁,截面尺寸为 $b \times h = 250\ mm \times 500\ mm$,$b_f' = 450\ mm$,$h_f' = 100\ mm$;作用在梁截面上的弯矩、剪力和扭矩分别为 $M = 150\ kN \cdot m$,$V = 70\ kN$,$T = 15\ kN \cdot m$。混凝土强度等级取 C30,纵向钢筋采用 HRB400 级,箍筋采用 HPB300 级。环境类别为一类。试求受弯、受剪和受扭所需的钢筋。构件截面尺寸和配筋如图 8-9 所示。

解　查表得材料的相关参数为:

C30 混凝土:$f_c = 14.3\ N/mm^2$,$f_t = 1.43\ N/mm^2$

HRB400 钢筋:$f_y = 360\ N/mm^2$

HPB300 钢筋:$f_{yv} = 270\ N/mm^2$

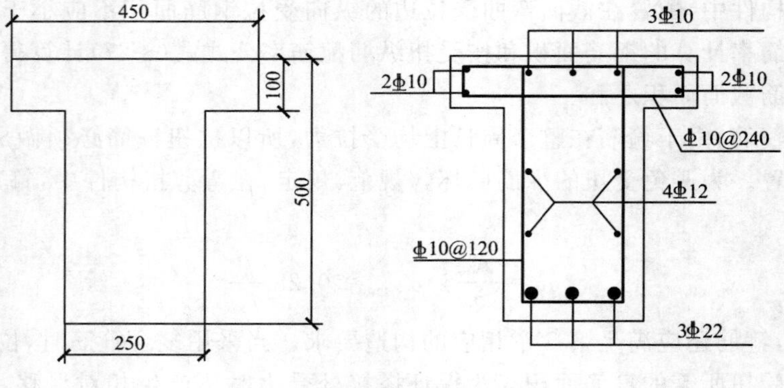

图 8-9　构件截面尺寸和配筋

对一类环境中的梁,混凝土保护层厚度 $c=20$ mm。假设布置一排钢筋,$a_s=40$ mm,则 $h_0=460$ mm。

(1)验算截面尺寸

将 T 形截面分成腹板和受压翼缘两块矩形,各自的受扭塑性抵抗矩为

$$W_{tw}=\frac{b^2}{6}(3h-b)=\frac{250^2}{6}\times(3\times500-250)=13.02\times10^6 \text{ mm}^3$$

$$W'_{tf}=\frac{h_f'^2}{2}(b_f'-b)=\frac{100^2}{2}\times(450-250)=1.0\times10^6 \text{ mm}^3$$

T 形整个截面的受扭塑性抵抗矩

$$W_t=W_{tw}+W'_{tf}=(13.02+1.0)\times10^6=14.02\times10^6 \text{ mm}^3$$

因 $h_w/b=(h_0-h_f')/b=(460-100)/250=1.44<4$

故按式(8-24)验算截面尺寸,即

$$\frac{V}{bh_0}+\frac{T}{0.8W_t}=\frac{70\times10^3}{250\times460}+\frac{15\times10^6}{0.8\times14.02\times10^6}$$

$$=1.946 \text{ N/mm}^2<0.25\beta_c f_c=0.25\times1.0\times14.3=3.575 \text{ N/mm}^2$$

因此截面尺寸符合要求。

(2)验算是否构造配筋

根据式(8-26a)可得构造配筋的极限为

$$\frac{V}{bh_0}+\frac{T}{W_t}=\frac{70\times10^3}{250\times460}+\frac{15\times10^6}{14.02\times10^6}$$

$$=1.679 \text{ N/mm}^2>0.7f_t=0.7\times1.43=1.001 \text{ N/mm}^2$$

因此必须按计算确定钢筋数量。

(3)判别配筋计算是否可忽略剪力 V 或者扭矩 T

$$V=70\times10^3 \text{ N}>0.35f_t bh_0=0.35\times1.43\times250\times460\times10^{-3}=57.558\times10^3 \text{ N}$$

故不能忽略剪力的存在。

$$T=15\times10^6 \text{ N·mm}>0.175f_t W_t=0.175\times1.43\times14.02\times10^6=3.509\times10^6 \text{ N·mm}$$

故也不能忽略扭矩的存在。

（4）扭矩的分配

$$T_w = \frac{W_{tw}}{W_t}T = \frac{13.02 \times 10^6}{14.02 \times 10^6} \times 15 = 13.93 \text{ kN} \cdot \text{m}$$

$$T_f' = \frac{W_{tf}'}{W_t}T = \frac{1 \times 10^6}{14.02 \times 10^6} \times 15 = 1.07 \text{ kN} \cdot \text{m}$$

（5）箍筋的配置

首先根据式（8-17）得到剪扭构件混凝土受扭承载力降低系数

$$\beta_t = \frac{1.5}{1 + 0.5\dfrac{VW_t}{Tbh_0}} = \frac{1.5}{1 + 0.5 \times \dfrac{70 \times 10^3 \times 14.02 \times 10^6}{15 \times 10^6 \times 250 \times 460}} = 1.168 > 1$$

因此 $\beta_t = 1.0$。

为构件破坏时受扭纵筋和受扭箍筋都能达到屈服，因此取受扭纵筋和箍筋的配筋强度比 $\zeta = 1.2$，根据式（8-15）可得

$$\frac{A_{sv}}{s} = \frac{V - 0.7(1.5 - \beta_t)f_t b h_0}{f_{yv}h_0}$$

$$= \frac{70 \times 10^3 - 0.7 \times (1.5 - 1.0) \times 1.43 \times 250 \times 460}{270 \times 460} = 0.100 \text{ mm}^2/\text{mm}$$

对腹板矩形：截面外边缘至箍筋内表面的距离为 $20+10=30$ mm，因此 $b_{cor}=250-2\times30=190$ mm，$h_{cor}=500-2\times30=440$ mm。

$A_{cor}=190\times440=83\,600 \text{ mm}^2$，$u_{cor}=2\times(190+440)=1\,260$ mm

则腹板受扭箍筋由式（8-16）可得

$$\frac{A_{st1}}{s} = \frac{T_w - 0.35\beta_t f_t W_{tw}}{1.2\sqrt{\zeta}f_{yv}A_{cor}} = \frac{13.93 \times 10^6 - 0.35 \times 1.0 \times 1.43 \times 13.02 \times 10^6}{1.2 \times \sqrt{1.2} \times 270 \times 83\,600} = 0.25 \text{ mm}^2/\text{mm}$$

腹板采用双肢（$n=2$）箍筋，腹板上单肢箍筋所需的面积为

$$\frac{A_{sv1}}{s} + \frac{A_{st1}}{s} = \frac{A_{sv}}{2s} + \frac{A_{st1}}{s} = \frac{0.100}{2} + 0.25 = 0.3 \text{ mm}^2/\text{mm}$$

选用箍筋直径为 $\phi8$（$A_{sv1}=50.3 \text{ mm}^2$），则箍筋间距为

$$s = \frac{A_{sv1}}{0.3} = \frac{50.3}{0.3} = 167.67 \text{mm}$$

取箍筋间距 120 mm。相应的配筋率

$$\rho_{sv} = \frac{A_{sv}}{bs} = \frac{2 \times 50.3}{250 \times 120} = 0.335\% \geq \rho_{sv,min} = 0.28\frac{f_t}{f_{yv}} = 0.28 \times \frac{1.43}{270} = 0.148\%$$

满足要求。

（6）腹板纵筋配置

① 配置在受拉区弯曲纵向钢筋

T 形截面的判定

$$\alpha_1 f_c b_f' h_f'(h_0 - h_f'/2) = 1.0 \times 14.3 \times 450 \times 100 \times (460 - 100/2) \times 10^{-6}$$

$$= 263.84 \text{ kN} \cdot \text{m} > M = 150 \text{ kN} \cdot \text{m}$$

该截面为第一类 T 形截面，可按宽度为 b_f'，高度为 h 的矩形截面计算。

$$\alpha_s = \frac{M}{\alpha_1 f_c b_f' h_0^2} = \frac{150 \times 10^6}{1.0 \times 14.3 \times 450 \times 460^2} = 0.11$$

$$\xi = 1 - \sqrt{1 - 2\alpha_s} = 1 - \sqrt{1 - 2 \times 0.11} = 0.117 < \xi_b = 0.518$$

$$A_s = \frac{\alpha_1 f_c b_f' h_0 \xi}{f_y} = \frac{1.0 \times 14.3 \times 450 \times 460 \times 0.117}{360} = 962 \text{ mm}^2$$

$$\rho_{\min} = \max \left\{ \begin{array}{l} 0.45 \dfrac{f_t}{f_y} = 0.45 \times \dfrac{1.43}{360} = 0.0018 \\[2mm] 0.002 \end{array} \right\} = 0.002$$

$$A_s > \rho_{\min} bh = 0.002 \times 250 \times 500 = 250 \text{ mm}^2$$

满足要求。

②腹板受扭纵筋

根据式(8-6)配筋强度比的定义可得

$$A_{stl} = \zeta \frac{A_{st1} f_{yv}/s}{f_y/u_{cor}} = 1.2 \times \frac{50.3 \times 270/120}{360/1\,260} = 475 \text{ mm}^2$$

因 $T/(Vb) = 15 \times 10^6/(70 \times 10^3 \times 250) = 0.857 < 2$，则根据式(8-27)得抗扭纵筋配筋率为

$$\rho_{tl} = \frac{A_{stl}}{bh} = \frac{475}{250 \times 500} = 0.38\% > \rho_{tl,\min} = 0.6\sqrt{\frac{T}{Vb}} \frac{f_t}{f_y} = 0.6 \times \sqrt{0.857} \times \frac{1.43}{360} = 0.22\%$$

满足要求。

③腹板纵筋总数量

顶部纵筋 $A_{stl} \dfrac{b_{cor}}{u_{cor}} = 475 \times \dfrac{190}{1\,260} = 71.63 \text{ mm}^2$

按构造要求，受扭纵筋的间距不应大于 200 mm，故选配 3 Φ10($A_{stl} = 236 \text{ mm}^2$)。

底部纵筋 $A_s + A_{stl} \dfrac{b_{cor}}{u_{cor}} = 962 + 71.63 = 1\,033.63 \text{ mm}^2$，选配 3 Φ22($A_s = 1\,140 \text{ mm}^2$)

每侧面纵筋 $A_{stl} \dfrac{h_{cor}}{u_{cor}} = 475 \times \dfrac{440}{1\,260} = 165.87 \text{ mm}^2$，故选配 2 Φ12($A_{stl} = 226 \text{ mm}^2$)。

按构造要求，受扭纵筋的间距不应大于 200 mm 和梁截面宽度，故沿梁腹板高度分成 4 层布置受扭钢筋，如图 8-9(b)所示。

④翼缘受扭钢筋

翼缘部分不考虑抗剪性能，只考虑分配的扭矩 $T_f' = 1.07 \text{ kN·m}$

$A_{cor} = (200 - 2 \times 30) \times (100 - 2 \times 30) = 5\,600 \text{ mm}^2$，$u_{cor} = 2 \times (140 + 40) = 360 \text{ mm}$

取配筋强度比 $\zeta = 1.2$，根据式(8-16)可得

$$\frac{A_{st1}}{s} = \frac{T_f' - 0.35 f_t W_{tf}'}{1.2\sqrt{\zeta} f_{yv} A_{cor}} = \frac{1.07 \times 10^6 - 0.35 \times 1.43 \times 1.0 \times 10^6}{1.2 \times \sqrt{1.2} \times 270 \times 5\,600} = 0.287 \text{ mm}^2/\text{mm}$$

选用Φ10($A_{st1} = 78.5 \text{ mm}^2$)，$s = 78.5/0.287 = 273.52 \text{ mm}$，为与腹板箍筋相协调，取翼缘箍筋间距 $s = 240 \text{ mm}$，相应的配筋率为 $\rho_{sv} = 2 \times 78.5/(100 \times 240) = 0.654\% > 0.148\%$。符合要求。

翼缘的受扭纵筋根据式(8-6)可得

$$A_{stl} = \zeta \frac{A_{st1} f_{yv}/s}{f_y/u_{cor}} = 1.2 \times \frac{78.5 \times 270/240}{360/360} = 105.98 \text{ mm}^2$$

取配筋 4 Φ10($A_{stl} = 314 \text{ mm}^2$)。

思 考 题

8.1　受扭构件的开裂扭矩如何计算？抗扭钢筋配筋率对受扭构件受力性能有什么影响？

8.2　解释配筋强度比的物理意义和几何含义。

8.3　剪扭构件中截面的受剪能力和受扭能力有什么关系？《规范》如何简化这种关系？

8.4　在弯剪扭构件的承载力计算中，为什么要规定截面尺寸限制条件和构造配筋要求？受扭构件的纵筋和箍筋各有哪些构造要求？

习 题

8.1　某承受均布荷载的矩形截面构件，截面尺寸 $b \times h = 250\ \text{mm} \times 500\ \text{mm}$，作用在梁截面上的弯矩、剪力和扭矩为 $M = 110\ \text{kN} \cdot \text{m}$，$V = 120\ \text{kN}$，$T = 15\ \text{kN} \cdot \text{m}$。混凝土强度取 C30，纵向钢筋采用 HRB400 级，箍筋采用 HPB300 级。环境类别为一类。试计算所需的纵向钢筋和箍筋。

8.2　某承受集中荷载的 T 形截面构件，截面尺寸 $b \times h = 250\ \text{mm} \times 600\ \text{mm}$，$b'_f = 650\ \text{mm}$，$h'_f = 100\ \text{mm}$；作用在梁截面上的弯矩、剪力和扭矩为 $M = 130\ \text{kN} \cdot \text{m}$，$V = 100\ \text{kN}$，$T = 30\ \text{kN} \cdot \text{m}$。混凝土强度取 C30，纵向钢筋采用 HRB400 级，箍筋采用 HPB300 级。环境类别为一类。试计算其配筋。

8.3　某钢筋混凝土矩形截面梁 $b \times h = 250\ \text{mm} \times 500\ \text{mm}$，配有直径为 16 mm 的 HRB400 级纵向钢筋，箍筋为双肢 φ10@150（HPB300 级），混凝土采用 C30，试求该截面所能承受的扭矩设计值。

第9章　正常使用极限状态验算

学习目标

了解钢筋混凝土构件在正常使用情况下裂缝的出现、分布和发展机理；掌握裂缝宽度的计算方法；掌握受弯构件变形验算的方法；理解混凝土结构耐久性设计的环境分类及保证耐久性的基本要求。

微课

钢筋混凝土构件
正常使用极限
状态验算

9.1　概　述

混凝土结构设计时，必须进行承载能力极限状态计算，以保证结构和构件的安全可靠。此外，许多结构构件还可能由于裂缝宽度、变形过大，影响到结构的适用性和耐久性，因此，根据结构的使用条件还应对结构和构件进行正常使用极限状态的验算，主要包括裂缝控制验算和变形验算，以及保证结构耐久性的设计和构造措施等方面。随着材料向高强、轻质方向发展，构件截面尺寸进一步减小，在有些情况下，正常使用极限状态的验算也可能成为设计中的控制情况。

9.1.1　裂缝控制

对于一般钢筋混凝土结构构件，在使用荷载和非荷载因素作用下都会产生裂缝。因为混凝土抗拉强度远小于其抗压强度，构件在不大的拉应力下就可能开裂，构件在正常使用状态由于使用荷载作用而产生裂缝是正常现象，不可避免。非荷载影响因素很多，如温度变化、混凝土收缩、地基不均匀沉降、冰冻、钢筋锈蚀等都可能引起裂缝。很多裂缝是几种原因组合作用的结果。由非荷载因素引起的裂缝十分复杂，往往是结构中某些部位开裂，而不是个别构件受拉区开裂，目前主要通过合理的结构布置及相应的构造措施（如加强配筋、设变形缝）进行控制。本章所讨论的均为荷载引起的正截面裂缝验算。

对裂缝进行控制的目的之一是保证结构的耐久性。因为裂缝过宽时，气体、水分和化学介质会侵入裂缝，引起钢筋锈蚀。高强度钢筋的应用，使得构件中钢筋应力相应提高，应变增大，裂缝必然随之加宽。各种工程结构设计规范规定，对钢筋混凝土的横向裂缝须进行最大裂缝宽度验算。而对水池、油罐等有专门要求的结构，因发生裂缝后会引起严重渗漏，应进行抗裂验算。

控制裂缝宽度还应考虑对建筑物观瞻和人们的心理感受的影响。《规范》参照国内外有关资料，并根据混凝土构件所处环境类别及裂缝的控制等级要求，分别规定了最大裂缝宽度限值 w_{lim}，见附录附表 14。表中的最大裂缝宽度限值用来控制荷载作用引起的最大裂缝宽度。

结构构件正截面的受力裂缝控制等级分为三级，分别用应力和裂缝宽度进行控制：

一级——严格要求不出现裂缝的构件,按荷载标准组合计算时,构件受拉边缘混凝土不应产生拉应力。

二级——一般要求不出现裂缝的构件,按荷载标准组合计算时,构件受拉边缘混凝土拉应力不应大于混凝土抗拉强度标准值。

三级——允许出现裂缝的构件:对钢筋混凝土构件,按荷载准永久组合并考虑长期作用影响计算时,构件的最大裂缝宽度不超过《规范》规定的最大裂缝宽度限值。对预应力混凝土构件,按荷载标准组合并考虑长期作用影响计算时,构件的最大裂缝宽度不超过《规范》规定的最大裂缝宽度限值。对二 a 类环境的预应力混凝土构件,尚应按荷载准永久组合计算,且构件受拉边缘混凝土的拉应力不应大于其抗拉强度标准值。

钢筋混凝土构件在正常使用阶段是带裂缝工作的,因此其裂缝控制等级属于三级。若要使结构构件的裂缝达到一级或二级要求,必须对其施加预应力,将结构构件做成预应力混凝土结构。

9.1.2　变形控制

《规范》对受弯构件的变形有一定要求。变形控制主要考虑以下几个方面:

结构构件产生过大的变形将影响甚至丧失其使用功能,如支承精密仪器设备的梁板结构挠度过大,将难以使仪器保持水平;屋面结构挠度过大,会造成积水而产生渗漏;吊车梁和桥梁的变形过大,会妨碍吊车和车辆的正常运行等。

结构构件变形过大,会对其他结构构件产生不良影响,使结构构件的实际受力情况与设计中的计算假定不相符甚至会改变荷载传递路线、大小和性质。如支承在砖墙上的梁端产生过大转角,将使支承面积减小、支承反力偏心增大,并会引起墙体开裂。

结构构件变形过大,会对非结构构件产生不良影响,如会使门窗等不能正常开关,也会导致隔墙、天花板的开裂或损坏。

结构构件变形过大还会引起使用者的不适或不安全感。

《规范》对受弯构件的最大挠度限值进行了规定,见附录附表 12。

9.1.3　耐久性控制

混凝土结构是由多种材料组成的复合人工材料,由于结构本身组成成分及承载力特点,在周围环境中水及侵蚀介质的作用下,随着时间的推移,混凝土将出现裂缝、破碎、酥裂、磨损、溶蚀等现象,钢筋将产生锈蚀、脆化、疲劳,钢筋与混凝土之间的粘结锚固作用将逐渐减弱,即出现耐久性问题。耐久性问题开始时表现为对结构构件外观和使用功能的影响,到一定阶段,可能引发承载力方面的问题,使结构构件出现突然破坏。

如果结构因耐久性不足而失效或为继续使用而进行大规模维修或改造将会付出巨大的代价,造成巨大浪费。因此混凝土结构的耐久性问题十分重要。《规范》对耐久性设计问题及混凝土材料要求做了规定。

不满足正常使用极限状态所产生的危害性比承载能力极限状态的要小,因此正常使用极限状态的可靠指标要小,所以进行正常使用极限状态验算时,荷载效应可采用标准组合、准永久组合、标准组合并考虑荷载长期作用的影响,材料强度取标准值。

9.2 混凝土构件裂缝宽度验算

对于混凝土构件裂缝宽度的计算问题,尽管国内外学者进行了大量的试验研究,但至今对影响裂缝宽度的因素及裂缝宽度的计算理论尚未取得一致的看法。目前裂缝宽度计算模型主要有三种:第一,按照粘结滑移理论推得的;第二,按无滑移理论推得的;第三,基于试验的统计公式。我国《规范》中裂缝宽度计算公式是综合了粘结滑移理论、无滑移理论的模型,通过试验确定有关系数得到的。

9.2.1 裂缝开展前、后的应力、应变状态

以图 9-1 所示的轴心受拉构件为例,在裂缝出现前,钢筋和混凝土共同受力,变形相同,沿构件轴线方向的各截面钢筋与混凝土的应力分布是均匀的,如图 9-1(a)所示。因混凝土抗拉强度的变异性,沿构件轴线的实际抗拉强度分布不均匀,因此,随着荷载增大,在混凝土最薄弱处将首先出现第一条裂缝,也可能同时出现几条裂缝。当第一条裂缝出现后,裂缝截面上的混凝土将不再承担拉力,开裂前由混凝土承担的拉力转由钢筋承担,使开裂截面处钢筋的应力突然增大,如图 9-1(b)所示。

在裂缝出现的瞬间,原受拉张紧的混凝土突然断裂回缩,使混凝土和钢筋之间产生相对滑移和粘结应力。通过粘结应力的作用,钢筋的拉力部分传递给混凝土,从而使钢筋应力随着距裂缝截面距离的增大而逐渐减小,混凝土的应力从裂缝处为零随着距裂缝截面距离的增大而逐渐增大。当达到某一距离 l 后,粘结应力消失,钢筋和混凝土又具有相同的拉伸应变。此 l 即粘结应力的作用长度,也称为传递长度。

当荷载稍有增加,在其他一些薄弱截面将出现新的裂缝。同样,裂缝两侧将产生粘结应力,钢筋与混凝土的应力将随距裂缝的距离而变化,如图 9-1(c)所示。

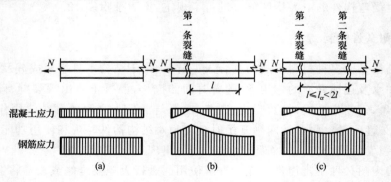

图 9-1 裂缝的出现、分布及钢筋和混凝土应力随裂缝位置的变化

在原有裂缝两侧 l 的范围内或间距小于 $2l$ 的已有裂缝间,将不可能再出现新的裂缝。因为这时通过粘结应力传递给混凝土的拉应力将小于混凝土的实际抗拉强度,不足以使混凝土开裂。当荷载增大到一定程度后,裂缝会基本出齐,裂缝间距趋于稳定。从理论上讲,最小裂缝间距为 l,最大裂缝间距为 $2l$,平均裂缝间距 l_m 则为 $1.5l$。

试验证明,由于混凝土质量的不均匀性及粘结强度的差异,裂缝间距有疏有密。在荷载

超过开裂荷载的 50% 以上时,裂缝间距才趋于稳定。对正常配筋率或配筋率较高的梁来说,在正常使用时期,可以认为裂缝间距已基本稳定,此后荷载再继续增大时,构件不再出现新的裂缝,而只是使原有的裂缝扩展和延伸,荷载越大,裂缝越宽。

裂缝的出现具有某种程度的偶然性,因而裂缝的分布和宽度同样是不均匀的。但是,对大量试验资料的统计分析表明,平均裂缝间距和平均裂缝宽度具有一定的规律性。

9.2.2　平均裂缝间距

如上所述,平均裂缝间距 l_m 为 $1.5l$。传递长度 l 可由平衡条件求得。图 9-2 所示为一轴心受拉构件,在截面 $a\text{-}a$ 出现第一条裂缝,并即将在截面 $b\text{-}b$ 出现第二条相邻裂缝时的一段隔离体应力图。在截面 $a\text{-}a$ 处,混凝土应力为零,钢筋应力为 σ_{s1},在距离裂缝为 l 的 $b\text{-}b$ 截面处,通过粘结应力的传递,混凝土应力从截面 $a\text{-}a$ 处的零提高到 f_t,钢筋应力则降至 σ_{s2}。由平衡条件得

$$\sigma_{s1}A_s = \sigma_{s2}A_s + f_t A_{te} \tag{9-1}$$

考虑到粘结应力的不均匀分布,在此取平均粘结应力 τ_m。由平衡条件得

$$\sigma_{s1}A_s = \sigma_{s2}A_s + \tau_m u l \tag{9-2}$$

由式(9-1)和式(9-2)得

$$l = \frac{f_t A_{te}}{\tau_m u} \tag{9-3}$$

式中　A_{te}——有效受拉区混凝土面积;

　　　τ_m——l 范围内纵向受拉钢筋与混凝土的平均粘结应力;

　　　u——纵向受拉钢筋截面总周长,$u = n\pi d$,n 和 d 为钢筋的根数和直径。

因为 $A_s = \frac{\pi d^2}{4}$,截面有效配筋率 $\rho_{te} = \frac{A_s}{A_{te}}$,所以平均裂缝间距为

$$l_m = 1.5l = \frac{1.5}{4} \cdot \frac{f_t d}{\tau_m \rho_{te}} = k_2 \frac{d}{\rho_{te}} \tag{9-4}$$

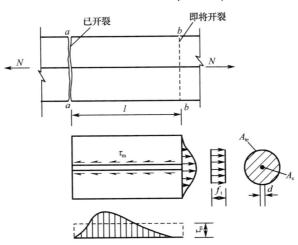

图 9-2　轴心受拉构件的粘结应力、传递长度

k_2 值与 f_t、τ_m 有关。试验研究表明,粘结应力平均值 τ_m 与混凝土的抗拉强度 f_t 成正

比,它们的比值可取为常值,故 k_2 为一常数;纵向受拉钢筋的有效配筋率 ρ_{te} 主要取决于有效受拉混凝土截面面积 A_{te} 的取值。

考虑到保护层厚度的影响以及不同种类钢筋与混凝土的粘结特性的不同,用等效直径 d_{eq} 来表示纵向受拉钢筋的直径,构件的平均裂缝间距一般表达式为

$$l_m = \beta \left(k_1 c_s + k_2 \frac{d_{eq}}{\rho_{te}} \right) \tag{9-5}$$

根据试验结果,确定 k_1、k_2,式(9-5)可写成

$$l_m = \beta \left(1.9 c_s + 0.08 \frac{d_{eq}}{\rho_{te}} \right) \tag{9-6}$$

$$d_{eq} = \frac{\sum n_i d_i^2}{\sum n_i \upsilon_i d_i} \tag{9-7}$$

式中　c_s——最外层纵向受拉钢筋外边缘到受拉区底边的距离(mm),当 $c_s < 20$ 时,取 $c_s = 20$;当 $c_s > 65$ 时,取 $c_s = 65$;

　　　ρ_{te}——按有效受拉混凝土截面面积 A_{te} 计算的纵向受拉钢筋配筋率,当 $\rho_{te} < 0.01$ 时,取 $\rho_{te} = 0.01$,A_{te} 为有效受拉混凝土截面面积:对轴心受拉构件取构件截面面积 $A_{te} = bh$,对受弯、偏心受压和偏心受拉构件,取 $A_{te} = 0.5bh + (b_f - b)h_f$;

　　　b_f、h_f——受拉翼缘宽度、高度(mm),如图 9-3 所示;

　　　d_{eq}——纵向受拉钢筋的等效直径(mm),按式(9-7)计算;

　　　d_i——第 i 种纵向受拉钢筋的直径(mm);

　　　n_i——第 i 种纵向受拉钢筋的根数;

　　　υ_i——第 i 种纵向受拉钢筋的相对粘结特性系数,光圆钢筋 $\upsilon_i = 0.7$;带肋钢筋 $\upsilon_i = 1.0$;

　　　β——与构件受力状态有关的系数,轴心受拉构件 $\beta = 1.1$,其他构件 $\beta = 1.0$。

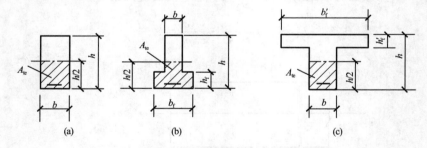

图 9-3　有效受拉混凝土截面面积

9.2.3　平均裂缝宽度

裂缝宽度是受拉钢筋重心水平处构件侧表面上的裂缝宽度。裂缝开展后,其宽度是由裂缝间混凝土的回缩造成的,由于裂缝间的混凝土与钢筋粘结作用的存在,受拉区混凝土并未完全回缩。因此,裂缝宽度 w_m 应等于裂缝平均间距范围内钢筋重心处钢筋的平均伸长值与混凝土的平均伸长值之差,如图 9-4 所示,即

$$w_m = \varepsilon_{sm} l_m - \varepsilon_{cm} l_m = \varepsilon_{sm} \left(1 - \frac{\varepsilon_{cm}}{\varepsilon_{sm}} \right) l_m = a_c \varepsilon_{sm} l_m \tag{9-8}$$

式中　ε_{sm}、ε_{cm}——裂缝间钢筋、混凝土的平均应变;

α_c——裂缝间混凝土自身伸长对裂缝宽度的影响系数,对于受弯和偏心受压构件 $\alpha_c = 0.77$,其余 $\alpha_c = 0.85$。

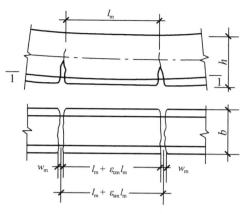

图 9-4　平均裂缝宽度计算图

ε_{sm} 为裂缝间钢筋的平均应变。如图 9-5 所示的试验梁实测纵向受拉钢筋应变分布图表明,钢筋应变是不均匀的,裂缝截面处最大,非裂缝截面的钢筋应变逐渐减小,这是因为裂缝之间的混凝土仍然能承担拉力的缘故。图中的水平虚线表示平均应变 ε_{sm}。设 ψ 为裂缝之间钢筋应变不均匀系数,其值为裂缝间钢筋的平均应变 ε_{sm} 与开裂截面处钢筋的应变 ε_s 之比,即 $\psi = \dfrac{\varepsilon_{sm}}{\varepsilon_s}$,由于 $\varepsilon_s = \dfrac{\sigma_s}{E_s}$,则平均裂缝宽度 w_m 可表示为

$$w_m = 0.85\psi \frac{\sigma_{sq}}{E_s} l_m \tag{9-9}$$

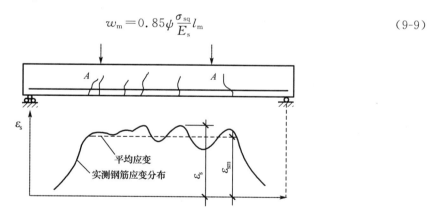

图 9-5　梁纯弯段内受拉钢筋的应变分布图

对于钢筋混凝土构件,裂缝宽度应按荷载准永久组合计算,所以式(9-9)中把裂缝处的应力 σ_s 改记为 σ_{sq}。

1. 裂缝截面处的钢筋应力 σ_{sq}

σ_{sq} 是按荷载准永久组合计算的裂缝截面处纵向受拉钢筋的应力。对于受弯、轴心受拉、偏心受拉及偏心受压构件,σ_{sq} 均可按使用阶段(第 Ⅱ 阶段)裂缝截面处应力状态,按平衡条件求得。

（1）轴心受拉构件

$$\sigma_{sq}=\frac{N_q}{A_s} \tag{9-10}$$

式中　N_q——按荷载的准永久组合计算的轴向拉力值；

　　　A_s——纵向受拉钢筋截面面积，对轴心受拉构件，取全部纵向钢筋截面面积。

（2）受弯构件

受弯构件在正常使用荷载作用下，裂缝截面的应力图如图9-6所示，受拉区混凝土的作用忽略不计，对受压区合力点取矩，得

$$\sigma_{sq}=\frac{M_q}{A_s\eta h_0} \tag{9-11}$$

式中　M_q——按荷载的准永久组合计算的弯矩值；

　　　A_s——纵向受拉钢筋截面面积；

　　　η——裂缝截面内力臂长度系数，近似取0.87；

　　　h_0——截面有效高度。

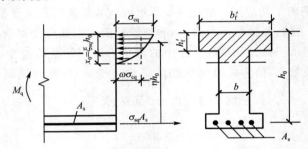

图9-6　使用阶段受弯构件裂缝处应力图

（3）偏心受拉构件

大、小偏心受拉构件裂缝截面应力图如图9-7所示。当截面有受压区存在时，假定受压区合力点位于受压钢筋合力点处，则近似取大偏心受拉构件截面内力臂长$\eta h_0=h_0-a_s'$，将大小偏心受拉构件的σ_{sq}统一写成

$$\sigma_{sq}=\frac{N_q e'}{A_s(h_0-a_s')} \tag{9-12}$$

$$e'=e_0+y_c-a_s'$$

式中　A_s——纵向受拉钢筋截面面积，对偏心受拉构件，取受拉较大边的纵向钢筋截面面积；

　　　e'——轴向拉力作用点至受压区或受拉较小边纵向钢筋合力点的距离；

　　　y_c——截面重心至受压或较小受拉边缘的距离。

（4）偏心受压构件

偏心受压构件的裂缝截面应力图如图9-8所示，对受压区合力点取矩，得

$$\sigma_{sq}=\frac{N_q(e-z)}{A_s z} \tag{9-13}$$

$$z=\left[0.87-0.12(1-\gamma_f')\left(\frac{h_0}{e}\right)^2\right]h_0 \tag{9-14}$$

$$\eta_s=1+\frac{1}{4\,000e_0/h_0}\left(\frac{l_0}{h}\right)^2 \tag{9-15}$$

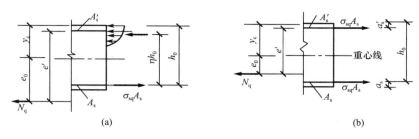

(a)　　　　　　　　　　　　　　　(b)

图 9-7　使用阶段偏心受拉构件裂缝处应力图

$$\gamma'_f = \frac{(b'_f - b)h'_f}{bh_0} \tag{9-16}$$

式中　N_q——按荷载的准永久组合计算的轴向压力值；

　　　　e——轴向压力作用点至纵向受拉钢筋合力点的距离，$e = \eta_s e_0 + y_s$；

　　　　η_s——使用阶段的轴向压力偏心距增大系数，当 $l_0/h \leqslant 14$ 时，$\eta_s = 1.0$；

　　　　y_s——截面重心至纵向受拉钢筋合力点的距离；

　　　　z——纵向受拉钢筋合力点至受压区合力点的距离，且 $z \leqslant 0.87h_0$；

　　　　b'_f、h'_f——T 形截面受压区翼缘宽度和高度，当 $h'_f > 0.2h_0$ 时取 $0.2h_0$。

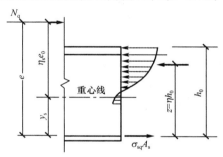

图 9-8　使用阶段偏心受压构件裂缝处应力图

2. 裂缝间纵向受拉钢筋应变不均匀系数 ψ

系数 ψ 反映了裂缝截面之间的混凝土参与受拉对钢筋应变的影响程度，ψ 越小，表示混凝土参与承受拉力的程度越大；ψ 越大，表示混凝土参与受拉的程度越小，各截面中钢筋的应变越均匀。当 $\psi = 1$ 时，表明此时裂缝间受拉混凝土全部退出工作。根据试验资料，ψ 的近似计算公式为

$$\psi = 1.1 - 0.65 \frac{f_{tk}}{\rho_{te}\sigma_{sq}} \tag{9-17}$$

《规范》规定，当 $\psi < 0.2$ 时，取 $\psi = 0.2$；当 $\psi > 1$ 时，取 $\psi = 1$；对直接承受重复荷载作用的构件，取 $\psi = 1$。

9.2.4　最大裂缝宽度及验算

1. 最大裂缝宽度的确定

由于混凝土的不均匀性，混凝土构件的裂缝宽度具有很大的离散性，对工程具有实际意义的是混凝土构件的最大裂缝宽度。所以应对混凝土构件的最大裂缝宽度进行验算，使其不超过《规范》规定的允许值。

《规范》给出的钢筋混凝土构件的最大裂缝宽度计算公式为

$$w_{max} = \alpha_{cr} \psi \frac{\sigma_{sq}}{E_s} \left(1.9 c_s + 0.08 \frac{d_{eq}}{\rho_{te}} \right) \tag{9-18}$$

式中　α_{cr}——构件受力特征系数,对受弯和偏心受压 $\alpha_{cr}=1.9$,对偏心受拉 $\alpha_{cr}=2.4$,对于轴心受拉 $\alpha_{cr}=2.7$。

2. 最大裂缝宽度的验算

验算最大裂缝宽度时,应满足

$$w_{max} \leqslant w_{lim} \tag{9-19}$$

式中　w_{lim}——《规范》规定的最大裂缝宽度限值,按附录附表 14 采用。

《规范》规定,对承受吊车荷载但不需做疲劳验算的受弯构件,可将计算求得的最大裂缝宽度乘以 0.85;对于 $e_0/h_0 \leqslant 0.55$ 的偏心受压构件,可不验算裂缝宽度。

验算裂缝宽度是在满足构件承载力的前提下进行的,此时构件的截面尺寸、配筋率等均已确定。在验算时,可能会出现不满足裂缝宽度要求,这通常是在配筋率较低,而钢筋选用的直径较大的情况下出现。通常可采用减小钢筋直径的方法解决,必要时适当增加配筋率。

对于受拉及受弯构件,当承载力要求较高时,往往会出现不能同时满足裂缝宽度或变形限值的要求,这时增大截面尺寸或增加用钢量显然是不经济的,也是不合理的,对此,有效的措施是施加预应力。

【例题 9-1】 已知一矩形截面简支梁的截面尺寸 $b \times h = 200 \text{ mm} \times 500 \text{ mm}$,混凝土强度等级采用 C30,纵向受拉钢筋为 3$\Phi$20 的 HRB500 级钢筋,纵向钢筋混凝土保护层厚度 $c_s = 30 \text{ mm}$,按荷载准永久组合计算的跨中弯矩值 $M_q = 95 \text{ kN} \cdot \text{m}$,环境类别为一类。试验算最大裂缝宽度是否满足要求。

解　(1)查表确定各类参数与系数

$A_s = 941 \text{ mm}^2$,$E_s = 2 \times 10^5 \text{ N/mm}^2$,$f_{tk} = 2.01 \text{ N/mm}^2$,

最大裂缝宽度限值 $w_{lim} = 0.3 \text{ mm}$

计算有关参数:

$$h_0 = 500 - (30 + 20/2) = 460 \text{ mm}$$

$$\rho_{te} = \frac{A_s}{0.5bh} = \frac{941}{0.5 \times 200 \times 500} = 0.018\ 8 > 0.01$$

$$\sigma_{sq} = \frac{M_q}{0.87 h_0 A_s} = \frac{95 \times 10^6}{0.87 \times 460 \times 941} = 252.26 \text{ N/mm}^2$$

$$\psi = 1.1 - 0.65 \frac{f_{tk}}{\rho_{te} \sigma_{sq}} = 1.1 - \frac{0.65 \times 2.01}{0.018\ 8 \times 252.26} = 0.825$$

(2)计算最大裂缝宽度

$$w_{max} = \alpha_{cr} \psi \frac{\sigma_{sq}}{E_s} \left(1.9 c_s + 0.08 \frac{d}{\rho_{te}} \right)$$

$$= 1.9 \times 0.825 \times \frac{252.26}{2 \times 10^5} \times \left(1.9 \times 30 + 0.08 \times \frac{20}{0.018\ 8} \right) = 0.281 \text{ mm}$$

(3)验算裂缝

$w_{max} = 0.281 \text{ mm} < w_{lim} = 0.3 \text{ mm}$,满足要求。

【例题 9-2】　有一矩形截面的对称配筋偏心受压柱,截面尺寸 $b \times h = 350 \text{ mm} \times 600 \text{ mm}$,受拉和受压钢筋均为 4 根直径为 20 mm 的 HRB400 级钢筋,采用 C30 混凝土,柱的计算长度 $l_0 = 5 \text{ m}$,纵向钢筋的混凝土保护层厚度 $c_s = 35 \text{ mm}$,荷载效应的准永久组合 $N_q = 380 \text{ kN}$, $M_q = 160 \text{ kN·m}$。试验算是否满足露天环境中使用的裂缝宽度要求。

解　(1)查表确定各类参数与系数

$A_s = A_s' = 1\ 256 \text{ mm}^2$, $E_s = 2 \times 10^5 \text{ N/mm}^2$, $f_{tk} = 2.01 \text{ N/mm}^2$,最大裂缝宽度限值 $w_{lim} = 0.2 \text{ mm}$

计算有关参数:

$$\frac{l_0}{h} = \frac{5\ 000}{600} = 8.33 < 14, \eta_s = 1.0$$

$$a_s = c_s + \frac{d}{2} = 35 + \frac{20}{2} = 45 \text{ mm}$$

$$h_0 = h - a_s = 600 - 45 = 555 \text{ mm}$$

$$e_0 = \frac{M_q}{N_q} = \frac{160 \times 10^3}{380} = 421 \text{ mm} > 0.55 h_0 = 305 \text{ mm}$$

$$e = e_0 + \frac{h}{2} - a_s = 421 + \frac{600}{2} - 45 = 676 \text{ mm}$$

$$z = \left[0.87 - 0.12 \left(\frac{h_0}{e}\right)^2\right] h_0 = \left[0.87 - 0.12 \left(\frac{555}{676}\right)^2\right] \times 555 = 438 \text{ mm}$$

$$\sigma_{sq} = \frac{N_q(e-z)}{A_s z} = \frac{380 \times 10^3 \times (676-438)}{1\ 256 \times 438} = 164 \text{ N/mm}^2$$

$$\rho_{te} = \frac{A_s}{0.5bh} = \frac{1\ 256}{0.5 \times 350 \times 600} = 0.012$$

$$\psi = 1.1 - 0.65 \frac{f_{tk}}{\rho_{te}\sigma_{sq}} = 1.1 - \frac{0.65 \times 2.01}{0.012 \times 164} = 0.436$$

(2)计算最大裂缝宽度

$$w_{max} = \alpha_{cr}\psi\frac{\sigma_{sq}}{E_s}\left(1.9c_s + 0.08\frac{d}{\rho_{te}}\right) = 1.9 \times 0.436 \times \frac{164}{2 \times 10^5}\left(1.9 \times 35 + 0.08 \times \frac{20}{0.012}\right) = 0.136 \text{ mm}$$

(3)验算裂缝

$w_{max} = 0.136 \text{ mm} < w_{lim} = 0.2 \text{ mm}$,满足要求。

9.3　混凝土构件变形验算

9.3.1　钢筋混凝土受弯构件抗弯刚度的概念和特点

由材料力学知,均质弹性材料受弯构件的跨中挠度为

$$f = S\frac{M}{EI}l^2 \tag{9-20}$$

或
$$f = S\varphi l^2 \tag{9-21}$$

式中　　S——与荷载形式、支承条件有关的挠度系数，如承受均布荷载的简支梁，$S=5/48$；

$\quad\quad\quad M$——作用于受弯构件截面的最大弯矩；

$\quad\quad\quad E$——材料的弹性模量；

$\quad\quad\quad I$——截面的惯性矩；

$\quad\quad\quad EI$、φ——截面抗弯刚度和截面曲率；

$\quad\quad\quad l$——受弯构件的计算跨度。

截面曲率与截面弯矩和抗弯刚度的关系可表示为 $\varphi=\dfrac{M}{EI}$ 或 $EI=\dfrac{M}{\varphi}$。截面抗弯刚度就是使截面产生单位转角所需要施加的弯矩。在 M-φ 曲线上任一点与原点 O 的连线，其倾斜角的正切值就是相应截面抗弯刚度，它体现了截面抵抗弯曲变形的能力。

当受弯构件的截面形状、尺寸和材料已知时，受弯构件截面抗弯刚度 EI 是一个常数，因此，弯矩与挠度之间的关系是始终不变的正比例关系，如图 9-9 所示中的虚线 OA。

钢筋混凝土是不均质的非弹性材料，因而它在受弯的全过程中截面抗弯刚度不是常数，而是随弯矩增大而有所变化。

如图 9-9 所示为适筋梁弯矩 M 与挠度 f 的关系曲线。可以看出，受拉区混凝土裂缝的出现与开展对截面抗弯刚度有显著的影响，开裂后，由于截面抗弯刚度减小，挠度随弯矩增大的速度要大于均质弹性材料梁。

对于普通混凝土构件来讲，在使用荷载作用下，绝大多数处于第 II 阶段，正常使用阶段变形验算也就是指这一阶段的变形验算。试验表明，截面抗弯刚度随着荷载作用时间增长而减少。所以变形验算除了考虑荷载效应准永久组合外，还要考虑荷载长期作用的影响。通常用 B_s 表示钢筋混凝土受弯构件在荷载效应准永久组合作用下的截面抗弯刚度，简称短期刚度；而 B 表示荷载长期效应组合影响下的截面抗弯刚度，简称长期刚度。下面分别在解决短期刚度和长期刚度计算的基础上，讨论钢筋混凝土受弯构件挠度变形的计算方法。

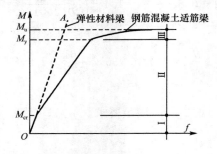

图 9-9　钢筋混凝土适筋梁 M-f 曲线

9.3.2　钢筋混凝土受弯构件的短期刚度

1. 使用阶段受弯构件应变分布特征

在正常使用条件下，裂缝出现后，钢筋混凝土梁在纯弯段内截面应变和裂缝分布情况如图 9-10 所示，可以看出：

受拉区钢筋的应变沿梁长度分布不均匀，开裂截面处应变较大，而裂缝之间应变较小。其不均匀程度可用受拉钢筋应变不均匀系数 ψ 来反映，即

$$\varepsilon_{sm}=\psi\varepsilon_s \tag{9-22}$$

受压区混凝土的应变沿梁长度分布也不均匀,开裂截面处较大,裂缝之间较小,但其应变值波动幅度比钢筋应变波动幅度要小很多。其不均匀程度同样可用受压区混凝土压应变不均匀系数 ψ_c 来反映,即

$$\varepsilon_{cm} = \psi_c \varepsilon_c \tag{9-23}$$

在开裂截面,混凝土受压区高度较小,而在未开裂截面混凝土受压区高度较大,截面中和轴的高度也呈波浪形变化,相应平均受压区高度的中和轴称为平均中和轴,相应截面称为平均截面,相应曲率为平均曲率。

如果量测范围较长,则各水平纤维的平均应变沿梁截面高度的变化符合平截面假定,即沿平均截面平均应变呈直线分布:

$$\varphi = \frac{1}{r_{cm}} = \frac{\varepsilon_{sm} + \varepsilon_{cm}}{h_0} \tag{9-24}$$

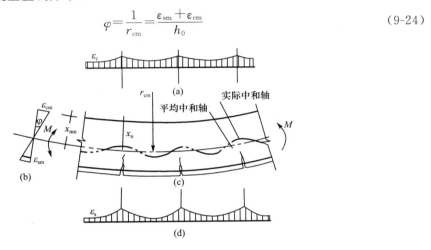

图 9-10　使用阶段梁纯弯区段内各截面应变及裂缝分布

2.受弯构件短期刚度计算

利用弯矩与曲率的关系,可求得受弯构件短期刚度,即

$$B_s = \frac{M_q}{\varphi} = \frac{M_q h_0}{\varepsilon_{sm} + \varepsilon_{cm}} \tag{9-25}$$

式中　M_q——按荷载准永久组合计算的弯矩值。

在荷载效应准永久组合作用下,裂缝截面的应力如图 9-6 所示,对受压区合力点取矩得裂缝处钢筋应力为

$$\sigma_{sq} = \frac{M_q}{\eta h_0 A_s} \tag{9-26}$$

压区混凝土由于塑性变形,可用压应力 $\omega \sigma_{cq}$ 来代替,等效矩形应力图受压区面积为 $(b_f' - b)h_f' + b\xi h_0 = (\gamma' + \xi_0)bh_0$,对受拉钢筋合力点取矩,得

$$\sigma_c = \frac{M_q}{\omega(\gamma' + \xi_0)\eta bh_0^2} \tag{9-27}$$

在荷载效应准永久组合作用下,钢筋在屈服以前应力-应变符合胡克定律,所以裂缝截面钢筋的应变为

$$\varepsilon_s = \frac{M_q}{\eta h_0 A_s E_s} \tag{9-28}$$

考虑到裂缝截面处压区混凝土的塑性变形特性,采用混凝土的变形模量 $E_c' = \nu E_c$(ν 为

混凝土受压时的弹性系数)得

$$\varepsilon_c = \frac{M_q}{\omega(\gamma' + \xi_0)\eta b h_0^2 \nu E_c} \tag{9-29}$$

钢筋和混凝土的平均应变为

$$\varepsilon_{sm} = \psi \frac{M_q}{\eta h_0 A_s E_s} \tag{9-30}$$

$$\varepsilon_{cm} = \psi_c \frac{M_q}{\omega(\gamma' + \xi_0)\eta b h_0^2 \nu E_c} \tag{9-31}$$

令 $\zeta = \omega\nu(\gamma' + \xi_0)\eta/\psi_c$，为混凝土受压区边缘平均应变综合系数，则混凝土的平均应变计算公式简化为

$$\varepsilon_{cm} = \frac{M_q}{\zeta b h_0^2 E_c} \tag{9-32}$$

将式(9-30)、式(9-32)代入截面短期刚度计算公式式(9-25)中，并取 $\alpha_E = \frac{E_s}{E_c}$，$\rho = \frac{A_s}{bh_0}$，近似取 $\eta = 0.87$，则截面短期抗弯刚度可表示为

$$B_s = \frac{E_s A_s h_0^2}{1.15\psi + \frac{\alpha_E \rho}{\zeta}} \tag{9-33}$$

通过常见截面受弯构件实测结果的分析，可取

$$\frac{\alpha_E \rho}{\zeta} = 0.2 + \frac{6\alpha_E \rho}{1 + 3.5\gamma_f'} \tag{9-34}$$

式中，γ_f'见式(9-16)。

将式(9-34)代入式(9-33)可得到《规范》中钢筋混凝土受弯构件短期刚度的表达式，即

$$B_s = \frac{E_s A_s h_0^2}{1.15\psi + 0.2 + \frac{6\alpha_E \rho}{1 + 3.5\gamma_f'}} \tag{9-35}$$

9.3.3 钢筋混凝土受弯构件的长期刚度

在长期荷载作用下，由于混凝土的徐变，会使梁的挠度随时间增大。此外，钢筋与混凝土间粘结滑移徐变、混凝土收缩等也会导致梁的挠度增大。

《规范》规定，受弯构件的挠度可按荷载准永久组合并考虑荷载长期作用影响的计算刚度计算，且不超过规定的允许挠度限值。受弯构件考虑荷载长期作用影响的刚度 B 为

$$B = \frac{B_s}{\theta} \tag{9-36}$$

式中 θ——考虑荷载长期作用对挠度增大的影响系数，当 $\rho' = 0$ 时，取 $\theta = 2.0$；当 $\rho' = \rho$ 时，取 $\theta = 1.6$；当 ρ' 为中间值时，θ 按线性内插确定。此处 $\rho' = A_s'/(bh_0)$，$\rho = A_s/(bh_0)$。对翼缘位于受拉区的倒 T 形截面，θ 应增大 20%。

9.3.4 最小刚度原则与受弯构件的挠度计算

1. 最小刚度原则

钢筋混凝土受弯构件截面的抗弯刚度随弯矩增大而减小。因此即使是等截面梁，由于

沿梁长各截面的弯矩并不相同,故其抗弯刚度都不相等,抗弯刚度沿梁长是变化的。例如,承受均布荷载的简支梁,当中间部分开裂后,其刚度分布情况如图 9-11(a)所示,按照这样的变刚度来计算梁的挠度显然十分烦琐。

实用计算中,考虑到支座附近弯矩较小区段虽然刚度较大,但它对全梁变形影响不大,且挠度计算仅考虑弯曲变形的影响,实际上还存在一些剪切变形,故一般取同号弯矩区段的最大弯矩截面处的抗弯刚度作为该区段的抗弯刚度。对于简支梁即取最大弯矩截面按式(9-36)计算的截面刚度,并以此作为全梁的抗弯刚度,如图 9-11(b)所示。对于带悬挑的简支梁、连续梁或框架梁,则取最大正弯矩截面和最小负弯矩截面的刚度,分别作为相应区段的刚度。这就是挠度计算中通称的"最小刚度原则"。

当计算跨度内的支座截面刚度不大于跨中截面刚度的 2 倍或不小于跨中截面刚度的 1/2 时,该跨度也可按等刚度构件进行计算,其构件刚度可取跨中最大弯矩截面的刚度。

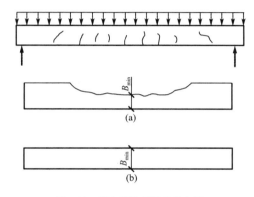

图 9-11　简支梁抗弯刚度分布图

2. 受弯构件的挠度变形验算

对钢筋混凝土受弯构件,当按照刚度计算公式求出各同号弯矩区段中的最小刚度后,即可按结构力学的方法计算构件的挠度。所求得的挠度值应满足

$$f \leqslant f_{\lim} \tag{9-37}$$

式中　f——根据最小刚度原则并考虑荷载长期作用影响的刚度 B 进行计算的挠度,当跨间为同号弯矩时,由式(9-20)可知 $f = S \dfrac{M_q}{B} l^2$;

　　　　$f_{\lim}$——挠度限值,按附录附表 12 采用。

9.3.5　影响截面抗弯刚度的因素

由受弯构件短期刚度计算公式可知,影响截面抗弯刚度的主要因素有:

(1)在配筋率和材料一定时,增大截面高度是提高刚度最有效的措施。所以工程实践中一般根据受弯构件的高跨比的合适取值范围预先进行变形控制,高跨比范围是工程实践经验的总结;

(2)弯矩对短期刚度的影响是隐含在系数 ψ 中的。截面尺寸及材料已知时,由混凝土承担的抗裂弯矩是定值,弯矩增大,短期刚度相应减小;

(3)受拉钢筋配筋率增大,短期刚度也略有增大;

(4)截面形状对刚度有影响,当有受拉翼缘或有受压翼缘时,都会使刚度增大;

(5)在常用配筋率为 1‰～2‰ 的情况下,提高混凝土强度等级对提高刚度的作用不大。

【例题 9-3】 有一矩形截面混凝土简支梁,$b \times h = 200 \text{ mm} \times 500 \text{ mm}$,计算跨度 $l_0 = 6 \text{ m}$,环境类别为一类,混凝土等级为 C30,截面底部配置纵向受拉钢筋为 3 Φ20 的 HRB500 级钢筋,纵向钢筋混凝土保护层厚度 $c_s = 30 \text{ mm}$,梁上承受均布恒荷载,按荷载准永久组合计算的跨中弯矩值 $M_q = 100 \text{ kN} \cdot \text{m}$。试验算其变形是否满足不超过挠度限值 $f_{\lim} = l_0/200$ 的要求。

解 (1)已知条件

$A_s = 941 \text{ mm}^2$,$E_s = 2 \times 10^5 \text{ N/mm}^2$,$f_{tk} = 2.01 \text{ N/mm}^2$,$E_c = 3 \times 10^4 \text{ N/mm}^2$,$h_0 = 500 - (30 + 20/2) = 460 \text{ mm}$

(2)受拉钢筋应变不均匀系数 ψ

$$\sigma_{sq} = \frac{M_q}{0.87 h_0 A_s} = \frac{100 \times 10^6}{0.87 \times 460 \times 941} = 265.54 \text{ N/mm}^2$$

$$\rho_{te} = \frac{A_s}{A_{te}} = \frac{941}{0.5 \times 200 \times 500} = 0.018\ 8$$

C30 混凝土的抗拉强度 $f_{tk} = 2.01 \text{ N/mm}^2$,所以

$$\psi = 1.1 - 0.65 \frac{f_{tk}}{\rho_{te} \sigma_{sq}} = 1.1 - \frac{0.65 \times 2.01}{0.018\ 8 \times 265.54} = 0.838$$

(3)计算短期刚度 B_s

$$\alpha_E \rho = \frac{E_s}{E_c} \frac{A_s}{b h_0} = \frac{2 \times 10^5}{3 \times 10^4} \times \frac{941}{200 \times 460} = 0.068\ 2$$

对于矩形截面 $\gamma_f' = 0$,所以

$$B_s = \frac{E_s A_s h_0^2}{1.15\psi + 0.2 + 6\alpha_E \rho} = \frac{2 \times 10^5 \times 941 \times 460^2}{1.15 \times 0.838 + 0.2 + 6 \times 0.068\ 2} = 2.532 \times 10^{13} \text{ N} \cdot \text{mm}^2$$

(4)计算长期刚度 B

因 $\rho' = 0$,故 $\theta = 2.0$,则

$$B = \frac{B_s}{\theta} = \frac{2.532 \times 10^{13}}{2} = 1.266 \times 10^{13} \text{ N} \cdot \text{mm}^2$$

(5)计算跨中挠度

$$f = \frac{5}{48} \times \frac{M_q l_0^2}{B} = \frac{5 \times 100 \times 10^6 \times 6\ 000^2}{48 \times 1.266 \times 10^{13}} = 29.62 \text{ mm}$$

$$f_{\lim} = \frac{l_0}{200} = \frac{6\ 000}{200} = 30 \text{ mm}$$

因 $f < f_{\lim}$,故挠度满足要求。

9.4　混凝土构件的耐久性

9.4.1　影响耐久性能的主要因素

混凝土结构的耐久性是指结构或构件在正常的维护条件下,在预定设计使用年限内,在指定的工作环境中,不需要进行大修即可满足既定的功能要求。耐久性问题主要表现在钢

筋混凝土构件表面锈溃或锈胀裂缝;预应力筋开始锈蚀;混凝土表面出现酥裂、分化等,从而可能引起构件承载力降低甚至结构倒塌。

影响混凝土结构耐久性能的因素很多,主要有内部和外部因素两个方面。内部因素主要有混凝土的强度、密实性和渗透性,保护层厚度,水泥品种、强度和用量,水胶比及外加剂,混凝土中的氯离子以及碱含量等;外部因素则主要有环境温度、湿度、二氧化碳(CO_2)含量、侵蚀性介质、冻融及磨损等。混凝土结构的耐久性问题往往是由于内部存在不完善、外部存在不利因素综合作用的结果。造成结构内部不完善或有缺陷,往往是由设计不周、施工不良引起的,也有因使用或维修不当等引起的。

常见的引起混凝土结构耐久性问题的原因和应采取的措施有:

1. 混凝土的碳化

混凝土的碳化是指大气中二氧化碳(CO_2)与混凝土中碱性物质氢氧化钙发生反应,使混凝土的 pH 值下降。其他酸性物质如二氧化硫(SO_2)、硫化氢(H_2S)等也能与混凝土中碱性物质发生类似反应,使混凝土 pH 值下降。混凝土碳化对混凝土本身并无破坏作用,其主要危害是使混凝土中钢筋的保护膜受到破坏,引起钢筋锈蚀。另外,碳化还会加剧混凝土的收缩,导致混凝土开裂。

混凝土的碳化是影响混凝土耐久性的重要因素之一。减小混凝土碳化的措施主要有合理设计混凝土的配合比,尽量提高混凝土的密实性、抗渗性,合理选用掺合料,采用覆盖层隔离混凝土表面与大气环境的直接接触等;另外,在钢筋外留有足够的混凝土保护层厚度也是常用的有效方法。

2. 钢筋的锈蚀

钢筋锈蚀会发生锈胀,使混凝土保护层脱落,严重的会产生纵向裂缝,影响正常使用。钢筋锈蚀还会导致钢筋有效截面的减小,强度和延性降低,破坏钢筋与混凝土的粘结,使结构承载力下降,甚至导致结构破坏。

钢筋的锈蚀是影响混凝土结构耐久性最重要的因素之一。防止钢筋锈蚀的措施主要有严格控制集料中含盐量,降低水胶比,提高混凝土的密实度,保证足够的混凝土保护层厚度,采用涂面层、钢筋阻锈剂等。另外,还可以使用防腐蚀钢筋或对钢筋采用阴极防护等。

3. 混凝土的冻融破坏

混凝土水化结硬后内部有很多毛细孔。在浇筑混凝土时为了得到必要的和易性,用水量往往会比水泥水化反应所需的水要多一些,这些多余的水分以游离水的形式滞留于混凝土毛细孔中,遇到低温就会结冰膨胀,引起混凝土内部结构的破坏。反复冻融多次,混凝土的损伤累积到一定程度就会引起结构破坏。

防止混凝土冻融破坏的主要措施有降低水胶比,减少混凝土中的游离水,浇筑时加入引气剂使混凝土中形成微细气孔等。混凝土早期受冻可采用加强养护、保温、掺入防冻剂等措施。

4. 混凝土的碱集料反应

混凝土集料中某些活性矿物与混凝土微孔中的碱性溶液产生化学反应称为碱集料反应。碱集料反应产生碱－硅酸盐凝胶,吸水膨胀体积可增大 3～4 倍,从而引起混凝土开裂、剥落、钢筋外露锈蚀、强度降低,甚至导致破坏。

防止碱集料反应的主要措施是采用低碱水泥,或掺用粉煤灰等掺和料以降低混凝土中的碱性,以及对含活性成分的骨料加以控制等。

5. 侵蚀性介质的腐蚀

化学介质对混凝土的侵蚀在石化、化工、轻工、冶金以及港湾建筑中很普遍,有的化工厂房和海港建筑仅使用几年就遭到不同程度的破坏。化学介质的侵入造成混凝土中一些成分溶解或流失,引起裂缝、孔隙或松散破碎,有的化学介质与混凝土中一些成分发生反应,其生成物造成体积膨胀,引起混凝土结构的破坏。常见的一些侵蚀性介质的腐蚀有硫酸盐腐蚀、酸腐蚀、海水腐蚀和盐类结晶腐蚀等,要防止侵蚀性介质的腐蚀,应根据实际情况采用相应的防护措施,如从生产流程上防止有害物质的散溢,采用耐酸混凝土或铸石贴面等。

9.4.2 混凝土结构耐久性设计

耐久性设计的目的是保证混凝土结构的使用年限,要求在规定的设计工作寿命内,混凝土结构能在自然和人为环境的化学和物理作用下,不出现无法接受的承载力减少、使用功能降低和外观破损等耐久性问题。

混凝土结构耐久性设计涉及面广,影响因素多,与所处的环境类别、结构使用条件、结构形式和细部构造、结构表面保护措施以及施工质量等均有关系。耐久性设计的基本原则是根据结构或构件所处的环境及腐蚀程度,选择相应技术措施和构造要求,保证结构或构件达到预期使用寿命。混凝土结构的耐久性设计可采用经验方法、半定量方法和定量控制耐久性失效概率的方法。混凝土结构耐久性设计一般应包括以下几个方面的内容:

1. 确定结构所处的环境类别

混凝土结构的耐久性与结构所处的环境有密切关系,同一结构在强腐蚀环境中要比在一般大气环境中的使用年限短,对混凝土结构使用环境进行分类,可以在设计时针对不同环境类别,采取相应的措施,满足达到设计使用年限的要求。《规范》规定,混凝土结构暴露表面所处的环境类别分为一、二 a、二 b、三 a、三 b、四、五类。

2. 提出对混凝土材料的耐久性基本要求

合理设计混凝土的水胶比,严格控制集料中的含盐量、含碱量,保证混凝土必要的强度,提高混凝土的密实性和抗渗性是保证混凝土耐久性的重要措施。

氯离子引起的钢筋电化学腐蚀是混凝土最严重的耐久性问题,应限制使用含功能性氯化物的外加剂。《规范》对处于一、二、三类环境中,设计使用年限为 50 年的结构混凝土材料耐久性的基本要求,如最大水胶比、最低强度等级、最大氯离子含量和最大碱含量等,均做了明确的规定,见附录附表 17。

对在一类环境中,设计使用年限为 100 年的混凝土结构,钢筋混凝土结构的最低强度等级为 C30,预应力混凝土结构的最低强度等级为 C40;混凝土中的最大氯离子含量为 0.06%;宜使用非碱活性骨料,当使用碱活性骨料时,混凝土中的最大碱含量为 3.0 kg/m³。

3. 确定构件中钢筋的混凝土保护层厚度

混凝土保护层对减小混凝土的碳化,防止钢筋锈蚀,提高混凝土结构的耐久性有重要作用,各国规范都有关于混凝土最小保护层厚度的规定。《规范》规定:构件中受力钢筋的保护层厚度不应小于钢筋直径;对设计使用年限为 50 年的混凝土结构,最外层钢筋(包括箍筋和构造钢筋)的保护层厚度应符合附录附表 15 的规定;对设计使用年限为 100 年的混凝土保护层的厚度,不应小于表中数值的 1.4 倍。当有充分依据并采用有效措施时,可适当减小混凝土保护层的厚度,这些措施包括构件表面有可靠的防护层;采用工厂化生产预制构件,并能保证预制构件混凝土的质量;在混凝土中掺杂阻锈剂或采用阴极保护处理等防锈措施;另外,当对地下室墙体采取可靠的建筑防水做法或防护措施时,与土壤接触侧钢筋的保护层厚度可适当减少,但不应小于 25 mm。

4. 不同环境条件下混凝土结构构件尚应采取的耐久性技术措施

预应力混凝土结构中的预应力筋应根据具体情况采取表面防护、管道灌浆、加大混凝土保护层厚度等措施,外露的锚固端应采取封锚和混凝土表面处理等有效措施;

有抗渗性要求的混凝土结构,混凝土的抗渗等级应符合有关标准的要求;

严寒以及寒冷地区的潮湿环境中,结构混凝土应满足抗冻要求,混凝土抗冻等级应符合有关标准的要求;

处在三类环境中的混凝土结构构件,可采用阻锈剂、环氧树脂涂层钢筋或其他具有耐腐蚀性能的钢筋,也可采用阴极保护措施或采用可更换的构件等措施;

处在二、三类环境中的悬臂梁构件宜采用悬臂梁－板的结构形式,或在其上表面增设防护层;

处在二、三类环境中的结构构件,其表面的预埋件、吊钩、连接件等金属部件应采取可靠的防锈措施;

对处在恶劣环境条件下的结构,以及在二类和三类环境中,设计使用年限为 100 年的混凝土结构,应采取专门的有效防护措施。

5. 提出结构使用阶段的检测与维护要求

要保证混凝土结构的耐久性,还需要在使用阶段对结构进行正常的检查维护,不得随意改变建筑物所处的环境类别,这些检查维护的措施包括:

结构应按设计规定的环境类别使用并定期进行检查维护;

设计中的可更换混凝土构件应定期按规定更换;

构件表面的防护层应按规定进行维护或更换;

结构出现可见的耐久性缺陷时,应及时进行检测处理。

我国《规范》主要对处于一、二、三类环境中的混凝土结构的耐久性要求做了明确规定;对处于四、五类环境中的混凝土结构,其耐久性要求应符合有关标准的规定。

对临时性(设计使用年限为 5 年)的混凝土结构,可不考虑混凝土的耐久性要求。

本章小结

1. 本章内容为正常使用极限状态的验算,主要介绍钢筋混凝土构件的裂缝控制等级与构件变形要求、裂缝宽度的计算、受弯构件变形验算的方法等。重点是最大裂缝宽度的计算以及受弯构件的变形验算。

2. 最大裂缝宽度可按下列公式计算:

$$w_{\max} = \alpha_{cr} \psi \frac{\sigma_{sq}}{E_s} \left(1.9 c_s + 0.08 \frac{d_{eq}}{\rho_{te}}\right)$$

验算最大裂缝宽度时,应满足 $w_{\max} \leqslant w_{\lim}$。

3.受弯构件的挠度变形验算中,所求得的挠度值应满足:$f \leqslant f_{lim}$,其中 $f = S \dfrac{M_q}{B} l^2$,B 为受弯构件考虑荷载长期作用影响的刚度,f_{lim} 为挠度限值。

思 考 题

9.1 对结构构件进行设计时为何要对裂缝宽度进行控制?

9.2 混凝土构件的平均裂缝宽度是如何定义的?

9.3 何谓"钢筋应变不均匀系数",其物理意义是什么,与哪些因素有关?

9.4 什么是构件截面的弯曲刚度? 它与材料力学中的弯曲刚度相比有何区别?

9.5 什么是结构构件变形验算的"最小刚度原则"。

9.6 什么是结构的耐久性要求?

9.7 影响混凝土结构耐久性的主要因素有哪些?

9.8 什么是混凝土的碳化,混凝土的碳化对钢筋混凝土结构的耐久性有何影响?

9.9 我国《混凝土结构设计规范》是如何保证结构耐久性要求的?

9.10 混凝土结构耐久性设计的内容包括哪些?

习 题

9.1 已知一矩形截面简支梁的截面尺寸 $b \times h = 250$ mm$\times 600$ mm,计算跨度 $l_0 = 6$m,混凝土强度等级为 C30,纵向受拉钢筋为 2 根直径 14 mm 和 2 根直径 16 mm 的 HRB500 级钢筋,纵向钢筋的混凝土保护层厚度 $c_s = 35$ mm,梁上均布恒荷载(包括梁自重)$g_k = 19$ kN/m,均布活荷载 $q_k = 12$ kN/m,准永久系数为 $\psi_q = 0.5$,梁处于室内正常环境。试验算最大裂缝宽度是否满足要求;验算其变形是否满足要求。

9.2 已知预制 T 形截面简支梁,安全等级为二级,一类环境,计算跨度 $l_0 = 6$ mm,$b_f' = 600$ mm,$b = 200$ mm,$h_f' = 60$ mm,$h = 500$ mm,混凝土强度等级为 C30,纵筋采用 HRB400 级,箍筋采用 HPB300 级。各种荷载标准值为:永久荷载 $g_k = 43$ kN/m,可变荷载 $q_{1k} = 35$ kN/m(准永久值系数 $\psi_{1q} = 0.4$),雪荷载 $q_{2k} = 8$ kN/m(准永久值系数 $\psi_{2q} = 0.2$)。

求:(1)受弯正截面受拉钢筋面积,并选用钢筋直径(在 18~22 mm 选择)及根数;

(2)验算挠度是否小于 $f_{lim} = l_0/250$;

(3)验算裂缝宽度是否小于 $w_{lim} = 0.3$ mm。

9.3 圆孔空心板截面如图 9-12 所示。其上作用永久荷载标准值 $g_k = 2.38$ kN/m^2,可变荷载标准值 $q_k = 4$ kN/m^2,准永久值系数 $\psi_q = 0.4$。简支板的计算跨度 $l_0 = 3.18$ m。采用 C25 混凝土,HPB300 钢筋,纵向受拉钢筋为 9 ϕ8,混凝土保护层厚度 $c = 20$ mm,$A_s = 453$ mm^2,求板的挠度。

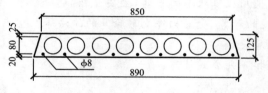

图 9-12 习题 9.3 图

第10章　预应力混凝土结构

学习目标

　　掌握预应力混凝土结构的基本概念;了解先张法和后张法施工的过程;了解预应力损失包含的类型;掌握预应力损失的计算方法、减少预应力损失的技术措施以及预应力损失的主要影响因素;掌握预应力混凝土轴心受拉构件和受弯构件在不同应力状态下,混凝土、预应力筋和普通钢筋应力的计算方法。

10.1　预应力混凝土的基本概念

10.1.1　概述

　　普通钢筋混凝土的主要缺点是抗裂性能差。混凝土的受拉极限应变只有 $0.1\times10^{-3}\sim$ 0.15×10^{-3},此时的钢筋应力仅有 $20\sim30$ N/mm² ,远未达到屈服强度,所以不允许出现裂缝的构件,钢筋的强度不能充分发挥。而对允许出现裂缝的构件,在使用荷载作用下,常将裂缝宽度限制在 $0.2\sim0.3$ mm,此时钢筋的拉应力大致是其屈服强度的 $50\%\sim60\%$,钢筋的工作应力只能达到 $150\sim200$ N/mm² 。所以,在普通钢筋混凝土中采用高强度钢筋是不合理的,因为这时高强度钢筋的强度没有能充分利用。但采用高强度钢筋却是降低造价和节省钢材的有效措施。对于大跨度结构和承受动力荷载的结构,上述矛盾更为突出。由上述分析可见,对于使用上需要严格限制裂缝宽度或不允许出现裂缝的普通钢筋混凝土构件,就只能加大构件截面尺寸,从而导致材料的不经济,并且由于自重的增加,无法建造大跨度结构。采用预应力混凝土结构是解决上述问题的有效方法。

　　预应力对于混凝土结构构件具有重要的意义。因为混凝土的抗拉极限强度很小,极易开裂并造成构件刚度的降低。如果在结构构件承受荷载之前对混凝土施加预压应力,可以抵消或者部分抵消由荷载引起的拉应力,从而可以提高其抗裂性和构件刚度。

10.1.2　预应力混凝土结构材料

1. 混凝土

预应力混凝土结构所选用的混凝土,需要满足下列要求:

　　(1)强度高。如果采用先张法制作预应力混凝土构件,高强混凝土可以提高混凝土与钢筋之间的粘结力;如果采用后张法制作预应力混凝土构件,可以提高锚固端的承载力。因此《规范》规定,用于预应力混凝土构件的混凝土强度等级不应低于C30。

（2）收缩、徐变小。混凝土的变形越小，预应力损失就越小。

（3）快硬、早强。可以尽早施加预应力，加快台座、锚具、夹具的周转率，加快施工进度，减少工期。

2. 钢筋

目前用于预应力混凝土结构或构件中的预应力筋，主要采用预应力钢丝、钢绞线和预应力螺纹钢筋。

预应力钢丝包括消除应力光面钢丝和螺旋肋钢丝，公称直径有 5 mm、7 mm 和 9 mm 等规格。钢绞线是由冷拉光圆钢丝按一定数量捻制而成的，再经过消除应力的稳定化处理，以盘卷状供应。预应力筋通常由多根钢绞线组成，以 10-8φ9.5 为例，表示一束由 10 根 8 丝（每丝直径 φ9.5 mm）钢绞线组成的预应力筋。螺纹钢筋为经过热处理后带有不连续无纵肋的外螺纹直条钢筋，强度高，韧性好，要求端部平齐，不影响连接件通过。

10.1.3 预应力混凝土构件的优缺点及应用

与普通混凝土构件相比，预应力混凝土构件具有以下优点：

1. 抗裂性能好

由于预应力混凝土结构在受到荷载作用之前在受拉区施加的预压力可以抵消或减小结构在荷载作用后产生的拉应力，从而大大增强了结构的抗裂度，减小了裂缝宽度。

适用于建造水工结构、储水（贮油）结构及其他要求较高的不渗漏结构；更适用于建造压力容器及原子能核电站安全壳等特种结构。

2. 刚度大、自重轻、变形小

由于预应力混凝土构件在使用阶段可以避免裂缝的产生，因而刚度不发生突然降低，变形也显著减小，预应力混凝土受弯构件还产生一定的反拱。所以在使用荷载下，预应力混凝土梁板构件的挠度，往往只有相同情况下钢筋混凝土梁板构件的几分之一。故可以适当地减小构件的截面尺寸，既节约材料，又可减轻结构自重，一般结构自重可以减轻 30% 左右，从而可增加建筑物的净空高度，对于大跨结构非常有利。

3. 耐久性好

由于预应力混凝土构件可以做到不开裂，因而提高了构件在恶劣环境下的抗腐蚀能力，从而可以延长结构的使用寿命，改善耐久性。

4. 提高构件的抗疲劳性能

预应力混凝土构件中存在着事先人为施加的应力状态，故在重复荷载作用下拉应力的变化幅度减小，可以提高构件的抗疲劳性能。

但是，预应力混凝土结构也存在着一些缺点，如施工工序多，工艺复杂，施工技术要求高，并且需要张拉设备和锚固设备。此外，由于预应力混凝土构件的开裂荷载与破坏荷载比较接近，因而破坏时延性较差。

预应力混凝土结构在工程中应用越来越常见，下列结构物宜优先采用预应力混凝土结构：

（1）要求裂缝控制等级较高的结构；

（2）大跨度或受力很大的构件；

（3）对构件的刚度和变形控制要求较高的结构构件，如工业厂房中的吊车梁、码头和桥梁中的大跨度梁式构件等。

10.2　施加预应力的方法和锚具

在构件上施加预应力,一般是通过张拉钢筋来实现的。也就是张拉预应力筋,并将其锚固在混凝土构件上,由于钢筋弹性回缩,使混凝土受到压力。随着预应力技术的发展,预加应力的方法与工艺变得多种多样,它们之间的技术经济效果不同,计算方法也有所区别。因此,根据结构及施工的具体条件,正确选择张拉方法与张拉工艺是设计预应力混凝土结构的一个前提。

10.2.1　施加预应力的方法

建立预应力的方法可分为两大类,即先张法与后张法。

1. 先张法

(1)传力途径

张拉钢筋在浇筑混凝土之前进行的方法叫作先张法。先张法是在专门的台座上张拉钢筋,张拉后将钢筋用锚具临时固定在台座的传力架上,这时张拉钢筋所引起的反作用力由台座承受。然后在张拉好的钢筋周围浇筑混凝土,待混凝土养护结硬达到一定强度后(一般不低于设计混凝土强度等级值的 75%,以保证预应力筋与混凝土之间具有足够的粘结力),再从台座上切断或放松预应力筋,简称放张。由于预应力筋的弹性回缩,依靠钢筋与混凝土之间的粘结力,由构件端部通过一定长度(称为传递长度 l_{tr})挤压混凝土,形成预应力混凝土构件(图 10-1)。

在先张法构件中,预应力是靠钢筋与混凝土之间的粘结力传递的。

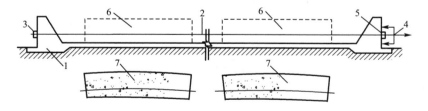

图 10-1　先张法示意图

1—长线式固定台座(或钢模);2—预应力筋;3—固定端夹具;
4—千斤顶张拉钢筋示意;5—张拉端夹具;6—浇筑混凝土、蒸养;
7—放张后预应力混凝土构件

先张法构件一般采用细钢丝(光面钢丝或刻痕钢丝)或螺纹钢筋作为预应力筋。

(2)施工工艺

①准备台座,张拉预应力筋

a.预应力筋铺设前先做好台面的隔离层,应选用非油类隔离剂。碳素钢丝强度高、表面光滑、与混凝土粘结力较差,因此必要时可采取表面刻痕和压波措施,以提高钢丝与混凝土的粘结力。

b.预应力筋张拉应力的确定。预应力筋的张拉控制应力,应符合设计要求。施工如采用超张拉,可以比设计要求提高 5%。

c.预应力筋张拉力的计算。预应力筋张拉力 P 按下式计算:

$$P=(1+m)\sigma_{con}A_p \qquad (10\text{-}1)$$

式中　m——超张拉百分率(%);

　　　σ_{con}——张拉控制应力;

　　　A_p——预应力筋的截面面积。

②浇筑混凝土并养护

为了减少预应力损失,在设计配合比时应考虑减少混凝土的收缩和徐变。应采用低水灰比,控制水泥用量,采用良好的骨料级配并振捣密实。

振捣混凝土时,振动器不得碰撞预应力筋。混凝土未达到一定强度前也不允许碰撞和踩动预应力筋,以保证预应力筋与混凝土有良好的粘结力。

预应力混凝土可以采用自然养护和湿热养护。当采用湿热养护时应采取正确的养护制度,减少由于温差引起的预应力损失。在台座生产的构件采用湿热养护时,由于温度升高后,预应力筋膨胀而台座长度并无变化,因而预应力筋的应力减小。在这种情况下混凝土逐渐结硬,则在混凝土硬化前预应力筋由于温度升高而引起的应力降低将无法恢复,形成温差应力损失。因此,为了减少温差引起的应力损失,应该使混凝土达到一定强度等级前,将温度升高限制在一定范围内(一般不超过 20 ℃)。

③放张预应力筋

放张预应力筋时,混凝土应达到设计要求的强度。如设计无要求时,应不得低于设计混凝土强度等级的 75%。

对于轴心受压构件,所有预应力筋应该同时放张,对于偏心受压构件,应该先同时放张预压应力较小区域的钢筋,再放张预压应力较大区域的钢筋。如不能按照上述规定放张时,应该分阶段、对称、相互交错地放张,以防止在放张过程中构件发生翘曲、裂纹及预应力筋断裂等现象。放张预应力筋前应拆除构件的侧模使放张时构件可以自由压缩,而不受到横向力的约束,以免预应力损失、模板损坏或者构件破裂。对于有横肋的构件(如大型屋面板),其横肋断面应有适宜的斜度,也可以采用活动模板以免放张时构件端肋开裂。

2.后张法

(1)传力途径

后张法是先浇筑、养护混凝土,预留孔道,穿入预应力筋,当混凝土强度等于或大于设计规定的强度等级值的 75% 时,张拉预应力筋,然后在构件两端用锚具将预应力筋锚固,最后再进行孔道灌浆,使混凝土和钢筋成为一个整体。预应力筋的张拉力主要是通过构件两端的锚具传递给混凝土的。

后张法预应力混凝土的制作方法如图 10-2 所示。

(2)施工工艺

①预留孔道

预留孔道是后张法构件制作的关键工序之一。孔道的位置和尺寸必须准确,孔道应该平顺,构件两端的预埋钢板应该垂直于孔道中心线。后张法构件的预留孔道通常采用钢管抽芯法、胶管抽芯法或预埋波纹管法。钢管抽芯法只用于直线孔道,胶管抽芯法和预埋波纹管法则适用于直线、曲线和折线孔道。

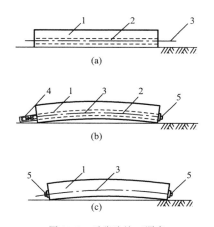

图 10-2　后张法施工顺序

1—混凝土构件；2—预留孔道；3—预应力筋；4—千斤顶；5—锚具

②张拉预应力筋

a.张拉顺序

当梁内需要张拉的预应力筋多于一根时，张拉顺序应使构件不扭转与侧弯，不产生过大的偏心力，预应力筋一般应对称张拉，张拉顺序应符合设计要求。

b.张拉端的设置

为了减少预应力筋与孔壁摩擦引起的预应力损失，对于抽芯形成的孔道、曲线预应力筋和长度大于 24 m 的直线预应力筋，应在两端张拉；对于长度等于或小于 24 m 的直线预应力筋，可在一端张拉；预埋波纹管孔道，对于曲线预应力筋和长度大于 30 m 的直线预应力筋，宜在两端张拉。当同一截面中有多根一端张拉的预应力筋时，张拉端应分别设在构件两端，以免构件受力不均匀。

c.预应力值的校核

为了了解预应力值建立的可靠性，需对预应力筋的应力及损失进行检测，以便张拉时补足和调整预应力值。检验预应力损失最方便的方法是，在预应力筋张拉 24 小时后孔道灌浆前重拉一次，测量前后两次应力值之差，即预应力筋的应力损失（并非预应力损失的全部，但已完成很大部分）。预应力筋张拉锚固后，实际预应力值和工程设计规定检验值的相对允许偏差在 5％以内。

③孔道灌浆

为了防止钢筋锈蚀，增加结构的整体性和耐久性，提高刚度和承载力，需要在张拉预应力筋后进行孔道灌浆。并且满足如下要求：

a.灌浆用的水泥浆应具有足够强度和粘结力，且具有较好的流动性、较小的干缩性和泌水性；

b.灌浆前应该用压力水冲洗和润湿孔道；

c.灌浆工作应该连续进行，不得中断；

d.灌浆顺序应该先下后上，以免上层孔道漏浆时将下层孔道堵塞。

为了增加孔道灌浆的密实性，在水泥浆或砂浆内可以掺入对预应力筋无腐蚀作用的外加剂，如掺入水泥重量 0.25％的木质素磺酸钙，或掺入水泥质量 0.25％的铝粉。

当灰浆强度达到 15 N/mm² 时，方能移动构件，灰浆强度达到 100％设计强度时，才允许吊装。

10.2.2　锚具

锚具是指在后张法制作的预应力混凝土结构中,为保持预应力筋的拉力并将其传递到混凝土内部的永久性锚固装置。按照锚固性能可以分为Ⅰ类锚具和Ⅱ类锚具。Ⅰ类锚具适用于承受动载、静载的预应力混凝土结构;Ⅱ类锚具仅适用于有粘结预应力混凝土结构,且锚具只能处于预应力筋应力变化不大的部位。

后张法所用锚具根据其锚固原理和构造形式不同,分为螺杆锚具、夹片锚具、锥销式锚具和镦头锚具四种体系。按照锚具锚固钢筋或者钢丝的数量,可以分为单根粗钢筋锚具、钢丝锚具、钢绞线束锚具。

1. 单根粗钢筋锚具

(1)螺栓端杆锚具

螺栓端杆锚具由螺栓端杆、垫板、螺母组成,适用于锚固直径不大于 36 mm 的预应力螺纹钢筋,如图 10-3(a)所示。

(2)帮条锚具

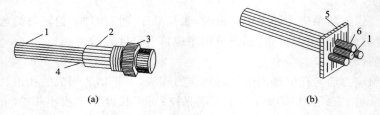

(a)　　　　　　　　　　　　　　(b)

图 10-3　单根粗钢筋锚具

1—钢筋;2—螺栓端杆;3—螺母;4—焊接接头;5—衬板;6—帮条

帮条锚具由一块方形衬板与三根帮条组成,如图 10-3(b)所示。衬板采用普通低碳钢板,帮条采用与预应力筋相同类型的钢筋。帮条安装时,三根帮条与衬板相接触的截面应在一个垂直平面上,以免受力时产生扭曲。

帮条锚具一般用在单根粗钢筋作预应力筋的固定端。

2. 钢丝束、钢绞线束锚具

钢丝束和钢绞线束目前使用的锚具有钢质锥形锚具,锥形螺杆锚具,钢丝束墩头锚具,JM 型、KT-Z 型、XM 型、QM 型锚具等。

XM 型锚具属新型大吨位群锚体系锚具。它由锚环和夹片组成。三个夹片为一组,夹持一根预应力筋形成一个锚固单元。由一个锚固单元组成的锚具称为单孔锚具,由两个或者两个以上的锚固单元组成的锚具称为多孔锚具,如图 10-4 所示。

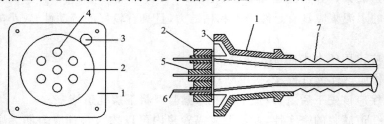

图 10-4　XM 型锚具

1—喇叭管;2—锚环;3—灌浆孔;4—圆锥孔;5—夹片;6—钢绞线;7—波纹管

钢丝束镦头锚具用于锚固 12～54 根 $\phi 5$ mm 碳素钢丝束，分 DM5A 型和 DM5B 型两种。A 型用于张拉端，由锚环和螺母组成，B 型用于固定端。仅有一块锚板，如图 10-5 所示。

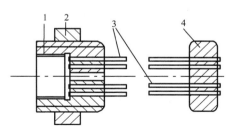

图 10-5　钢丝束镦头锚具
1—A 型锚环；2—螺母；3—钢丝束；4—锚板

微课

预应力损失的
种类及分类

10.3　张拉控制应力和预应力损失

10.3.1　张拉控制应力

张拉控制应力是指张拉钢筋时预应力筋达到的最大应力值，也就是张拉设备（如千斤顶）所控制的张拉力除以预应力筋面积所得的应力值，用 σ_{con} 表示。σ_{con} 值定得越高，张拉力就越大，对混凝土所建立的预压应力也越大，从而能提高构件的抗裂性能。但如果张拉控制应力过大，则会产生以下问题：

（1）构件的开裂荷载与破坏荷载可能很接近，延性较差，即构件出现裂缝后不久就要丧失承载力，破坏前没有明显的预兆；

（2）产生过大的反拱，预拉区出现过大的裂缝；

（3）锚固区混凝土局部受压破坏；

（4）个别预应力筋超过抗拉屈服强度甚至脆断；

（5）增大预应力筋的预应力松弛损失。

《规范》明确规定预应力筋的张拉控制应力 σ_{con} 应符合下列规定：

（1）消除应力钢丝、钢绞线

$$\sigma_{con} \leqslant 0.75 f_{ptk} \tag{10-2}$$

（2）中强度预应力钢丝

$$\sigma_{con} \leqslant 0.70 f_{ptk} \tag{10-3}$$

（3）预应力螺纹钢筋

$$\sigma_{con} \leqslant 0.85 f_{pyk} \tag{10-4}$$

式中　f_{ptk}——预应力筋极限抗拉强度标准值；

f_{pyk}——预应力螺纹钢筋屈服强度标准值。

消除应力钢丝、钢绞线，中强度预应力钢丝的张拉控制应力值不应小于 $0.4 f_{ptk}$；预应力螺纹钢筋的张拉控制应力值不宜小于 $0.5 f_{pyk}$。

《规范》规定,当符合下列情况之一时,上述张拉控制应力极限值可相应提高 $0.05f_{ptk}$ 或者 $0.05f_{pyk}$:

(1)要求提高构件在施工阶段的抗裂性能而在使用阶段受压区内设置的预应力筋;

(2)要求部分抵消由于应力松弛、摩擦、钢筋分批张拉以及预应力筋与张拉台座之间的温差等因素产生的预应力损失。

从理论上来说,张拉控制应力越高,构件获得的预压应力就越大。但是,构件在使用过程中会处于高应力状态,出现裂缝的荷载与破坏荷载非常接近,延性较差。另一方面,如果张拉控制应力较大,混凝土的预压应力也会增大,有效的预压应力会随着混凝土的徐变增大而损失。因此在张拉预应力筋时需要控制张拉应力。

10.3.2 预应力损失

由于施工工艺和材料本身特性等因素,预应力筋张拉完毕或经过一段时间后,钢筋中的预应力值将逐渐降低,由上述因素引起的预应力筋的应力降低称为预应力损失。

1. 张拉端锚具变形和钢筋内缩引起的预应力损失 σ_{l1}

直线预应力筋当张拉到 σ_{con} 后,锚固在台座或构件上时,由于锚具、垫板与构件之间的缝隙被挤紧,以及由于钢筋和楔块在锚具内的滑移,使得被拉紧的钢筋内缩引起的预应力损失,按下式计算:

$$\sigma_{l1}=\frac{a}{l}E_s \tag{10-5}$$

式中 a——张拉端锚具变形和预应力筋内缩值(mm),按表 10-1 取用;

l——张拉端至锚固端之间的距离(mm);

E_s——预应力筋的弹性模量(N/mm²)。

表 10-1　　　　　　　锚具变形和预应力筋内缩值 a　　　　　　(mm)

锚具类别		a
支承式锚具	螺帽缝隙	1
(钢丝束墩头锚具等)	每块后加垫板的缝隙	1
夹片式	有顶压时	5
锚具	无顶压时	6~8

注:1. 表中的锚具变形和预应力筋内缩值也可根据实测数据确定;

　　2. 其他类型的锚具变形和钢筋内缩值应根据实测数据确定。

减少 σ_{l1} 的措施有:

(1)选择锚具变形小或使预应力筋内缩小的锚具、夹具,并尽量少用垫板,因每增加一块垫板,a 值就增加 1 mm;

(2)增加台座长度。因 σ_{l1} 值与台座长度成反比,采用先张法生产的构件,当台座长度超过 100 m 时,σ_{l1} 可以忽略不计。

2. 预应力筋与孔道壁之间摩擦引起的预应力损失 σ_{l2}

采用后张法张拉预应力筋时,由于预应力筋在张拉过程中与混凝土孔壁或套管接触而产生摩擦阻力 σ_{l2},其计算公式为

$$\sigma_{l2}=\sigma_{con}\left[1-e^{-(\kappa x+\mu\theta)}\right] \tag{10-6}$$

当$(\kappa x + \mu\theta) \leqslant 0.3$时，$\sigma_{l2}$可按照下列公式计算：

$$\sigma_{l2} = (\kappa x + \mu\theta)\sigma_{con}$$

产生σ_{l2}的主要原因：

（1）张拉预应力筋时，由于曲线孔道的曲率，使预应力筋和孔道壁之间产生法向正压力而引起的摩擦阻力，如图 10-6(a)、图 10-6(b)所示。

（2）预留孔道因施工中产生局部偏差，孔壁粗糙，预应力筋和孔道壁之间将产生法向正压力而引起的摩擦阻力，如图 10-6(c)所示。

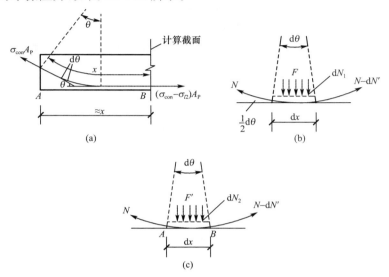

图 10-6　预留孔道中张拉钢筋与孔道壁的摩擦作用

减少σ_{l2}的措施：

（1）对于较长的构件可以在两端进行张拉，则计算中孔道长度按构件的一半长度计算。但这个措施引起σ_{l1}的增加，应用时应该加以注意。

（2）采用超张拉，张拉程序为：超张拉至$1.1\sigma_{con}$，然后持荷（保持荷载）两分钟，张拉应力降为$0.85\sigma_{con}$后，再持荷两分钟，最后再张拉至σ_{con}。

3. 混凝土加热养护时受张拉的预应力筋与承受拉力的设备之间的温差引起的预应力损失 σ_{l3}

设混凝土加热养护时，预应力筋与承受拉力的设备（台座）之间的温差为 Δt（℃），预应力筋的线膨胀系数 $\alpha = 0.000\ 01/℃$，则 σ_{l3} 可按下列公式计算：

$$\sigma_{l3} = E_s\varepsilon = \frac{\Delta l}{l} = \frac{\alpha l \Delta t}{l}E_s = \alpha E_s \Delta t = 0.000\ 01 \times 2.0 \times 10^5 \times \Delta t = 2\Delta t\,(\mathrm{N/mm^2}) \quad (10\text{-}7)$$

σ_{l3}产生的原因：对于先张法构件，预应力筋在常温下张拉并锚固在台座上，为了缩短生产周期，浇筑混凝土后常进行蒸汽养护。在养护的升温阶段，台座长度不变，预应力筋因温度升高而伸长，因而预应力筋的部分弹性变形就转化为温度变形，拉紧程度有所变松，张拉应力就有所减少，形成的预应力损失即σ_{l3}。在降温时，混凝土与预应力筋已粘结成整体，能够一起回缩，由于这两种材料温度膨胀系数相近，相应的应力就不再变化。σ_{l3}仅在先张法中存在。

减少σ_{l3}的措施：

(1)采用两次升温养护。先在常温下养护,待混凝土达到一定强度等级时,例如达到 C7.5~C10,再逐渐升温至规定的养护温度,这时可以认为钢筋与混凝土之间已经结成整体,能够一起胀缩而不引起应力损失。

(2)在钢模上张拉预应力筋。由于预应力筋是锚固在钢模上的,升温时两者同时升温,所以温度相同,可以不考虑此项损失。

4. 预应力筋应力松弛引起的预应力损失 σ_{l4}

钢筋在高应力长期作用下其塑性变形具有随时间而增长的现象,而在钢筋长度保持不变的条件下,钢筋的应力会随时间的增长而逐渐降低,这种现象叫作钢筋的应力松弛。另一方面,在钢筋应力保持不变的条件下,其应变会随时间的增长而逐渐增大,这种现象称为钢筋的徐变。钢筋的松弛和徐变将引起预应力筋中的应力损失,这种损失统称为预应力筋应力松弛损失。

《规范》根据试验结果给出:

(1)消除应力钢丝、钢绞线

①普通松弛:

$$\sigma_{l4} = 0.4\left(\frac{\sigma_{con}}{f_{ptk}} - 0.5\right)\sigma_{con} \tag{10-8}$$

②低松弛:

当 $\sigma_{con} \leqslant 0.7 f_{ptk}$ 时

$$\sigma_{l4} = 0.125\left(\frac{\sigma_{con}}{f_{ptk}} - 0.5\right)\sigma_{con} \tag{10-9}$$

当 $0.7 f_{ptk} < \sigma_{con} \leqslant 0.8 f_{ptk}$ 时

$$\sigma_{l4} = 0.2\left(\frac{\sigma_{con}}{f_{ptk}} - 0.575\right)\sigma_{con} \tag{10-10}$$

(2)中强度预应力钢丝:

$$\sigma_{l4} = 0.08\sigma_{con} \tag{10-11}$$

(3)预应力螺纹钢筋:

$$\sigma_{l4} = 0.03\sigma_{con} \tag{10-12}$$

当 $\sigma_{con}/f_{ptk} \leqslant 0.5$ 时,

$$\sigma_{l4} = 0 \tag{10-13}$$

试验表明,钢筋应力松弛与下列因素有关:

应力松弛与时间有关,开始阶段发展较快,最开始的 1 个小时后松弛可以达到全部松弛损失的 50% 左右,24 小时后可以达到 80% 左右,以后发展缓慢。

应力松弛损失与钢材品种有关,热处理钢筋的应力松弛损失小于钢丝、钢绞线。

(3)张拉控制应力值高,应力松弛大,反之,则小。

减少 σ_{l4} 的措施有:

进行超张拉,先控制张拉应力达 $1.05\sigma_{con} \sim 1.1\sigma_{con}$,持荷 2~5 分钟,然后再施加张拉应力至 σ_{con},这样可以减少松弛引起的预应力损失。预应力筋松弛与初应力有关,当初应力小于 $0.7 f_{ptk}$ 时,松弛与初应力呈线性关系,初应力高于 $0.7 f_{ptk}$ 时,松弛显著增大。

5. 混凝土收缩、徐变引起的预应力筋的预应力损失 σ_{l5}、σ'_{l5}

混凝土在一般温度条件下结硬时体积会发生收缩,而在预应力作用下,沿着压力方向混凝土会发生徐变。两者均使构件的长度缩短,预应力筋也随之内缩,造成预应力损失。

先张法构件

$$\sigma_{l5} = \frac{60 + 340 \dfrac{\sigma_{pc}}{f'_{cu}}}{1 + 15\rho} \tag{10-14}$$

$$\sigma'_{l5} = \frac{60 + 340 \dfrac{\sigma'_{pc}}{f'_{cu}}}{1 + 15\rho'} \tag{10-15}$$

后张法构件

$$\sigma_{l5} = \frac{55 + 300 \dfrac{\sigma_{pc}}{f'_{cu}}}{1 + 15\rho} \tag{10-16}$$

$$\sigma'_{l5} = \frac{55 + 300 \dfrac{\sigma'_{pc}}{f'_{cu}}}{1 + 15\rho'} \tag{10-17}$$

式中　σ_{pc}、σ'_{pc}——受拉区、受压区预应力筋在各自合力点处混凝土法向压应力,此时,预应力损失值仅考虑混凝土预压前(第一批)的损失;σ_{pc}、σ'_{pc}值不得大于 $0.5f'_{cu}$;当 σ'_{pc} 为拉应力时,则式(10-15)、式(10-17)中的 σ'_{pc} 应取 0;计算混凝土法向应力 σ_{pc}、σ'_{pc} 时可根据构件制作情况考虑自重的影响;

　　　　f'_{cu}——施加预应力时的混凝土立方体抗压强度;

　　　　ρ、ρ'——受拉区、受压区预应力筋和普通钢筋的配筋率。

对于先张法构件

$$\rho = \frac{A_p + A_s}{A_0} \qquad \rho' = \frac{A'_p + A'_s}{A_0} \tag{10-18}$$

对于后张法构件

$$\rho = \frac{A_p + A_s}{A_n} \qquad \rho' = \frac{A'_p + A'_s}{A_n} \tag{10-19}$$

式中　A_0——混凝土换算截面面积;

　　　　A_n——混凝土净截面面积。

减少 σ_{l5} 的措施有:

(1)采用高强度等级水泥,减少水泥用量,降低水灰比,采用干硬性混凝土;

(2)采用级配较好的骨料,加强振捣,提高混凝土的密实性;

(3)加强养护,以减少混凝土的收缩。

6. 用螺旋式预应力筋作配筋的环形构件,由于混凝土的局部挤压引起的预应力损失 σ_{l6}

采用螺旋式预应力筋作配筋的环形构件,由于预应力对混凝土的挤压,使环形构件的直径有所减小,预应力筋中的拉应力就会降低,从而引起预应力损失 σ_{l6}。

σ_{l6} 的大小与环形构件的直径成反比,直径越小,损失越大,故《规范》规定:

当 $d \leqslant 3$ m 时　　　　　　　　　$\sigma_{l6} = 30$ N/mm^2 $\qquad\qquad$ (10-20)

$d > 3$m 时　　　　　　　　　　　$\sigma_{l6} = 0$ $\qquad\qquad$ (10-21)

混凝土预压前引起的预应力损失称为第一批损失,预压结束后引起的预应力损失称为第二批损失。《规范》规定预应力混凝土构件在各阶段的预应力损失值宜按表 10-2 的规定进行组合。

表 10-2　　　　　　　　　　　　各阶段预应力损失值的组合

预应力损失值的组合	先张法构件	后张法构件
混凝土预压前的损失（第一批）	$\sigma_{l1}+\sigma_{l2}+\sigma_{l3}+\sigma_{l4}$	$\sigma_{l1}+\sigma_{l2}$
混凝土预压后的损失（第二批）	σ_{l5}	$\sigma_{l4}+\sigma_{l5}+\sigma_{l6}$

注：先张法构件由于预应力筋应力松弛引起的损失值 σ_{l4} 在第一批和第二批损失中所占的比例，如需区分，可根据实际情况确定。

同时规定，当计算求得的预应力总损失值小于下列数值时，应按下列数值取用：

先张法：100 N/mm²；

后张法：80 N/mm²。

10.3.3　先张法构件预应力筋的传递长度

先张法预应力混凝土构件的预压应力是依靠构件两端一定距离内预应力筋与混凝土之间的粘结力来传递的。其传递并不能在构件的端部一点完成，而必须通过一定的传递长度进行。如图 10-7 所示。

(a)放松预应力筋时预应力筋的回缩

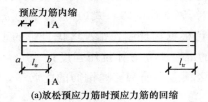

(b)预应力筋表面粘结力τ及截面A—A的应力分布　　(c)粘结应力、预应力筋拉应力及混凝土预压应力沿构件长度分布

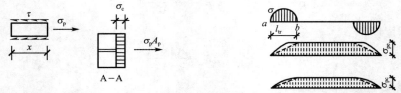

图 10-7　预应力的传递

如图 10-7(a)所示，构件端部长度为 x 的预应力筋脱离体在放张钢筋时，预应力筋发生内缩或滑移的情况。因为端部 a 处是自由端，预应力筋的预拉应力为 0，但是构件内部的预应力筋内缩受到混凝土与其之间的粘结阻力，预应力筋处于受拉状态，预拉应力为 σ_p，周围的混凝土处于受压状态，预压应力为 σ_c。x 越大，混凝土与预应力筋之间的粘结力就越大，预应力筋的预拉应力 σ_p 和周围混凝土的预压应力 σ_c 也随之增大，当 x 达到一定长度 l_{tr}（图 10-7(a)）时，在 l_{tr} 长度范围内的粘结力与预拉应力 $\sigma_p A_p$ 平衡，l_{tr} 长度以外，自 b 截面起，预应力筋才建立起稳定的预拉应力 σ_{pe}，周围混凝土也建立起有效的预压应力 σ_{pc}（图 10-7(c)）。长度 l_{tr} 称为先张法构件预应力筋的锚固长度，ab 段称为先张法构件的自锚区。由于在自锚区的预应力值较小，所以对先张法预应力混凝土构件端部进行斜截面受剪承载力计算以及正截面、斜截面抗裂验算时，应考虑预应力筋在其传递长度 l_{tr} 范围内实际应力值的变化。在计算时，把预应力筋的实际预应力都简化为按线性规律增大。如图 10-7(c)虚线所示，构件端部的预应力为零，传递长度的末端取有效预应力值 σ_{pe}。预应力筋的预应力传递长度 l_{tr}

可按下列公式计算：

$$l_{tr} = \alpha \frac{\sigma_{pe}}{f'_{tk}} d \tag{10-22}$$

式中　σ_{pe}——放张时预应力筋的有效预应力值；

　　　d——预应力筋的公称直径；

　　　α——预应力筋的外形系数，按表 2-2 取用；

　　　f'_{tk}——与放张时混凝土立方体抗压强度 f'_{cu} 相应的轴心抗拉强度标准值。

10.3.4　后张法构件端部锚固区的局部受压承载力计算

后张法构件的预应力是通过锚具经垫板传递给混凝土的。由于预压力很大，而锚具与混凝土之间的垫板面积很小，因此接触垫板的混凝土将受到很大的局部压力。如果混凝土的强度或变形能力不足，在局部压力的作用下，构件端部很容易产生裂缝，甚至发生局部受压破坏。

构件端部锚具下的应力状态是很复杂的，图 10-8 示出了构件端部混凝土局部受压时的内力分布。由弹性力学中的圣维南原理知，锚具下的局部压应力要经过一段距离才能扩散到整个截面上。因此，要把图 10-8(a)、图 10-8(b)中示出的作用在截面 AB 面积 A_l 上的总预压力 N_p，逐渐扩散到一个较大的截面上，使得在这个截面是全截面均匀受压的，就需要有一定的距离。从端部局部受压过渡到全截面均匀受压的这个区段，称为预应力混凝土构件的锚固区，即图 10-8(c)中的区段 $ABCD$。试验研究表明，上述锚固区的长度约等于构件的截面高度 h。

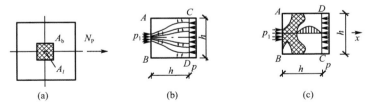

图 10-8　构件端部混凝土局部受压时的内力分布

《规范》规定，设计时既要保证在张拉预应力筋时锚具下锚固区的混凝土不开裂和不产生过大的变形，又要求计算配置在锚固区内所需要的间接钢筋数量以满足局部受压承载力的要求。

1. 构件局部受压区截面尺寸

试验表明，当局部受压区配筋过多时，局压板下的混凝土会产生过大的下沉变形，为限制下沉变形不致过大，对配置间接钢筋的混凝土结构构件，其局部受压区的截面尺寸应符合下列要求：

$$F_l \leqslant 1.35 \beta_c \beta_l f_c A_{ln} \tag{10-23}$$

$$\beta_l = \sqrt{\frac{A_b}{A_l}} \tag{10-24}$$

式中　F_l——局部受压面上作用的局部荷载或局部压力设计值；对有粘结预应力混凝土构件中的锚头局压区，应取 $F_l = 1.2\sigma_{con} A_p$；

f_c——混凝土轴心抗压强度设计值,在后张法预应力混凝土构件的张拉阶段验算中,可根据相应阶段的混凝土立方体抗压强度 f'_{cu} 值,做线性插值取用;

β_c——混凝土强度影响系数,当混凝土强度等级不超过 C50 时,取 $\beta_c=1.0$,当混凝土强度等级等于 C80 时,取 $\beta_c=0.8$,其间按线性内插法取用;

β_l——混凝土局部受压时的强度提高系数;

A_{ln}——混凝土局部受压净截面面积:对后张法构件,应在混凝土局部受压面积中扣除孔道、凹槽部分的面积;

A_b——局部受压的计算底面积,可根据局部受压面积与计算底面积按同心、对称的原则确定,对常用情况按图 10-9 取用;

A_l——混凝土的局部受压面积,当有垫板时可以考虑预压应力沿垫板的刚性扩散角 45°扩散后传至混凝土的受压面积,如图 10-10 所示。

当不满足式(10-23)时,应加大锚固区的截面尺寸、调整锚具位置或者提高混凝土强度等级。

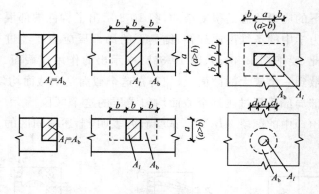

图 10-9　局部受压的计算底面积 A_b

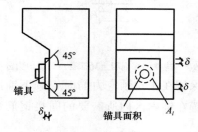

图 10-10　有垫板时预压应力传至混凝土的受压面积

2. 局部受压承载力计算

为了提高锚固区段抵抗局部压力的能力,可在锚固区段内配置间接钢筋(焊接钢筋网或螺旋式钢筋),防止构件端部出现局压破坏。当配置方格网式或者螺旋式间接钢筋,且其核芯面积 $A_{cor} \geqslant A_l$ 时,如图 10-11 所示,局部受压承载力应按下列公式计算

$$F_l \leqslant 0.9(\beta_c\beta_l f_c + 2\alpha\rho_v\beta_{cor}f_{yv})A_{ln} \tag{10-25}$$

式中　F_l、β_c、β_l、f_c、A_{ln} 同式(10-23);

β_{cor}——配置间接钢筋的局部受压承载力提高系数;

$$\beta_{cor}=\sqrt{\frac{A_{cor}}{A_l}} \tag{10-26}$$

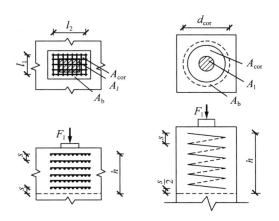

图 10-11 局部受压区的间接钢筋

当 $A_{cor} \geqslant A_b$ 时,取 $A_{cor} = A_b$;当 A_{cor} 不大于混凝土局部受压面积 A_l 的 1.25 倍时,$\beta_{cor} = 1.0$;

α——间接钢筋对混凝土约束的折减系数,当混凝土强度等级不超过 C50 时,取 $\alpha = 1.0$;当混凝土强度等级为 C80 时,取 $\alpha = 0.85$;其间按线性内插法确定;

A_{cor}——配置方格网或螺旋式间接钢筋内表面范围内的混凝土核芯截面面积(不扣除孔道面积),应大于混凝土局部受压面积 A_l,其重心应与 A_l 的重心重合,计算中按同心对称的原则取值;

f_{yv}——间接钢筋的抗拉强度设计值;

ρ_v——间接钢筋的体积配筋率(核芯面积 A_{cor} 范围内的单位混凝土体积所含间接钢筋的体积),且要求 $\rho_v \geqslant 0.5\%$。

当采用方格网式配筋时(图 10-11(a))

$$\rho_v = \frac{n_1 A_{s1} l_1 + n_2 A_{s2} l_2}{A_{cor} s} \tag{10-27}$$

此时,钢筋网两个方向上单位长度内钢筋截面面积的比值不宜大于 1.5 倍。

当采用螺旋式配筋时(图 10-11(b))

$$\rho_v = \frac{4 A_{ss1}}{d_{cor} s} \tag{10-28}$$

式中 n_1、A_{s1}——分别为方格网沿 l_1 方向的钢筋根数、单根钢筋的截面面积;

n_2、A_{s2}——分别为方格网沿 l_2 方向的钢筋根数、单根钢筋的截面面积;

A_{ss1}——单根螺旋式间接钢筋的截面面积;

d_{cor}——螺旋式间接钢筋内表面范围内的混凝土截面直径;

s——方格网式或螺旋式间接钢筋的间距,宜取 30~80 mm。

10.4   预应力混凝土轴心受拉构件的应力分析

预应力混凝土轴心受拉构件从张拉预应力筋开始直到构件破坏,截面中混凝土和预应力筋应力的变化可以分为两个阶段:施工阶段和使用阶段。

10.4.1 轴心受拉构件各阶段应力分析

微课

轴心受拉预应力混
凝土构件受力分析

1. 先张法构件

（1）施工阶段

假设预应力筋的横截面面积为 A_p，张拉控制应力为 σ_{con}，预应力筋的总拉力为 $A_p\sigma_{con}$，见表 10-3 中的 b 项。第一批预应力损失记为 σ_{l1}，见表 10-3 中的 c 项，放张后预应力筋回缩，混凝土获得的预压应力为 σ_{pcI}，普通钢筋得到的预压应力 $\sigma_{sI}=\alpha_E\sigma_{pcI}$，经过第一批预应力损失和预应力筋回缩后，预应力筋的张拉应力

$$\sigma_{peI}=\sigma_{con}-\sigma_{lI}-\alpha_E\sigma_{pcI} \tag{10-29}$$

混凝土受到预压应力，完成第二批损失 σ_{lII} 后，见表 10-3 中的 e 项，压应力由 σ_{pcI} 降至 σ_{pcII}，预应力筋中的张拉应力

$$\sigma_{peII}=\sigma_{con}-\sigma_l-\alpha_E\sigma_{pcII} \tag{10-30}$$

（2）使用阶段

加载至混凝土应力为零时，见表 10-3 中的 f 项。此时轴向拉力 N_0 产生的混凝土拉应力正好全部抵消混凝土的有效预压应力 σ_{pcII}，此时预应力筋的拉应力为

$$\sigma_{p0}=\sigma_{peII}+\alpha_E\sigma_{pcII} \tag{10-31}$$

此时轴向拉力为

$$N_0=\sigma_{pcII}A_0 \tag{10-32}$$

其中 A_0 表示构件的换算截面面积，即混凝土截面面积以及全部纵向预应力筋和普通钢筋截面面积换算成混凝土的截面面积，$A_0=A_c+\alpha_E A_s+\alpha_E A_p$。

当轴向拉力增加至开裂荷载 N_{cr} 时，见表 10-3 中的 g 项，混凝土开始出现受拉区，并且即将开裂，这时预应力筋的拉应力 σ_{pcr} 是在 σ_{p0} 的基础上再增加 $\alpha_E f_{tk}$。因此可以计算得出：

$$N_{cr}=(\sigma_{pcII}+f_{tk})A_0 \tag{10-33}$$

可见，由于预压应力 σ_{pcII} 的作用（σ_{pcII} 比 f_{tk} 大得多），使预应力混凝土轴心受拉构件的 N_{cr} 值比普通钢筋混凝土轴心受拉构件大很多，这就是预应力混凝土构件抗裂度高的原因。

加载至破坏，见表 10-3 中的 h 项。当轴向拉力超过 N_{cr} 后，混凝土开裂，在裂缝截面上，混凝土不再承受拉力，拉力全部由预应力筋和普通钢筋承担，破坏时，预应力筋及普通钢筋分别达到抗拉强度设计值 f_{py} 和 f_y。

轴向拉力 $\qquad\qquad N_u=f_{py}A_p+f_y A_s$

2. 后张法构件

（1）施工阶段

①浇筑混凝土后，养护直至预应力筋张拉前，可以认为截面中不产生任何应力，见表 10-4 中的 a 项。

②张拉预应力筋，见表 10-4 中的 b 项，千斤顶的反作用力通过传力架传给混凝土，使混凝土受到弹性压缩，这时预应力筋中的拉应力 $\sigma_{pe}=\sigma_{con}-\sigma_{l2}$。普通钢筋中的压应力为 $\sigma_s=\alpha_E\sigma_{pc}$。

混凝土预压应力 σ_{pc} 可由力的平衡条件求得

$$\sigma_{pe}A_p=\sigma_{pc}A_c+\sigma_s A \tag{10-34}$$

代入公式得 $\qquad\qquad \sigma_{pc}=\dfrac{(\sigma_{con}-\sigma_{l2})A_p}{A_n} \tag{10-35}$

式中 A_n——净截面面积，$A_n=A_n+\alpha_E A_s$，$A_c=A-A_s-A_{孔道面积}$。

③预应力筋张拉完毕,完成第一批损失,见表 10-4 中的 c 项。此时预应力筋的拉应力为 $\sigma_{con}-\sigma_{l2}-\sigma_{l1}$,故

$$\sigma_{peI}=\sigma_{con}-\sigma_{l2}-\sigma_{l1}=\sigma_{con}-\sigma_{l1} \tag{10-36}$$

普通钢筋中的压应力为 $\sigma_{sI}=\alpha_E\sigma_{peI}$

混凝土压应力 σ_{pcI} 由力的平衡条件求得

$$\sigma_{peI}A_p=\sigma_{pcI}A_c+\sigma_{sI}A_s \tag{10-37}$$

表 10-3　先张法预应力混凝土轴心受拉构件各阶段的应力分析

	受力阶段	简图	预应力筋应力 σ_p	混凝土应力 σ_{pc}	非预应力筋 σ_s
施工阶段	a. 在台座上穿钢筋		0	—	—
	b. 张拉预应力筋		σ_{con}	—	—
	c. 完成第一批损失		$\sigma_{con}-\sigma_{l1}$	0	0
	d. 放松钢筋	$\sigma_{pcI}(压)$　$\sigma_{peI}A_p$	$\sigma_{peI}=\sigma_{con}-\sigma_{l1}-\alpha_E\sigma_{pcI}$	$\sigma_{pcI}=\dfrac{(\sigma_{con}-\sigma_{l1})A_p}{A_0}$ (压)	$\sigma_{sI}=\alpha_E\sigma_{pcI}$ (压)
	e. 完成第二批损失	$\sigma_{pcII}(压)$　$\sigma_{peII}A_p$	$\sigma_{peII}=\sigma_{con}-\sigma_{l1}-\alpha_E\sigma_{pcI}$	$\sigma_{pcII}=\dfrac{(\sigma_{con}-\sigma_{l1})A_p-\sigma_{l5}A_s}{A_0}$ (压)	$\sigma_{sII}=\alpha_E\sigma_{peII}+\sigma_{l5}$ (压)
使用阶段	f. 加载至 $\sigma_{pc}=0$	N_0　0　N_0	$\sigma_{p0}=\sigma_{con}-\sigma_l$	0	σ_{l5}
	g. 加载至裂缝即将出现	N_{cr}　$f_{tk}(拉)$　N_{cr}	$\sigma_{pcr}=\sigma_{con}-\sigma_l+\alpha_E f_{tk}$	f_{tk}	$\alpha_E f_{tk}-\sigma_{l5}$ (压)
	h. 加载至破坏	$\sigma_{pcII}(压)$　$\sigma_{pcII}A_p$	f_{py}	0	f_y (拉)

代入公式得出 $\sigma_{pcI}=\dfrac{(\sigma_{con}-\sigma_{l1})A_p}{A_c+\alpha_E A_s}=\dfrac{N_{pI}}{A_n}$

④混凝土受到预压应力之后,完成第二批损失,见表 10-4 中的 d 项,由于预应力筋的松弛、混凝土收缩和徐变(对环形构件还有挤压变形)引起的应力损失 σ_{l4}、σ_{l5}(以及 σ_{l6}),使预应力筋的拉应力从 σ_{peI} 降至 σ_{peII},即

$$\sigma_{peII}=\sigma_{con}-\sigma_{l1}-\sigma_{lII}=\sigma_{con}-\sigma_l \tag{10-38}$$

普通钢筋中的压应力为

$$\sigma_{sII}=\alpha_E\sigma_{pcII}+\sigma_{l5} \tag{10-39}$$

代入公式可以得出,$\sigma_{pcII}=\dfrac{(\sigma_{con}-\sigma_l)A_p-\sigma_{l5}A_s}{A_n}=\dfrac{N_{pII}-\sigma_{l5}A_s}{A_n}$

(2)使用阶段

①加载至混凝土应力为零,见表 10-4 中的 e 项。由轴向拉力 N_0 产生的混凝土拉应力恰好全部抵消混凝土的有效预压应力。预应力筋的应力 σ_{p0} 是在 σ_{pcII} 的基础上增加 $\alpha_E\sigma_{pcII}$,即 $\sigma_{p0}=\sigma_{pcII}+\alpha_E\sigma_{pcII}=\sigma_{con}-\sigma_l+\alpha_E\sigma_{pcII}$,普通钢筋的应力 σ_s 由原来的压应力 $\alpha_E\sigma_{pcII}+\sigma_{l5}$ 基础上,增加了一个拉应力 $\alpha_E\sigma_{pcII}$,因此

$$\sigma_s = \sigma_{s\,\mathrm{II}} - \alpha_E \sigma_{pc\,\mathrm{II}} = \alpha_E \sigma_{pc\,\mathrm{II}} + \sigma_{l5} - \alpha_E \sigma_{pc\,\mathrm{II}} = \sigma_{l5} \tag{10-40}$$

轴向拉力 N_0 可以由力的平衡条件求得

$$N_0 = \sigma_{p0} A_p - \sigma_{l5} A_5 = (\sigma_{con} - \sigma_l + \alpha_E \sigma_{pc\,\mathrm{II}}) A_p - \sigma_{l5} A_s \tag{10-41}$$

代入公式得

$$N_0 = \sigma_{pc\,\mathrm{II}} (A_c + \alpha_E A_s) + \alpha_E \sigma_{pc\,\mathrm{II}} A_p$$
$$= \sigma_{pc\,\mathrm{II}} (A_c + \alpha_E A_s + \alpha_E A_p) = \sigma_{pc\,\mathrm{II}} A_0 \tag{10-42}$$

②加载至裂缝即将出现,见表 10-4 中的 f 项。预应力筋的拉应力 $\sigma_{pe\,\mathrm{II}}$ 是在 σ_{p0} 的基础上增加了 $\alpha_E f_{tk}$,即

$$\sigma_{pcr} = \sigma_{p0} + \alpha_E f_{tk} = (\sigma_{con} - \sigma_l + \alpha_E \sigma_{pc\,\mathrm{II}}) + \alpha_E f_{tk} \tag{10-43}$$

普通钢筋的应力 σ_s 由压应力 σ_{l5} 转为拉应力,其值为 $\sigma_s = \alpha_E f_{tk} - \sigma_{l5}$,轴向力 N_{cr} 由力的平衡条件求得

$$N_{cr} = \sigma_{pcr} A_p + \sigma_s A_s + f_{tk} A_c \tag{10-44}$$

代入公式得

$$N_{cr} = \sigma_{pc\,\mathrm{II}} A_0 + f_{tk} A_0 = (\sigma_{pc\,\mathrm{II}} + f_{tk}) A_0 \tag{10-45}$$

③加载至破坏,见表 10-4 中的 g 项。和先张法相同,破坏时预应力筋和普通钢筋的拉应力分别达到 f_{py} 和 f_y,因此 $N_u = f_{py} A_p + f_y A_s$。

从表 10-3 和表 10-4 中可以得出:

(1)如果采用相同的 σ_{con}、相同的材料强度等级、相同的混凝土截面尺寸、相同的预应力筋及截面面积,由于先张法构件采用的换算截面面积 A_0 大于后张法构件采用的净截面面积 A_n,所以后张法构件的有效预压应力值 $\sigma_{pc\,\mathrm{II}}$ 要高些。

(2)使用阶段 N_0、N_{cr}、N_u 的三个计算公式,先张法和后张法是一样的,在计算 N_0、N_{cr} 时两种方法的 $\sigma_{pc\,\mathrm{II}}$ 是不同的。

(3)预应力筋从张拉直至构件破坏,始终处于高拉应力状态,而混凝土则在轴向拉力达到 N_0 值以前始终处于受压状态,发挥了两种材料各自的性能。

(4)预应力混凝土构件出现裂缝比钢筋混凝土构件迟得多,故构件抗裂度大为提高,但出现裂缝时的荷载值与破坏荷载比较接近,故延性较差。

(5)当材料强度等级和截面尺寸相同时,预应力混凝土轴心受拉构件与钢筋混凝土受拉构件的承载力相同。

表 10-4　　　　后张法预应力混凝土轴心受拉构件各阶段的应力分析

	受力阶段	简图	预应力筋应力 σ_p	混凝土应力 σ_{pc}	非预应力筋 σ_s
施工阶段	a. 穿钢筋		0	0	0
	b. 张拉钢筋	σ_{pc}(压) $\quad \sigma_{pe}A_p$	$\sigma_{con} - \sigma_{l2}$	$\sigma_{pc} = \dfrac{(\sigma_{con} - \sigma_{l2}) A_p}{A_n}$(压)	$\sigma_s = \alpha_E \sigma_{pc}$(压)
	c. 完成第一批损失	$\sigma_{pc\,\mathrm{I}}$(压) $\quad \sigma_{pe\,\mathrm{I}}A_p$	$\sigma_{pe\,\mathrm{I}} = \sigma_{con} - \sigma_{l\,\mathrm{I}}$	$\sigma_{pc\,\mathrm{I}} = \dfrac{(\sigma_{con} - \sigma_{l\,\mathrm{I}}) A_p}{A_n}$(压)	$\sigma_{s\,\mathrm{I}} = \alpha_E \sigma_{pc\,\mathrm{I}}$(压)
	d. 完成第二批损失	$\sigma_{pe\,\mathrm{II}}$(压) $\quad \sigma_{pe\,\mathrm{II}}A_p$	$\sigma_{pc\,\mathrm{II}} = \sigma_{con} - \sigma_l$	$\sigma_{pc\,\mathrm{II}} = \dfrac{(\sigma_{con} - \sigma_l) A_p - \sigma_{l5} A_s}{A_n}$(压)	$\sigma_{s\,\mathrm{II}} = \alpha_E \sigma_{pc\,\mathrm{II}} + \sigma_{l5}$(压)

（续表）

受力阶段		简图	预应力筋应力 σ_p	混凝土应力 σ_{pc}	非预应筋 σ_s
使用阶段	e. 加载至 $\sigma_{pc}=0$		$\sigma_{p0}=\sigma_{con}-\sigma_l+\alpha_E\sigma_{pcⅡ}$	0	σ_{l5}（压）
	f. 加载至裂缝即将出现		$\sigma_{pcr}=\sigma_{con}-\sigma_l+\alpha_E\sigma_{pcⅡ}+\alpha_E f_{tk}$	f_{tk}（拉）	$\alpha_E f_{tk}-\sigma_{l5}$（拉）
	g. 加载至破坏		f_{py}	0	f_y（拉）

10.4.2 轴心受拉构件使用阶段的计算

1. 使用阶段承载力计算

预应力混凝土轴心受拉构件的正截面受拉承载力按下面的公式计算：

$$N\leqslant N_u=f_{py}A_p+f_yA_s \tag{10-46}$$

式中　N——轴向拉力设计值；

N_u——轴心受拉承载力设计值；

f_{py}、f_y——预应力筋及普通钢筋的抗拉强度设计值；

A_p、A_s——预应力筋和普通钢筋的截面面积。

2. 抗裂及裂缝宽度验算

《规范》把预应力混凝土构件的裂缝控制等级划分为三级，可分别按照下述方法计算：

（1）裂缝控制等级为一级，严格要求不出现裂缝的构件，按荷载效应标准组合计算时，构件受拉边缘混凝土不应产生拉应力，即符合下面规定：

$$\sigma_{ck}-\sigma_{pc}\leqslant 0 \tag{10-47}$$

（2）裂缝控制等级为二级，一般要求不出现裂缝的构件，按荷载效应标准组合计算时，构件受拉边缘混凝土拉应力不应大于混凝土轴心抗拉强度标准值，即

$$\sigma_{ck}-\sigma_{pc}\leqslant f_{tk} \tag{10-48}$$

对环境类别为二 a 类的预应力混凝土构件，在荷载准永久组合下，受拉边缘应力尚应符合下列规定：

$$\sigma_{cq}-\sigma_{pc}\leqslant f_{tk} \tag{10-49}$$

式中　σ_{ck}、σ_{cq}——荷载标准组合、准永久组合下抗裂验算边缘的混凝土法向应力：

$$\sigma_{ck}=N_k/A_0 \tag{10-50}$$

$$\sigma_{cq}=N_q/A_0 \tag{10-51}$$

N_k、N_q 为按荷载效应的标准组合、准永久组合计算的轴向力值；A_0 为混凝土的换算截面面积；

σ_{pc}——扣除全部预应力损失后，在抗裂验算边缘的混凝土的预压应力，即前面各阶段应力分析中的 $\sigma_{pcⅡ}$；

f_{tk}——混凝土抗拉强度标准值。

（3）裂缝控制等级为三级，允许出现裂缝的构件，按荷载效应的标准组合并考虑长期作用的影响，计算的最大裂缝宽度，应符合下列规定：

$$w_{max} = \alpha_{cr} \psi \frac{\sigma_{sk}}{E_s} \left(1.9c_s + 0.08 \frac{d_{eq}}{\rho_{te}} \right) \qquad (10\text{-}52)$$

式中　α_{cr}——构件受力特征系数，对于轴心受拉构件，取 $\alpha_{cr} = 2.2$；

　　　　ψ——裂缝间纵向受拉钢筋应变不均匀系数，$\psi = 1.1 - \dfrac{0.65 f_{tk}}{\rho_{te} \sigma_{sk}}$；当 $\psi < 0.2$ 时，取 $\psi = 0.2$，当 $\psi > 1.0$ 时，取 $\psi = 1.0$，对于直接承受重复荷载的构件取 $\psi = 1.0$；

　　　　ρ_{te}——按有效受拉混凝土截面面积计算的纵向受拉钢筋配筋率，$\rho_{te} = (A_s + A_p)/A_{te}$，当 $\rho_{te} < 0.01$ 时，取 $\rho_{te} = 0.01$；

　　　　A_{te}——有效受拉混凝土截面面积，$A_{te} = bh$；

　　　　σ_{sk}——按荷载效应标准组合计算的预应力混凝土构件纵向受拉钢筋的等效应力，$\sigma_{sk} = (N_k - N_{p0})/(A_s + A_p)$；

　　　　N_{p0}——混凝土法向预应力等于零时，全部纵向预应力筋和非预应力筋的合力；

　　　　A_p、A_s——受拉区纵向预应力筋、非预应力筋的截面面积；

　　　　c_s——最外层纵向受拉钢筋外边缘至受拉区底边的距离（mm），当 $c_s < 20$ 时，取 $c_s = 20$，当 $c_s > 65$ 时，取 $c_s = 65$；

　　　　d_{eq}——受拉区纵向预应力筋、非预应力筋的等效直径（mm）；$d_{eq} = \dfrac{\sum n_i d_i^2}{\sum n_i v_i d_i}$；

　　　　d_i 为受拉区第 i 种纵向钢筋的公称直径（mm）；对于有粘结预应力钢绞线束的直径取为 $\sqrt{n} d_{p1}$，其中 d_{p1} 为单根钢绞线的公称直径，n_1 为单束钢绞线根数；n_i 为受拉区第 i 种纵向钢筋的根数；对于有粘结预应力钢绞线，取钢绞线束数；v_i 为受拉区第 i 种纵向钢筋的相对粘结特性系数，可按表 10-5 取用。

表 10-5　　　　　　　　　　钢筋的相对粘结特性系数

钢筋类别	钢筋		先张法预应力筋			后张法预应力筋		
	光圆钢筋	带肋钢筋	带肋钢筋	螺旋肋钢丝	钢绞线	带肋钢筋	钢绞线	光面钢筋
v_i	0.7	1.0	1.0	0.8	0.6	0.8	0.5	0.4

3. 非预应力筋的作用

在预应力混凝土构件的设计中，必须要考虑非预应力筋对于结构抗裂的影响。为了满足承载力、构造和施工需要，往往在预应力混凝土构件中配置部分非预应力筋。由于它对混凝土预压变形起约束作用，从而使混凝土收缩徐变减少，相应地也减少了预应力筋因收缩、徐变引起的损失，这是对增加混凝土预压应力、提高其抗裂性有利的一面。但是，当混凝土发生徐变时，非预应力筋阻止它发生（非预应力筋受压），对混凝土产生拉力，会使混凝土预压应力减小，这是对构件抗裂影响不利的一面。由于不利影响较有利影响更为显著，因此，在设计计算中，《规范》要求考虑非预应力筋对抗裂的不利影响。

需要说明的是：在构件受拉区的外边缘设置非预应力筋网片，对控制温度变化引起的裂

缝宽度是一种较为有效的构造措施。除了对预应力混凝土结构的抗裂性有显著影响外,非预应力筋还有以下作用:

(1)如果在无粘结预应力混凝土梁中配置了一定数量的非预应力筋,则可以有效地提高无粘结预应力混凝土梁正截面受弯的延性;

(2)在受压区边缘配置的非预应力筋可以承担由于预应力偏心过大引起的拉应力,并控制裂缝的出现和开展;

(3)可以承担构件在运输、存放、吊装过程中可能产生的应力;

(4)可以分散梁的裂缝和限制裂缝的宽度,从而改善梁的使用性能并且提高梁的正截面受弯承载力。

10.4.3 轴心受拉构件施工阶段的验算

对制作、安装及运输等施工阶段预拉区允许出现拉应力的构件,或预压时全截面受压的构件,在预加力、自重及施工荷载作用下(必要时考虑动力系数)截面边缘的混凝土法向应力宜符合下列规定(图 10-12):

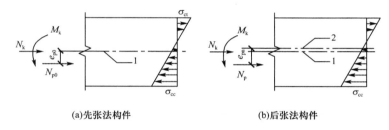

(a)先张法构件   (b)后张法构件

图 10-12 预应力混凝土构件施工阶段验算

1—换算截面重心轴;2—净截面重心轴

$$\sigma_{ct} \leqslant f'_{tk} \tag{10-53}$$

$$\sigma_{cc} \leqslant 0.8 f'_{ck} \tag{10-54}$$

简支构件的端部区段截面预拉区边缘纤维混凝土拉应力允许大于 f'_{tk},但不应大于 $1.2 f'_{tk}$。

截面边缘的混凝土法向应力可按下列公式计算:

$$\frac{\sigma_{cc}}{\sigma_{ct}} = \sigma_{pc} + \frac{N_k}{A_0} \pm \frac{M_k}{W_0} \tag{10-55}$$

式中 σ_{ct}、σ_{cc}——相应施工阶段计算截面边缘纤维的混凝土拉应力(预拉区)和压应力(预压区);

   f'_{tk}、f'_{ck}——与各施工阶段混凝土立方体抗压强度值 f'_{cu} 相应的抗拉强度标准值、抗压强度标准值;

   N_k、M_k——构件自重及施工荷载的标准组合在计算截面产生的轴向力值、弯矩值;

   W_0——换算截面受拉边缘的弹性抵抗矩。

式中,压应力为正,拉应力为负。

【例题 10-1】 24 m 预应力混凝土屋架下弦杆的计算。

设计条件如下

材料	混凝土	预应力筋	非预应力筋
品种和强度等级	C65	钢绞线	HRB400
截面	280 mm×180 mm	4 ϕ^s1×7(d=15.2 mm)	构造配筋 4 $\underline{\Phi}$12 (A_s=452 mm^2)
材料强度（N/mm^2）	f_c=29.7 f_{ck}=41.5 f_t=2.09 f_{tk}=2.93	f_{ptk}=1 860 f_{py}=1 320	f_{yk}=400 f_y=360
弹性模量（N/mm^2）	E_c=3.65×10^4	E_s=1.95×10^5	E_s=2.0×10^5
张拉控制应力	σ_{con}=0.70f_{ptk}=0.70×1 860=1 302 N/mm^2		
张拉时混凝土强度	f_{cu}'=60 N/mm^2，E_c=3.6×10^4 N/mm^2		
张拉工艺	后张法，一端张拉，采用 OVM 锚具，孔道为充压橡皮管抽芯成型		
杆件内力	永久荷载、可变荷载标准值产生的轴向拉力分别为 900 kN、280 kN，可变荷载准永久值系数为 0.5		
结构重要性系数	γ_0=1.1		

解

1. 使用阶段承载力计算

$$A_p = \frac{\gamma_0 N - f_y A_s}{f_{py}} = \frac{1.1 \times (1.2 \times 900 \times 10^3 + 1.4 \times 280 \times 10^3) - 360 \times 452}{1\ 320} = 1\ 103\ \text{mm}^2$$

采用 2 束高强低松弛钢绞线，每束 4 ϕ^s1×7，d=15.2 mm（A_p=1 120 mm^2），如图 10-13(c)
所示。

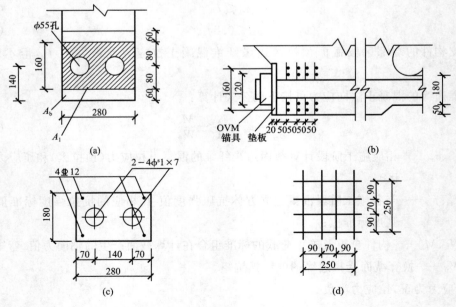

(a) (b)

(c) (d)

图 10-13 屋架下弦

2. 使用阶段抗裂度验算

（1）截面几何特征

预应力筋
$$\alpha_{E1}=\frac{E_s}{E_c}=\frac{1.95\times10^5}{3.65\times10^4}=5.34$$

非预应力筋 $\alpha_{E2}=\dfrac{2.0\times10^5}{3.65\times10^4}=5.48$

$$A_n=A_c+\alpha_{E2}A_s=280\times180-2\times\frac{\pi}{4}\times55^2-452+5.48\times452=47\ 676\ \text{mm}^2$$

$$A_0=A_n+\alpha_{E1}A_p=47\ 676+5.34\times1\ 120=53\ 657\ \text{mm}^2$$

（2）计算预应力损失

①锚具变形损失 σ_{l1}

由表 10-1 夹片式锚具 OVM，$a=5$ mm，于是可以得出

$$\sigma_{l1}=\frac{\alpha}{l}E_s=\frac{5}{24\ 000}\times1.95\times10^5=40.63\ \text{N/mm}^2$$

②孔道摩擦损失 σ_{l1}

按锚固端计算该项损失，所以 $l=24$ m，直线配筋所以 $\theta=0°$，$\kappa x=0.001\ 5\times24=0.036$，小于 0.2，可以用近似公式计算：

$$\sigma_{l2}=(\kappa x+\mu\theta)\sigma_{con}=(0.001\ 5\times24)\times1\ 302=46.87\ \text{N/mm}^2$$

则第一批预应力损失为

$$\sigma_{l1}=\sigma_{l1}+\sigma_{l2}=40.63+46.87=87.50\ \text{N/mm}^2$$

③预应力筋的应力松弛损失 σ_{l4}

$$\sigma_{l4}=0.125\left(\frac{\sigma_{con}}{f_{ptk}}-0.5\right)\times\sigma_{con}=0.125\times\left(\frac{1\ 302}{1\ 860}-0.5\right)\times1\ 302=32.55\ \text{N/mm}^2$$

④混凝土的收缩和徐变损失 σ_{l5}

$$\sigma_{pcI}=\frac{(\sigma_{con}-\sigma_{lI})A_p}{A_n}=\frac{(1\ 120-87.50)\times1\ 120}{47\ 676}=28.53\ \text{N/mm}^2$$

$$\frac{\sigma_{pcI}}{f'_{cu}}=\frac{28.53}{60}=0.48<0.5$$

$$\rho=\frac{A_p+A_s}{A_n}=\frac{1\ 120+452}{2\times47\ 676}=0.0165$$

$$\sigma_{l5}=\frac{55+300\dfrac{\sigma_{pcI}}{f'_{cu}}}{1+15\rho}=\frac{55+300\times0.48}{1+15\times0.016\ 5}=159.52\ \text{N/mm}^2$$

则第二批预应力损失为

$$\sigma_{l\text{II}}=\sigma_{l4}+\sigma_{l5}=32.55+159.52=192.07\ \text{N/mm}^2$$

总损失为

$$\sigma_l=\sigma_{l\text{I}}+\sigma_{l\text{II}}=87.50+192.07=279.57\ \text{N/mm}^2$$

（3）验算抗裂度

计算混凝土有效预压应力

$$\sigma_{pc\text{II}}=\frac{(\sigma_{con}-\sigma_l)A_p-\sigma_{l5}A_s}{A_n}=\frac{(1\ 302-279.57)\times1\ 120-159.52\times452}{47\ 676}=22.51\ \text{N/mm}^2$$

在荷载效应的标准组合下

$$N_k = 900 + 280 = 1\ 180\ \text{kN}$$

$$\sigma_{ck} = \frac{N_k}{A_0} = \frac{1\ 180 \times 10^3}{53\ 657} = 21.99\ \text{N/mm}^2$$

$$\sigma_{ck} - \sigma_{pcII} = 21.99 - 22.51 < 0$$

满足要求。

3. 施工阶段验算

最大张拉力

$$N_p = \sigma_{con} \times A_p = 1\ 302 \times 1\ 120 = 1\ 458\ 000\ \text{N} = 1\ 458\ \text{kN}$$

截面上混凝土压应力

$$\sigma_{cc} = \frac{N_p}{A_n} = \frac{1\ 458 \times 10^3}{47\ 676} = 30.58\ \text{N/mm}^2 < 0.8 f'_{ck} = 0.8 \times 38.5 = 30.8\ \text{N/mm}^2$$

满足要求。

4. 锚具下局部受压验算

(1)端部受压区截面尺寸验算

OVM 锚具的直径为 120 mm,锚具下垫板厚度为 20 mm,局部受压面积可以按照压力 F_l 从锚具边缘在垫板中按照 45°扩散的面积计算,在局部受压计算底面积时,可以近似地按照图 10-13(a)两实线所围的矩形面积代替两个圆面积。

$$A_l = 280 \times (120 + 2 \times 20) = 44\ 800\ \text{mm}^2$$

锚具下局部受压计算底面积

$$A_b = 280 \times (160 + 2 \times 60) = 78\ 400\ \text{mm}^2$$

混凝土局部受压净面积

$$A_{ln} = 44\ 800 - 2 \times \frac{\pi}{4} \times 55^2 = 40\ 048\ \text{mm}^2$$

$$\beta_l = \sqrt{\frac{A_b}{A_l}} = \sqrt{\frac{78\ 400}{44\ 800}} = 1.323$$

当 $f_{cuk} = 65\ \text{N/mm}^2$ 时,按线性内插法 $\beta_c = 0.9$,另外

$$F_l = 1.2\sigma_{con} A_p = 1.2 \times 1\ 302 \times 1\ 120 = 1\ 749.9\ \text{kN}$$

$$1.35\beta_c\beta_l f_c A_{ln} = 1.35 \times 0.9 \times 1.323 \times 29.7 \times 40\ 048 = 1\ 991.9\ \text{kN} > F_l = 1\ 749.9\ \text{kN}$$

满足要求。

(2)局部受压计算

间接钢筋采用 4 片φ8 方格焊接网片,如图 10-13(b)所示,间距 $s = 50\ \text{mm}$,网片尺寸如图 10-13(d)所示。

$$A_{cor} = 250 \times 250 = 62\ 500\ \text{mm}^2 > A_l = 44\ 800\ \text{mm}^2$$

$$A_{cor}/A_l = 1.395 > 1.25$$

$$\beta_{cor} = \sqrt{\frac{A_{cor}}{A_l}} = \sqrt{\frac{62\ 500}{44\ 800}} = 1.181$$

间接钢筋的体积配筋率

$$\rho_v = \frac{n_1 A_{s1} l_1 + n_2 A_{s2} l_2}{A_{cor} s} = \frac{4 \times 50.3 \times 250 + 4 \times 50.3 \times 250}{62\ 500 \times 50} = 0.032$$

$$0.9(\beta_c\beta_l f_c+2\alpha\rho_v\beta_{cor}f_{yv})A_{ln}$$
$$=0.9\times(0.9\times1.323\times29.7+2\times0.925\times0.032\times1.181\times270)\times40\,048$$
$$=1\,955\times10^3\text{ N}=1\,955\text{ kN}>F_l=1\,749.9\text{ kN}$$

满足要求。

10.5　预应力混凝土受弯构件的设计与计算

10.5.1　概述

预应力混凝土受弯构件从预应力施加到承受外荷载,直至最后破坏,可分为三个主要阶段,即施工阶段、使用阶段和破坏阶段。

1. 施工阶段

预应力混凝土构件在制作、运输及安装等施工过程中将承受不同的荷载作用,但由于所施加预应力的作用,构件全截面参加工作并处于弹性工作阶段。这一阶段构件所承受的作用主要是预加力和构件自重 G。

2. 使用阶段

使用阶段是指构件的正常工作阶段,这一阶段预应力混凝土基本处于弹性工作状态。这一阶段构件除了承受预加应力和构件自重外,还承受各种使用荷载。但是由于各种预应力损失,实际的预应力会小于预加应力。

3. 破坏阶段

对于只在受拉区配置预应力筋且配筋率适当的受弯构件,在荷载作用下,受拉区全部钢筋(包括预应力筋和非预应力筋)将先达到屈服强度,裂缝迅速向上延伸,而后受压区混凝土被压碎,构件宣告破坏。破坏时,截面的应力状态与钢筋混凝土受弯构件相似,计算方法也基本相同。

10.5.2　受弯构件的应力分析

与预应力轴心受拉构件相似,预应力混凝土受弯构件的受力过程也分为两个阶段:施工阶段和使用阶段。

预应力混凝土受弯构件中,预应力筋 A_p 一般都放置在使用阶段截面的受拉区。但是对梁底受拉区需要配置较多预应力筋的大型构件,当梁自重在梁顶产生的压应力不足以抵消偏心预压力在梁顶预拉区所产生的预拉应力时,往往在梁顶部也需要配置预应力筋 A_p'。对在预压力作用下允许预拉区出现裂缝的中小型构件,可以不用配置 A_p',但是需要控制其裂缝宽度。为了防止在制作、运输和吊装过程等施工阶段出现裂缝,在梁的受拉区和受压区通常也配置一些非预应力筋 A_s 和 A_s'。

在预应力轴心受拉构件中,预应力筋 A_p 和非预应力筋 A_s 在截面上的布置是对称的,预应力筋的总拉力 N_p 可以认为是作用在截面的形心轴上,混凝土受到的预压应力是均匀的,即全截面均匀受压。然而,在受弯构件中,如果截面只配置 A_p,则预应力筋的总拉力 N_p

对截面是偏心的压力,所以混凝土受到的预应力是不均匀的,上边缘的预拉应力和下边缘的预压应力分别用 σ_{pc}' 和 σ_{pc} 表示,如图 10-14(a)所示。如果同时配置 A_p 和 A_p'(一般 $A_p > A_p'$),则预应力筋 A_p 和 A_p' 张拉力的合力 N_p 位于 A_p 和 A_p' 之间,此时混凝土的预应力图有两种可能:如果 A_p' 较少,应力图为两个三角形,σ_{pc} 为拉应力,如果 A_p' 较多,应力图为梯形,σ_{pc} 为压应力,其值小于 σ_{pc},如图 10-14(b)所示。

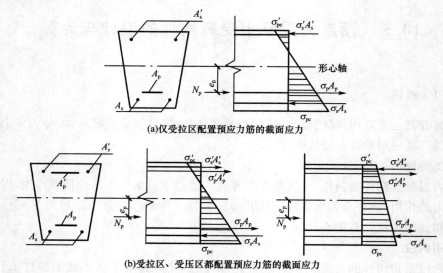

(a)仅受拉区配置预应力筋的截面应力

(b)受拉区、受压区都配置预应力筋的截面应力

图 10-14　预应力混凝土受弯构件截面混凝土应力

表 10-6 给出了仅在截面受拉区配置预应力筋的后张法预应力混凝土受弯构件在各个阶段的应力分析。

图 10-15 所示配有预应力筋 A_p、A_p' 和普通钢筋 A_s、A_s' 的不对称截面后张法受弯构件。对照 10.4.1 轴心受拉构件相应各受力阶段的截面应力分析,同理,可以得出预应力混凝土受弯构件截面上混凝土的法向预应力 σ_{pc}、预应力筋的有效预应力 σ_{pe},预应力筋和普通钢筋的合力 N_p 及其偏心距 e_{pn} 等的计算公式如下述。

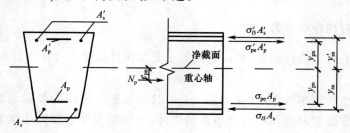

图 10-15　配有预应力筋和普通钢筋的后张法预应力混凝土受弯构件截面

1. 施工阶段(图 10-15)

$$\sigma_{pc} = \frac{N_p}{A_n} \pm \frac{N_p e_{pn}}{I_n} y_n$$

$$N_p = \sigma_{pe} A_p + \sigma_{pe}' A_p' - \sigma_s A_s - \sigma_s' A_s'$$

$$\sigma_s = \alpha_E \sigma_{pc} + \sigma_{l5} \qquad \sigma_s' = \alpha_E \sigma_{pc}' + \sigma_{l5}'$$

$$e_{pn} = \frac{(\sigma_{con} - \sigma_l)A_p y_{pn} - (\sigma'_{con} - \sigma'_l)A'_p y'_{pn} - \sigma_{l5} A_s y_{sn} + \sigma'_{l5} A'_s y'_{sn}}{(\sigma_{con} - \sigma_l)A_p + (\sigma'_{con} - \sigma'_l)A'_p - \sigma_{l5} A_s - \sigma'_{l5} A'_s}$$

值得注意的是 σ_{pc} 值正号为压应力,负号为拉应力。

式中　A_n——混凝土净截面面积,即换算截面面积减去全部纵向预应力筋截面换算成混凝土的截面面积;

I_n——净截面惯性矩;

y_{pn}——净截面重心至所计算纤维处的距离;

y_{pn}、y'_{pn}——受拉区、受压区预应力筋合力点至净截面重心的距离;

y_{sn}、y'_{sn}——受拉区、受压区普通钢筋合力点至净截面重心的距离;

表 10-6　　　　　　　　　后张法预应力混凝土受弯构件各阶段的应力分析

受力阶段		简图	预应力筋应力 σ_p	混凝土应力 σ_{pc}	说明
施工阶段	a. 穿钢筋		0	0	
	b. 张拉钢筋		$\sigma_{con} - \sigma_{l2}$	$\sigma_{pc} = \dfrac{N_p}{A_n} + \dfrac{N_p e_{pn} y_n}{I_n}$ $N_p = (\sigma_{con} - \sigma_{l2})A_p$	钢筋被拉长,摩擦损失同时产生;预应力筋拉应力比控制力 σ_{con} 减少 σ_{l2};混凝土上边缘受拉伸长,下边缘受压缩短,构件产生反拱
	c. 完成第一批损失		$\sigma_{peⅠ} = \sigma_{con} - \sigma_{lⅠ}$	$\sigma_{pcⅠ} = \dfrac{N_{pⅠ}}{A_n} + \dfrac{N_{pⅠ} e_{pnⅠ} y_n}{I_n}$ $N_{pⅠ} = (\sigma_{con} - \sigma_{lⅠ})A_p$	混凝土下边缘压应力减小到 $\sigma_{pcⅠ}$;钢筋拉应力减小了 $\sigma_{lⅠ}$
	d. 完成第二批损失		$\sigma_{peⅡ} = \sigma_{con} - \sigma_l$	$\sigma_{pcⅡ} = \dfrac{N_{pcⅡ}}{A_n} + \dfrac{N_{pⅡ} e_{pnⅡ} y_n}{I_n}$ $N_{pⅡ} = (\sigma_{con} - \sigma_l)A_p$	混凝土下边缘压应力降低到 $\sigma_{pcⅡ}$;钢筋拉应力继续减小
使用阶段	e. 加载至 $\sigma_{pc} = 0$		$\sigma_{p0} = \sigma_{con} - \sigma_l + \alpha_E \sigma_{pcⅡ}$	0	混凝土上边缘由拉变压,下边缘压应力减小到零;钢筋拉应力增加了 $\alpha_E \sigma_{pcⅡ}$;构件反拱减少,略有挠度
	f. 加载至受拉区裂缝即将出现		$\sigma_{con} = \sigma_l + \alpha_E \sigma_{pcⅡ}$ $+ 2\alpha_E f_{tk}$	f_{tk}	混凝土上边缘压应力增加,下边缘拉应力达到 f_{tk};钢筋拉应力增加 $2\alpha_E f_{tk}$;挠度增加
	g. 加载至破坏		f_{py}	0	下边缘裂缝开展,挠度剧增;钢筋拉应力增加到 f_{py};混凝土上边缘压应力增加到 $\alpha_1 f_c$

σ_{pe}、σ'_{pe}——受拉区、受压区预应力筋的有效预应力;

σ_s、σ'_s——受拉区、受压区普通钢筋的应力;

其余符号的意义同前。

如构件截面中的 $A_p'=0$，则上述公式中取 $\sigma_{l5}'=0$。

需要说明的是，在利用上述公式计算时，都需要采用施工阶段的有关数值。

2. 使用阶段

（1）加载至受拉边缘混凝土预压应力为零

设在荷载作用下，截面承受弯矩 M_0，如图 10-16 所示，则截面下边缘混凝土的法向拉应力

$$\sigma = \frac{M_0}{W_0} \tag{10-56}$$

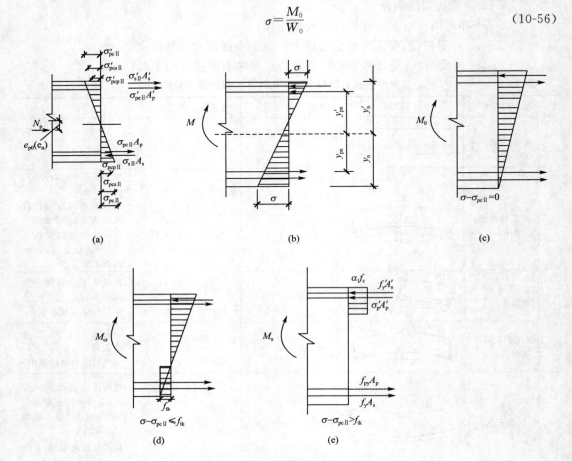

图 10-16 受弯构件截面的应力变化

欲使这一拉应力抵消混凝土的预压应力 $\sigma_{pcⅡ}$，即 $\sigma - \sigma_{pcⅡ}=0$，则有

$$M_0 = \sigma_{pcⅡ} W_0 \tag{10-57}$$

式中　M_0——由外荷载引起的恰好使受拉边缘混凝土预压应力为零时的弯矩；

　　　W_0——换算截面受拉边缘的弹性抵抗矩。

同理，预应力筋合力点处混凝土法向应力等于零时，受拉区及受压区的预应力筋的应力 σ_{p0}、σ_{p0}' 分别为

$$\sigma_{p0} = \sigma_{con} - \sigma_l + \alpha_E \frac{M_0}{W_0} \approx \sigma_{con} - \sigma_l + \alpha_E \sigma_{pcⅡ}$$

$$\sigma_{p0}' = \sigma_{con}' - \sigma_l' + \alpha_E \sigma_{pcⅡ}$$

在上面两个公式中，$\sigma_{pcⅡ}$ 理应取在 M_0 作用下受拉区预应力筋合力处的混凝土法向应力 $\sigma_{pcpⅡ}$，为简化计算，可近似取等于混凝土截面下边缘的预压应力 $\sigma_{pcⅡ}$。

（2）加载至受拉区裂缝即将出现

设混凝土受拉区的拉应力达到混凝土受拉强度标准值 f_{tk} 时，截面上受到的弯矩为 M_{cr}，相当于截面在承受弯矩 $M_0 = \sigma_{pcⅡ} W_0$ 以后，再增加了钢筋混凝土构件的开裂弯矩 $\overline{M}_{cr}$（$\overline{M}_{cr} = \gamma f_{tk} W_0$）。

因此，预应力混凝土受弯构件的开裂弯矩

$$M_{cr} = M_0 + \overline{M}_{cr} = \sigma_{pcⅡ} W_0 + \gamma f_{tk} W_0 = (\sigma_{pcⅡ} + \gamma f_{tk}) W_0$$

即

$$\sigma = \frac{M_{cr}}{W_0} = \sigma_{pcⅡ} + \gamma f_{tk}$$

式中，γ 为混凝土构件的截面抵抗矩塑性影响系数。

（3）加载至破坏

当受拉区出现垂直裂缝时，裂缝截面上受拉区混凝土退出工作，拉力全部由受拉筋承受。当截面进入第Ⅲ阶段后，受拉筋屈服直至破坏，正截面上的应力状态与第 4 章讲述的钢筋混凝土受弯构件正截面承载力相似，计算方法亦基本相同。

10.5.3　预应力混凝土受弯构件的计算

预应力混凝土受弯构件承载力计算包括正截面承载力计算和斜截面承载力计算。

1. 矩形截面正截面受弯承载力计算

和普通钢筋混凝土构件一样，混凝土中的压应力采用等效矩形应力图，如图 10-17 所示。

其计算公式为

$$\alpha_1 f_c b x = f_y A_s - f_y' A_s' + f_{py} A_p + (\sigma_{p0}' - f_{py}') A_p' \tag{10-58}$$

$$M \leqslant M_u = \alpha_1 f_c b x \left(h_0 - \frac{x}{2} \right) + f_y' A_s' (h_0 - a_s') - (\sigma_{p0}' - f_{py}') A_p' (h_0 - a_p') \tag{10-59}$$

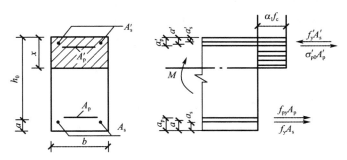

图 10-17　矩形截面受弯构件正截面承载力计算

混凝土受压区高度应符合下列适用条件：

$$x \leqslant \xi_b h_0$$
$$x \geqslant 2a' \tag{10-60}$$

《规范》规定，预应力混凝土受弯构件的正截面受弯承载力设计值应满足：

$$M_u \geqslant M_{cr}$$

式中　M——弯矩设计值；

　　　M_u——正截面受弯承载力设计值；

A_s、A_s'——受拉区、受压区纵向非预应力筋的截面面积；

A_p、A_p'——受拉区、受压区纵向预应力筋的截面面积；

h_0——截面的有效高度；

b——矩形截面的宽度或者倒 T 形截面的腹板宽度；

α_1——系数：当混凝土强度等级不超过 C50 时，$\alpha_1 = 1.0$；当混凝土强度等级为 C80 时，$\alpha_1 = 0.94$；其间按线性内插法取用；

a'——受压区全部纵向钢筋合力点至截面受压边缘的距离，当受压区未配置纵向预应力筋或者受压区纵向预应力筋应力 $\sigma_{pe}' = \sigma_{p0} - f_{py}'$ 为拉应力时，则式（10-60）中的 a' 用 a_s' 代替；

a_s'、a_p'——受压区纵向普通钢筋合力点、预应力筋合力点至截面受压区边缘的距离。

当 $x < 2a'$ 时，取 $x = 2a_s'$，如图 10-18 所示，当 σ_{pe}' 为拉应力时，正截面受弯承载力可按下列公式计算：

$$M \leqslant f_{py}A_p(h - a_p - a_s') + f_yA_s(h - a_s - a_s') + (\sigma_{p0}' - f_{py}')A_p'(a_p' - a_s') \qquad (10\text{-}61)$$

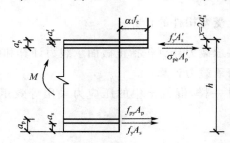

图 10-18　矩形截面预应力混凝土受弯构件正截面当 $x < 2a'$ 时的计算简图

2. 斜截面受剪承载力计算

预应力混凝土构件的斜截面受剪承载力比钢筋混凝土构件的大些，这是因为预应力抑制了斜裂缝的出现和发展，增加了混凝土剪压区高度，从而提高了剪压区的受剪承载力。由此可见，预应力混凝土斜截面受剪承载力的计算可以在钢筋混凝土斜截面计算公式的基础上得到，如下式：

$$V \leqslant V_{cs} + V_p \qquad (10\text{-}62)$$

当配有箍筋和预应力弯起钢筋时，计算公式如下：

$$V \leqslant V_{cs} + V_p + 0.8f_yA_{sb}\sin\alpha_b + 0.8f_{py}A_{py}\sin\alpha_p \qquad (10\text{-}63)$$

式中　V——计算截面上的剪力设计值；

V_{cs}——构件截面上混凝土和箍筋的受剪承载力设计值，计算公式与普通钢筋混凝土构件相同；

A_{sb}、A_{pb}——同一弯起平面内非预应力弯起钢筋、预应力弯起钢筋的截面面积；

α_b、α_p——斜截面上非预应力弯起钢筋、预应力弯起钢筋的切线与构件纵向轴线的夹角；

f_y、f_{py}——斜截面上非预应力弯起钢筋、预应力弯起钢筋的抗拉强度设计值；

V_p——由于施加预应力所提高的截面受剪承载力设计值，根据矩形截面有箍筋预应力混凝土梁的试验结果，按下式计算：

$$V_p = 0.05N_{p0} \qquad (10\text{-}64)$$

N_{p0}——计算截面上混凝土法向应力等于零时的预应力筋及非预应力筋的合力，当 N_{p0} $>0.3f_cA_0$ 时，取 $N_{p0}=0.3f_cA_0$。

预应力混凝土受弯构件的斜截面受剪公式的适用范围及构造要求与普通钢筋混凝土构件相同。

10.5.4　预应力混凝土受弯构件抗裂度验算及裂缝宽度验算

1. 正截面抗裂度验算

对于正常使用阶段不允许出现裂缝的受弯构件，其正截面抗裂度根据裂缝控制等级的不同要求，按下列规定验算受拉边缘的应力：

（1）严格要求不出现裂缝的构件

在荷载效应的标准组合下应符合下列规定：

$$\sigma_{ck}-\sigma_{pc}\leqslant 0 \tag{10-65}$$

（2）一般要求不出现裂缝的构件

在荷载效应的标准组合下应符合下列规定：

$$\sigma_{ck}-\sigma_{pc}\leqslant f_{tk} \tag{10-66}$$

对环境类别为二 a 类的预应力混凝土构件，在荷载准永久组合下，受拉边缘混凝土应力尚应符合下列规定：

$$\sigma_{cq}-\sigma_{pc}\leqslant f_{tk} \tag{10-67}$$

式中　σ_{pc}——扣除全部预应力损失后，在抗裂验算边缘混凝土的预加应力。

σ_{ck}、σ_{cq}——荷载的标准组合、准永久组合下抗裂验算边缘混凝土的法向应力。

$$\sigma_{ck}=\frac{M_k}{W_0}$$

$$\sigma_{cp}=\frac{M_q}{W_0}$$

式中　M_k——按荷载的标准组合计算的弯矩值；

M_q——按荷载的准永久组合计算的弯矩值；

W_0——构件换算截面受拉边缘的弹性抵抗矩；

f_{tk}——混凝土抗拉强度标准值。

对在施工阶段预拉区出现裂缝的区段，σ_{pc} 按乘以系数 0.9 后取用。

（3）允许出现裂缝的构件

对于在使用阶段允许出现裂缝的预应力混凝土构件，应验算裂缝宽度。在荷载标准组合下并考虑裂缝宽度分布的不均匀性和荷载长期作用的影响，纵向受拉钢筋截面重心水平处的最大裂缝宽度 w_{max} 的计算公式与轴心受拉构件相同，但这时按荷载标准组合计算的预应力混凝土构件纵向受拉钢筋的等效应力为

$$\sigma_{sk}=\frac{M_k-N_{p0}(z-e_p)}{(A_p+A_s)z} \tag{10-68}$$

式中　z——受拉区纵向预应力筋和非预应力筋合力点至受压区压力合力点的距离；

$$z=\left[0.87-0.12(1-\gamma'_f)(\frac{h_0}{e})^2\right]h_0 \tag{10-69}$$

$$e = \frac{M_k}{N_{p0}} + e_p \tag{10-70}$$

γ_f'——受压翼缘截面面积与腹板有效截面面积的比值，$\gamma_f' = \frac{(b_f' - b)h_f'}{bh_0}$，其中 b_f'、h_f' 为受

压翼缘的宽度、高度，当 $h_f' > 0.2h_0$ 时，取 $h_f' = 0.2h_0$；

e_p——混凝土法向预应力等于零时，全部纵向预应力筋和非预应力筋合力 N_{p0} 的作用

点至受拉区纵向预应力筋和非预应力受拉钢筋合力点的距离；

M_k——按荷载标准组合计算的弯矩值。

2. 受弯构件斜截面抗裂度验算

预应力混凝土受弯构件斜截面的抗裂度验算，主要是验算截面上的主拉应力 σ_{tp} 和主压

应力 σ_{cp} 不超过一定的限值。

对于主拉应力：

对严格要求不出现裂缝的构件，应符合：$\sigma_{tp} \leqslant 0.85 f_{tk}$；

对一般要求不出现裂缝的构件，应符合：$\sigma_{tp} \leqslant 0.95 f_{tk}$。

对于主压应力：

对严格要求和一般要求不出现裂缝的构件，均应符合：$\sigma_{cp} \leqslant 0.6 f_{ck}$；

式中　σ_{tp}、σ_{cp}——混凝土的主拉应力和主压应力；

　　　f_{tk}、f_{ck}——混凝土的抗拉强度和抗压强度标准值。

0.85、0.95 为考虑张拉时的不准确性和构件质量变异影响的经验系数；0.6 为防止腹板

在预应力和荷载作用下压坏，并考虑到主压应力过大会导致斜截面抗裂能力降低的经验系

数。

10.5.5　预应力混凝土受弯构件的变形验算

预应力混凝土受弯构件的挠度由两部分叠加而成：一部分是由荷载产生的挠度 f_{1l}，另

一部分是预加应力产生的反拱 f_{2l}。

1. 荷载作用下构件的挠度 f_{1l}

挠度 f_{1l} 可按一般材料力学的方法计算，即

$$f_{1l} = S \frac{Ml^2}{B} \tag{10-71}$$

其中截面弯曲刚度 B 应分别按下列公式计算。

（1）按荷载效应标准组合下的短期刚度，可由下列公式计算：

对于使用阶段要求不出现裂缝的构件

$$B_s = 0.85 E_c I_0 \tag{10-72}$$

式中　E_c——混凝土的弹性模量；

　　　I_0——换算截面惯性矩；

0.85 为刚度折减系数，考虑混凝土受拉区开裂前出现的塑性变形。

对于使用阶段允许出现裂缝的构件

$$B_s = \frac{0.85 E_c I_0}{\kappa_{cr} + (1 + \kappa_{cr})\omega} \tag{10-73}$$

$$\kappa_{cr} = \frac{M_{cr}}{M_k} \tag{10-74}$$

$$\omega = (1 + \frac{0.21}{\alpha_E \rho})(1 + 0.45\gamma_f) \tag{10-75}$$

$$M_{cr} = (\sigma_{pc} + \gamma f_{tk})W_0 \tag{10-76}$$

式中　κ_{cr}——预应力混凝土受弯构件正截面的开裂弯矩与荷载标准组合弯矩 M_k 的比值，

当 $\kappa_{cr} > 1.0$ 时，取 $\kappa_{cr} = 1.0$；

γ——混凝土构件的截面抵抗矩塑性影响系数，$\gamma = (0.7 + \frac{120}{h})\gamma_m$，$\gamma_m$ 按照附录附表

18 取用，对于矩形截面 $\gamma_m = 1.55$；

σ_{pc}——扣除全部预应力损失后，由预加力在抗裂验算边缘产生的混凝土预压应力；

α_E——钢筋弹性模量与混凝土弹性模量的比值，$\alpha_E = \frac{E_s}{E_c}$；

ρ——纵向受拉钢筋配筋率，$\rho = \frac{A_p + A_s}{bh_0}$；

γ_f——受拉翼缘面积与腹板有效截面面积的比值，$\gamma_f = \frac{(b_f - b)h_f}{bh_0}$，其中 b_f、h_f 分别为

受拉区翼缘的宽度和高度。

对于预压时预拉区出现裂缝的构件，B_s 应降低 10%。

（2）按荷载效应标准组合并考虑荷载长期作用影响的截面刚度，按以下公式计算：

$$B = \frac{M_k}{M_q(\theta - 1) + M_k} \tag{10-77}$$

2. 预加应力产生的反拱 f_{2l}

预应力混凝土构件在偏心距为 e_p 的总预压力 N_p 作用下将产生反拱 f_{2l}，其值可按结构力学公式计算，即按两端有弯矩（等于 $N_p e_p$）作用的简支梁计算，设跨度为 l，截面弯曲刚度为 B，则：

$$f_{2l} = \frac{N_p e_p l^2}{8B} \tag{10-78}$$

3. 挠度计算

由荷载标准组合下构件产生的挠度扣除预应力产生的反拱，即预应力混凝土受弯构件的挠度：

$$f = f_{1l} - f_{2l} \leqslant [f] \tag{10-79}$$

式中　$[f]$——允许挠度值。

10.5.6　预应力混凝土受弯构件施工阶段的验算

预应力混凝土受弯构件，在制作、运输及安装等施工阶段的受力状态，与使用阶段是不同的。在制作时，截面上受到了偏心压力，截面下边缘受压，上边缘受拉，而在运输、安装时，搁置点或吊点通常离梁有一段距离，两端悬臂部分因自重引起弯矩，与偏心预压力引起的负弯矩是相叠加的。在截面上边缘（预拉区），如果混凝土的拉应力超过了混凝土的抗拉强度，预拉区将出现裂缝，并随时间的增长裂缝不断开展。在截面下边缘（预压区），如果混凝土的压应力过大，也会产生纵向裂缝。试验表明，预拉区的裂缝虽可在使用荷载下闭合，对构件

的影响不大,但会使构件在使用阶段的正截面抗裂度和刚度降低。因此,《规范》采用限制边缘纤维混凝土应力值的方法,来满足预拉区不允许或允许出现裂缝的要求,同时保证预压区的抗压强度。

制作、运输及安装等施工阶段,除进行承载能力极限状态验算外,对不允许出现裂缝的构件,或预压时全截面受压的构件,在预加应力、自重及施工荷载作用下(必要时应考虑动力系数)截面边缘的混凝土法向应力应符合下列规定:

$$\sigma_{ct} \leqslant 1.0 f'_{tk}$$
$$\sigma_{cc} \leqslant 0.8 f'_{tk}$$

式中　σ_{ct}、σ_{cc}——相应施工阶段计算截面边缘纤维的混凝土拉应力和压应力;

f'_{tk}、f'_{ck}——与各施工阶段混凝土立方体抗压强度 f'_{cu} 相应的抗拉强度标准值、抗压强度标准值,可按直线内插法采用。

【**例题 10-2**】　先张法预应力混凝土简支梁,其截面尺寸和配筋如图 10-19 所示采用 C60 混凝土,预应力筋采用消除应力钢丝,受压区为 4 $\phi^H 9$,受拉区为 14 $\phi^H 9$。经计算,换算截面面积 A_0 为 96.82×10^3 mm²,换算截面重心至底边距离 $y_{max} = 450$ mm,至上边缘距离 y'_{max},换算截面惯性矩 $I_0 = 8.62 \times 10^9$ mm⁴。受拉区张拉控制应力 $\sigma_{con} = 0.7 f_{ptk}$,$f_{ptk} = 1\,470$ N/mm²,受压区为 $\sigma'_{con} = 0.5 f_{ptk}$。当混凝土强度达到设计规定的强度等级时放松钢筋。已知受拉区、受压区预应力损失值在混凝土预压前(第一批)的损失分别为 96 N/mm²、86 N/mm²;在混凝土预压后(第二批)的损失分别为 150 N/mm²、44 N/mm²。设 $a_p = 45$ mm、$a'_p = 25$ mm。

试问:

(1)放松钢筋时,截面上、下边缘的混凝土预应力值为多少?

(2)全部预应力损失完成后,截面上、下边缘的混凝土应力值为多少?

(3)假定在梁的吊装施工时,由预应力在吊点截面的上边缘混凝土产生的拉应力为 −1.2 N/mm²,下边缘混凝土产生的压应力为 20.5 N/mm²,梁自重为 2.5 kN/m,吊点距构件端部为 750 mm。试问:抗裂验算时,梁吊点处截面的上、下边缘混凝土应力值各为多少?

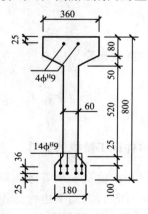

图 10-19　例题 10-2

解　查表得 $A_p = 890.68$ mm²,$A'_p = 254.48$ mm²

$$\sigma_{con} = 0.7 f_{ptk} = 0.7 \times 1\,470 = 1\,029 \text{ N/mm}^2$$
$$\sigma'_{con} = 0.5 f_{ptk} = 0.5 \times 1\,470 = 735 \text{ N/mm}^2$$

换算截面重心至受拉区钢筋合力点的距离 y_p：

$$y_p = y_{max} - a_p = 450 - 45 = 405 \text{ mm}$$

换算截面重心至受压区钢筋合力点的距离 y_p'：

$$y_p' = y_{max}' - a_p' = 350 - 25 = 325 \text{ mm}$$

（1）放松钢筋时，截面上下边缘混凝土预应力值

此时只考虑第一批预应力损失 σ_{lI}、σ_{lI}'，则

$$\sigma_{p0}' = \sigma_{con}' - \sigma_{lI}' = 735 - 86 = 649 \text{ N/mm}^2$$

$$\sigma_{p0} = \sigma_{con} - \sigma_{lI} = 1\,029 - 96 = 933 \text{ N/mm}^2$$

$$N_{p0} = \sigma_{p0} A_p + \sigma_{p0}' A_p' - \sigma_{l5} A_s - \sigma_{l5}' A_s'$$

$$= 955 \times 890.68 + 649 \times 254.48 - 0 - 0 = 996\,162 \text{ N}$$

$$e_{p0} = \frac{\sigma_{p0} A_p y_p - \sigma_{p0}' A_p' y_p'}{\sigma_{p0} A_p + \sigma_{p0}' A_p'} = \frac{933 \times 890.68 \times 405 - 649 \times 254.48 \times 325}{996\,162} = 284.0 \text{ mm}$$

截面上、下边缘混凝土应力 σ_{pcI}'、σ_{pcI} 分别为

$$\sigma_{pcI}' = \frac{N_{p0}}{A_0} - \frac{N_{p0} e_{p0} y_{max}'}{I_0} = \frac{996\,162}{96.82 \times 10^3} - \frac{996\,162 \times 284 \times 350}{8.62 \times 10^9} = -1.198 \text{ N/mm}^2 （拉应力）$$

$$\sigma_{pcI} = \frac{N_{p0}}{A_0} + \frac{N_{p0} e_{p0} y_{max}}{I_0} = \frac{996\,162}{96.82 \times 10^3} + \frac{996\,162 \times 284 \times 450}{8.62 \times 10^9} = 25.058 \text{ N/mm}^2 （压应力）$$

（2）全部预应力损失完成后，截面上、下边缘混凝土预应力

$$\sigma_{p0}' = \sigma_{con}' - \sigma_l' = \sigma_{con}' - (\sigma_{lI}' + \sigma_{lII}') = 735 - (86 + 44) = 605 \text{ N/mm}^2$$

$$\sigma_{p0} = \sigma_{con} - \sigma_l = \sigma_{con} - (\sigma_{lI} + \sigma_{lII}) = 1\,029 - (96 + 150) = 783 \text{ N/mm}^2$$

$$N_{p0} = \sigma_{p0} A_p + \sigma_{p0}' A_p' = 783 \times 890.68 + 605 \times 254.48 = 851\,363 \text{ N}$$

$$e_{p0} = \frac{\sigma_{p0} A_p y_p - \sigma_{p0}' A_p' y_p'}{\sigma_{p0} A_p + \sigma_{p0}' A_p'} = \frac{783 \times 890.68 \times 405 - 605 \times 254.48 \times 325}{851\,363} = 273.0 \text{ mm}$$

横截面上、下混凝土应力 σ_{pc}'、σ_{pc} 分别为

$$\sigma_{pc}' = \frac{N_{p0}}{A_0} - \frac{N_{p0} e_{p0} y_{max}'}{I_0} = \frac{851\,363}{96.82 \times 10^3} - \frac{851\,363 \times 273 \times 350}{8.62 \times 10^9} = -0.644 \text{ N/mm}^2 （拉应力）$$

$$\sigma_{pc} = \frac{N_{p0}}{A_0} + \frac{N_{p0} e_{p0} y_{max}}{I_0} = \frac{851\,363}{96.82 \times 10^3} + \frac{851\,363 \times 273 \times 450}{8.62 \times 10^9} = 20.927 \text{ N/mm}^2 （压应力）$$

（3）吊装时，截面上、下边缘混凝土应力值。

《规范》规定，梁自重产生的弯矩值，应考虑吊装时的动力系数1.5，

$$M_k = \frac{1}{2} g_k l_0^2 \times 1.5 = \frac{1}{2} \times 2.5 \times 0.75^2 \times 1.5 = 1.055 \text{ kN·m}$$

由梁自重（含动力系数影响）在吊点处截面上、下边缘产生的 σ_b'、σ_b 分别为：

$$\sigma_b' = -\frac{M_k y_{max}'}{I_0} = -\frac{1.055 \times 10^6 \times 350}{8.62 \times 10^9} = -0.0428 \text{ N/mm}^2$$

$$\sigma_b = \frac{M_k y_{max}}{I_0} = \frac{1.055 \times 10^6 \times 450}{8.62 \times 10^9} = 0.0551 \text{ N/mm}^2$$

梁吊装时，截面上、下边缘混凝土应力值：

$$\sigma_{pc}' = -1.2 - 0.0428 = -1.243 \text{ N/mm}^2 （拉应力）$$

$$\sigma_{pc} = 20.5 + 0.055\,1 = 20.555 \text{ N/mm}^2 （压应力）$$

10.6 预应力混凝土构造措施

预应力混凝土构造措施的要求,首先应满足钢筋混凝土结构的有关规定,还应根据预应力筋的张拉工艺、锚固措施以及预应力筋种类等的不同,来满足有关的构造规定。

1. 截面形状和尺寸

预应力轴心受拉构件一般采用正方形和矩形截面。预应力混凝土受弯构件可以采用I形、T形,以及箱形等截面。为了使预压区在施工时能满足抗压要求及便于布置预应力筋,截面可设计成上下翼缘不对称的I形截面,且下部翼缘宽度可比上部翼缘小,高度比上部翼缘略大。

截面沿构件纵轴可以变化,如跨中为I形,近支座为了能够承受较大的剪力且有足够位置布置锚具,在两端往往做成矩形。

因为预应力混凝土构件的抗裂以及刚度较大,其截面尺寸可比钢筋混凝土构件小些。对预应力混凝土受弯构件,截面高度 $h = l/20 \sim l/14$,最小可为 $l/35$(l 为构件跨度),大致可取为钢筋混凝土梁高的 70% 左右。翼缘厚度一般可取 $h/10 \sim h/6$,腹板宽度尽可能小些,可取 $h/15 \sim h/8$。

2. 纵向预应力筋及端部附加竖向钢筋的设置

直线布置:当荷载及跨度不大时,直线布置较为简单(图 10-20(a)),先张法或后张法施工均可。

曲线以及折线布置:荷载与跨度较大时,可布置成曲线形(图 10-20(b))或折线形(图 10-20(c))。施工时预应力混凝土屋面梁、吊车梁等构件一般用后张法,在靠近支座部位,宜将一部分预应力筋弯起,且沿构件端部均匀布置,以防止在施加预应力时在预拉区产生裂缝和在构件端部产生沿截面中部的纵向水平裂缝,此外也有利于承受支座附近区段的主拉应力。

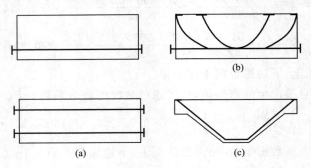

图 10-20 预应力筋的布置

对先张法预应力混凝土构件单根配置的预应力筋,其端部应设置螺旋筋;分散布置的多根预应力筋,在构件端部 $10d$,且小于 100 mm 长度范围内,宜设置 3~5 片与预应力筋垂直的钢筋网片,对折线配筋的构件,在预应力筋弯折处的曲率半径可以适当减小。

3. 普通纵向钢筋的布置

预应力混凝土构件中,除配置预应力筋外,还应配置足够的普通钢筋,以防止施工阶段因混凝土收缩、温差以及预加力过程中引起预拉区开裂以及防止构件在制作、堆放、运输、吊装时出现裂缝或减小裂缝宽度。

在后张法预应力混凝土构件中的预拉区和预压区,宜设置纵向普通构造钢筋;预应力筋弯折处应加密箍筋,在弯折处内侧应布置普通钢筋网片,用以保护在钢筋弯折区段的混凝土。

对预应力筋在构件端部全部弯起的受弯构件或直线配筋的先张法构件,当构件端部与下部支承结构焊接时,应考虑混凝土的收缩和徐变以及温度变化所产生的不利影响,宜在可能产生裂缝的构件部位,设置足够的普通纵向构造钢筋。

4. 先张法预应力筋的净间距

应根据浇筑混凝土、施加预应力以及钢筋锚固要求确定先张法预应力筋之间的净间距。预应力筋之间的净间距不宜小于其公称直径的 2.5 倍和混凝土粗骨料最大粒径的 1.25 倍,且应符合下列规定:

预应力钢丝不应小于 15 mm;

三股钢绞线,不应小于 20 mm;

七股钢绞线,不应小于 25 mm。

先张法预应力钢丝按照单根配筋困难时,可以采用相同直径钢丝并筋的配筋方式,并筋的等效直径,对双并筋应取为单筋直径的 1.41 倍,对三并筋应取为单筋的 1.73 倍。

并筋的保护层厚度、锚固长度、预应力传递长度及正常使用极限状态验算均应按等效直径考虑。

5. 后张法预应力筋及预留孔道的布置

(1)后张法预应力混凝土构件的曲线预应力钢丝束、钢绞线束的曲率半径不宜小于 4 m。对折线配筋的构件,在预应力筋弯折处的曲率半径可适当减小。

(2)预制构件中预留孔道之间的水平净间距不宜小于 50 mm,且不宜小于粗骨料粒径的 1.25 倍,孔道至构件边缘的净间距不应小于 30 mm,且不宜小于孔道直径的一半;

(3)在现浇混凝土梁中预留孔道在竖直方向的净间距不应小于孔道外径,水平方向的净间距不宜小于 1.5 倍孔道外径,且不应小于粗骨料粒径的 1.25 倍;从孔道外壁至构件边缘的净间距:梁底不宜小于 50 mm,梁侧不宜小于 40 mm,裂缝控制等级为三级的梁,梁底、梁侧分别不宜小于 60 mm 和 50 mm。

(4)预留孔道的内径宜比预应力束外径及需穿过孔道的连接器外径大 6~15 mm,且孔道的截面积宜为穿入预应力束截面积的 3.0~4.0 倍;

(5)在构件两端及跨中应设置灌浆孔或排气孔,其孔距不宜大于 12 m;

(6)凡制作时需要起拱的构件,预留孔道宜随构件同时起拱;

(7)在现浇楼板中采用扁形锚固体系时,穿过每个预留孔道的预应力筋数量宜为 3~5 根;在常用荷载情况下,孔道在水平方向的净间距不应超过 8 倍板厚及 1.5 m 中的较大值。

6. 后张法预应力混凝土构件端部的构造要求

后张法构件端部尺寸,应考虑锚具的布置、张拉设备的尺寸和局部受压的要求,必要时应适当加大。

在预应力筋的锚具下及张拉设备的支撑处,应设置预埋钢垫板及构造横向钢筋网片或螺旋式钢筋等局部加强措施。

对外露金属锚具应采取可靠的防腐、防火和防锈措施。

端部锚固区应按照下列要求配置间接钢筋:

(1)采用普通垫板时,应按照《规范》的规定进行局部受压承载力计算,并配置间接钢筋,其体积配筋率不应小于 0.5%,垫板的刚性扩散角应取为 45°;

(2)局部受压承载力计算时,局部压力设计值对有粘结预应力混凝土构件取 1.2 倍张拉控制应力。对无粘结预应力混凝土构件取 1.2 倍张拉控制应力和 $f_{ptk}A_p$ 中的较大值;

(3)当采用整体铸造垫板时,其局部受压区的设计应符合相关标准的规定;

(4)在局部受压间接钢筋配置区以外,在构件端部长度 l 不小于 $3e$(e 为截面重心线上部或下部预应力筋的合力点至邻近边缘的距离),但不大于 $1.2h$(h 为构件端部截面高度),高度为 $2e$ 的附加配筋区范围内,应均匀配置附加防劈裂箍筋或网片,如图 10-21 所示。

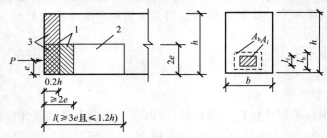

图 10-21　防止端部裂缝的配筋范围
1—局部受压间接配置区;2—附加防劈裂配筋区;3—附加防端面裂缝配筋区

配筋面积可按下式计算:

$$A_{sb} \geqslant 0.18\left(1-\frac{l_l}{l_b}\right)\frac{P}{f_{yv}} \tag{10-80}$$

式中　f_{yv}——附加钢筋的抗拉强度设计值。

　　　P——作用在构件端部截面重心线上部或下部预应力筋的合力设计值,有粘结预应力混凝土可取 1.2 倍的张拉控制力;

　　　l_l、l_b 分别为沿构件高度方向 A_l、A_b 的边长或直径,A_l、A_b 按本章 10.4.4 确定。

(5)当构件端部的预应力筋需要集中布置在截面的下部或集中布置在上部和下部时,需在构件端部 $0.2h$(h 是构件端部截面的高度)范围内设置附加竖向焊接钢筋网、封闭式箍筋或其他形式的构造钢筋以防止端面裂缝(图 10-20),且其截面面积应符合下列规定:

$$A_{sv} \geqslant \frac{T_s}{f_{yv}} \tag{10-81}$$

$$T_s = \left(0.25-\frac{e}{h}\right)P \tag{10-82}$$

当 $e>0.2h$ 时,可根据实际情况适当配置构造钢筋。

式中　T_s——锚固端端面拉力;

　　　e——截面重心线上部或下部预应力筋的合力点至截面近边缘的距离;

构件端部截面上部及下部均有预应力筋时,附加竖向钢筋总截面面积应按上部和下部的预应力合力分别计算的较大值采用。在构件端面横向也应按上述方法计算抗端面裂缝钢筋,并与上述竖向钢筋形成网片筋配置。

本章小结

预应力混凝土结构可以使高强钢筋在混凝土结构中得以应用,同时控制构件的裂缝和挠度,特别适用于大跨度结构和承受动力荷载的结构。与普通混凝土结构相比,预应力混凝土结构具有抗裂性能好、变形小、耐久性好以及抗疲劳性能好等优点。

张拉控制应力是指预应力筋在进行张拉时所控制达到的最大应力值。张拉控制应力过大或者过小都对结构不利。

建立预应力的方法可分为两大类,即先张法与后张法。

由于预应力混凝土生产工艺和材料的固有特性等原因,混凝土中的预应力值会降低。这种降低称为预应力损失。规范规定了 6 种预应力损失的计算方法。

与普通混凝土结构不同,预应力混凝土结构的设计分为施工阶段和使用阶段两个阶段分别进行计算。

对于轴心受拉构件使用阶段 N_0、N_{cr}、N_u 的三个计算公式,先张法和后张法相同,但在计算 N_0、N_{cr} 时两种方法的 σ_{pcII} 不同。预应力筋从张拉直至构件破坏,始终处于高拉应力状态,而混凝土则在轴向拉力达到 N_0 值以前始终处于受压状态,发挥了两种材料各自的性能。

预应力混凝土受弯构件从预应力施加到承受外荷载,直至最后破坏,可分为施工阶段、使用阶段和破坏阶段等三个主要阶段。受弯构件的计算也要分这几个阶段进行。先张法施工构件还要对吊装过程进行验算。

思 考 题

10.1　对混凝土构件施加预应力的目的是什么?

10.2　预应力混凝土结构的优点和缺点各有哪些?

10.3　施加预应力的方法有哪些?分别依靠什么方式传递预应力?

10.4　先张法和后张法施工的工艺方法各有什么优缺点?适用范围是什么?

10.5　什么是张拉控制应力?为什么张拉控制应力不能取得太高,也不能过低?在达到相同预压效果的前提下,为什么先张法施工的张拉控制应力要略高于后张法?

10.6　预应力损失通常有哪些?分别是怎样产生的?如何采取措施减小这些预应力损失?

10.7　先张法和后张法的预应力损失各有哪些?将这些预应力损失划分为第一批和第二批的依据是什么?哪些属于第一批,哪些属于第二批?

10.8　试述先张法、后张法预应力混凝土轴心受拉构件在施工阶段、使用阶段各自的应力变化过程及相应混凝土、预应力筋和非预应力筋应力值的计算公式。

10.9　预应力轴心受拉构件,在施工阶段计算预加应力产生的混凝土法向应力 σ_{pc} 时,为什么先张法构件用 A_0,而后张法构件用 A_n?而在使用阶段却都采用 A_0?先张法、后张法的 A_0、A_n 是如何计算的?

10.10　如采用相同的张拉控制应力 σ_{con},预应力损失值也相同,当加载至混凝土预压应力 $\sigma_{pc}=0$ 时,先张法和后张法两种构件中预应力筋的应力哪个大些?

习　题

某预应力混凝土轴心受拉构件，长 20 m，混凝土截面面积 $A = 36\,000\ \text{mm}^2$，选用强度等级为 C60 的混凝土，螺旋肋钢丝 $10\,\phi^{\text{HM}}9$，如图 10-22 所示。先张法施工，在 100 m 的台座上张拉，端头采用镦头锚具固定预应力筋，超张拉，并考虑蒸汽养护时台座与预应力筋之间的温差 20 ℃，当混凝土强度设计值达到 80% 时放松预应力筋，试计算各项预应力损失值。

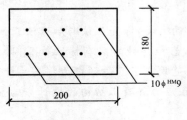

图 10-22　习题图

参考文献

[1] 中华人民共和国住房和城乡建设部[S].混凝土结构设计规范 GB 50010—2010 [S].北京:中国建筑工业出版社,2010

[2] 东南大学,同济大学,天津大学.混凝土结构(上册).5 版[M].北京:中国建筑工业 出版社,2011

[3] 河海大学,武汉大学,大连理工大学,郑州大学.水工钢筋混凝土结构学.4 版[M]. 北京:中国水利水电出版社,2010

[4] 梁兴文,史庆轩.混凝土结构设计原理[M].北京:中国建筑工业出版社,2011

[5] 叶列平.混凝土结构(上册)[M].北京:中国建筑工业出版社,2012

[6] 宋玉普,王立成,车轶.钢筋混凝土结构[M].北京:机械工业出版社,2013

[7] 中国建筑科学研究院.普通混凝土力学性能试验方法标准[S].北京:中国建筑工 业出版社,2003

[8] 全国钢标准化技术委员会.钢筋混凝土用钢第 2 部分:热轧带肋钢筋 GB 1499.2— 2007[S].北京:中国标准出版社,2007

[9] 全国钢标准化技术委员会.钢筋混凝土用钢第 1 部分:热轧光圆钢筋 GB 1499.1— 2008[S].北京:中国标准出版社,2008

[10] 全国钢标准化技术委员会.钢筋混凝土用余热处理钢筋 GB 13014—1991[S].北 京:中国标准出版社,1992

[11] 全国钢标准化技术委员会.预应力混凝土用钢丝(含第 1、2 号修改单)GB/T 5223 —2002[S].北京:中国标准出版社,2002

[12] 全国钢标准化技术委员会.预应力混凝土用钢丝(含第 1、2 号修改单)GB/T 5224 —2003[S].北京:中国标准出版社,2003

[13] 全国钢标准化技术委员会.预应力混凝土用螺纹钢筋 GB/T 20065—2006[S].北 京:中国标准出版社,2006

[14] 全国钢标准化技术委员会.中强度预应力钢丝 YB/T 156—1999[S].北京:中国 标准出版社,2000

[15] 过镇海.混凝土应力—应变全曲线的试验研究[J].建筑结构学报,1982,(1):1—11

[16] Park R,Paulay T. Reinforced Concrete Structures[M]. New York:John & Wiley, 1975

[17] 王传志,滕智明.钢筋混凝土结构理论[M].北京:中国建筑工业出版社,1985

[18] 过镇海.混凝土的强度和变形—试验基础和本构关系[M].北京:清华大学出版 社,1997

[19] 中华人民共和国住房和城乡建设部.建筑结构荷载规范 GB 50009—2012[S].北京:中国建筑工业出版社,2012

[20] 中华人民共和国住房和城乡建设部.工程结构可靠性设计统一标准 GB 50153—2008[S].北京:中国建筑工业出版社,2009

[21] 中华人民共和国住房和城乡建设部.建筑结构可靠性设计统一标准 GB 50068—2018[S].北京:中国建筑工业出版社,2019

[22] 赵国藩,曹居易,张宽权.工程结构可靠度[M].北京:中国水利水电出版社,1983

[23] 沈蒲生,梁兴文.混凝土结构设计原理.4 版[M].北京:高等教育出版社,2012

[24] 顾祥林.混凝土结构基本原理.2 版[M].上海:同济大学出版社,2011

[25] 郭靳时,金菊顺,庄新玲.混凝土结构基本原理[M].武汉:武汉理工大学出版社,2011

[26] 蓝宗建,刘伟庆,梁书亭,王曙光.混凝土结构[M].北京:中国电力出版社,2011

[27] 张丽华,左敬岩.混凝土结构基本原理[M].郑州:黄河水利出版社,2011

[28] 李章政,余启明,郑文静,高峰.混凝土结构基本原理[M].北京:化学工业出版社,2013

[29] 张季超,李全云,许勇.建筑结构[M].北京:高等教育出版社,2010

[30] 李哲.混凝土结构设计原理学习指导与习题详解[M].郑州:黄河水利出版社,2006

[31] 中华人民共和国住房和城乡建设部.混凝土结构耐久性设计规范 GB/T 50476—2008[S].北京:中国建筑工业出版社,2008

[32] 宋玉普.预应力混凝土特种结构[M].北京:中国机械工业出版社,2007

[33] 王立成.港工钢筋混凝土结构学[M].北京:高等教育出版社,2018

附 录

附表 1   **普通钢筋强度标准值（N/mm²）**

牌号	符号	公称直径 d(mm)	屈服强度标准值 f_{yk}	极限强度标准值 f_{stk}
HPB300	ϕ	6～22	300	420
HRB335 HRBF335	ϕ ϕ^F	6～50	335	455
HRB400 HRBF400 RRB400	ϕ ϕ^F ϕ^R	6～50	400	540
HRB500 HRBF500	$\underline{\Phi}$ $\underline{\Phi}^F$	6～50	500	630

附表 2   **预应力筋强度标准值（N/mm²）**

种类		符号	公称直径 d(mm)	屈服强度标准值 f_{pyk}	极限强度标准值 f_{ptk}
中强度预应力钢丝	光面	ϕ^{PM}	5、7、9	620	800
	螺旋肋	ϕ^{HM}		780	970
				980	1 270
预应力螺纹钢筋	螺纹	ϕ^T	18、25、32、40、50	785	980
				930	1080
				1 080	1 230
消除应力钢丝	光面	ϕ^P	5	—	1 570
				—	1 860
	螺旋肋	ϕ^H	7	—	1 570
			9	—	1 470
				—	1 570
钢绞线	1×3 （三股）	ϕ^S	8.6、10.8、12.9	—	1 570
				—	1 860
				—	1 960
	1×7 （七股）		9.5、12.7、15.2、17.8	—	1 720
				—	1 860
				—	1 960
			21.6	—	1 860

注：极限强度标准值为 1 960 N/mm² 的钢绞线作后张预应力配筋时，应有可靠的工程经验。

附表 3 普通钢筋强度设计值（N/mm²）

牌号	f_y	f_y'
HPB300	270	270
HRB335、HRBF335	300	300
HRB400、HRBF400、RRB400	360	360
HRB500、HRBF500	435	410

注：用作受剪、受扭、受冲切承载力计算的箍筋，抗拉强度设计值 f_{yv} 按表中 f_y 的数值取用，但其数值不应大于 360 N/mm²。

附表 4 预应力筋强度设计值（N/mm²）

种类	极限强度标准值 f_{ptk}	抗拉强度设计值 f_{py}	抗压强度设计值 f_{py}'
中强度预应力钢丝	800	510	410
	970	650	
	1 270	810	
消除应力钢丝	1 470	1 040	410
	1 570	1 110	
	1 860	1 320	
钢绞线	1 570	1 110	390
	1 720	1 220	
	1 860	1 320	
	1 960	1 390	
预应力螺纹钢筋	980	650	410
	1 080	770	
	1 230	900	

注：当预应力筋的强度标准值不符合附表 4 的规定时，其强度设计值应进行相应的比例换算。

附表 5 钢筋的弹性模量（×10⁵ N/mm²）

牌号或种类	弹性模量 E_s
HPB300 钢筋	2.10
HRB335、HRB400、HRB500 钢筋 HRBF335、HRBF400、HRBF500 钢筋 RRB400 钢筋 预应力螺纹钢筋	2.00
消除应力钢丝、中强度预应力钢丝	2.05
钢绞线	1.95

注：必要时可采用实测的弹性模量。

附表 6 混凝土强度标准值（N/mm²）

强度种类	混凝土强度等级													
	C15	C20	C25	C30	C35	C40	C45	C50	C55	C60	C65	C70	C75	C80
f_{ck}	10.0	13.4	16.7	20.1	23.4	26.8	29.6	32.4	35.5	38.5	41.5	44.5	47.4	50.2
f_{tk}	1.27	1.54	1.78	2.01	2.20	2.39	2.51	2.64	2.74	2.85	2.93	2.99	3.05	3.11

附表 7　　　　　　　　　　混凝土强度设计值（N/mm²）

强度种类	混凝土强度等级													
	C15	C20	C25	C30	C35	C40	C45	C50	C55	C60	C65	C70	C75	C80
f_c	7.2	9.6	11.9	14.3	16.7	19.1	21.1	23.1	25.3	27.5	29.7	31.8	33.8	35.9
f_t	0.91	1.10	1.27	1.43	1.57	1.71	1.80	1.89	1.96	2.04	2.09	2.14	2.18	2.22

附表 8　　　　　　　　　　混凝土弹性模量（×10⁴ N/mm²）

混凝土强度等级	C15	C20	C25	C30	C35	C40	C45	C50	C55	C60	C65	C70	C75	C80
E_c	2.20	2.55	2.80	3.00	3.15	3.25	3.35	3.45	3.55	3.60	3.65	3.70	3.75	3.80

注：1. 当有可靠试验依据时，弹性模量值也可根据实测数据确定；

　　2. 当混凝土中掺有大量矿物掺合料时，弹性模量可按规定龄期根据实测值确定。

附表 9　　　　　　　　　　混凝土受压疲劳强度修正系数 γ_ρ

ρ_c^f	$0 \leqslant \rho_c^f < 0.1$	$0.1 \leqslant \rho_c^f < 0.2$	$0.2 \leqslant \rho_c^f < 0.3$	$0.3 \leqslant \rho_c^f < 0.4$	$0.4 \leqslant \rho_c^f < 0.5$	$\rho_c^f \geqslant 0.5$
γ_ρ	0.68	0.74	0.80	0.86	0.93	1.00

附表 10　　　　　　　　　　混凝土受拉疲劳强度修正系数 γ_ρ

ρ_c^f	$0 < \rho_c^f < 0.1$	$0.1 \leqslant \rho_c^f < 0.2$	$0.2 \leqslant \rho_c^f < 0.3$	$0.3 \leqslant \rho_c^f < 0.4$	$0.4 \leqslant \rho_c^f < 0.5$
γ_ρ	0.63	0.66	0.69	0.72	0.74
ρ_c^f	$0.5 \leqslant \rho_c^f < 0.6$	$0.6 \leqslant \rho_c^f < 0.7$	$0.7 \leqslant \rho_c^f < 0.8$	$\rho_c^f \geqslant 0.8$	—
γ_ρ	0.76	0.80	0.90	1.00	—

附表 11　　　　　　　　　　混凝土的疲劳变形模量（×10⁴ N/mm²）

混凝土强度等级	C30	C35	C40	C45	C50	C55	C60	C65	C70	C75	C80
E_c^f	1.30	1.40	1.50	1.55	1.60	1.65	1.70	1.75	1.80	1.85	1.90

附表 12　　　　　　　　　　受弯构件的挠度限值

构件类型		挠度限值
吊车梁	手动吊车	$l_0/500$
	电动吊车	$l_0/600$
屋盖、楼盖及楼梯构件	当 $l_0 < 7$ m 时	$l_0/200(l_0/250)$
	当 $7 \text{ m} \leqslant l_0 \leqslant 9$ m 时	$l_0/250(l_0/300)$
	当 $l_0 > 9$ m 时	$l_0/300(l_0/400)$

注：1. 表中 l_0 为构件的计算跨度；计算悬臂构件的挠度限值时，其计算跨度 l_0 按实际悬臂长度的 2 倍取用；

　　2. 表中括号内的数值适用于使用上对挠度有较高要求的构件；

　　3. 如果构件制作时预先起拱，且使用上也允许，则在验算挠度时，可将计算所得的挠度值减去起拱值；对预应力混凝土构件，尚可减去预加力所产生的反拱值；

　　4. 构件制作时的起拱值和预加力所产生的反拱值，不宜超过构件在相应荷载组合作用下的计算挠度值。

附表 13 混凝土结构的环境类别

环境类别	条件
一	室内干燥环境； 无侵蚀性静水浸没环境
二 a	室内潮湿环境； 非严寒和非寒冷地区的露天环境； 非严寒和非寒冷地区与无侵蚀性的水或土壤直接接触的环境； 严寒和寒冷地区的冰冻线以下与无侵蚀性的水或土壤直接接触的环境
二 b	干湿交替环境； 水位频繁变动环境； 严寒和寒冷地区的露天环境； 严寒和寒冷地区冰冻线以上与无侵蚀性的水或土壤直接接触的环境
三 a	严寒和寒冷地区冬季水位变动区环境； 受除冰盐影响环境； 海风环境
三 b	盐渍土环境； 受除冰盐作用环境； 海岸环境
四	海水环境
五	受人为或自然的侵蚀性物质影响的环境

注:1.室内潮湿环境是指构件表面经常处于结露或湿润状态的环境；
2.严寒和寒冷地区的划分应符合国家现行标准《民用建筑热工设计规范》GB 50176 的有关规定；
3.海岸环境和海风环境宜根据当地情况,考虑主导风向及结构所处迎风、背风部位等因素的影响,由调查研究和工程经验确定；
4.受除冰盐影响环境为受到除冰盐盐雾影响的环境；受除冰盐作用环境指被除冰盐溶液溅射的环境以及使用除冰盐地区的洗车房、停车楼等建筑；
5.暴露的环境是指混凝土结构表面所处的环境。

附表 14 结构构件的裂缝控制等级及最大裂缝宽度的限值(mm)

环境类别	钢筋混凝土结构		预应力混凝土结构	
	裂缝控制等级	w_{lim}	裂缝控制等级	w_{lim}
一	三级	0.30(0.40)	三级	0.20
二 a		0.2		0.10
二 b			二级	—
三 a、三 b			一级	—

注:1.对处于年平均相对湿度小于 60% 地区一级环境下的受弯构件,其最大裂缝宽度限值可采用括号内的数值；
2.在一类环境下,对钢筋混凝土屋架、托架及需作疲劳验算的吊车梁,其最大裂缝宽度限值应取为 0.20 mm；对钢筋混凝土屋面梁和托梁,其最大裂缝宽度限值应取为 0.30 mm；
3.在一类环境下,对预应力混凝土屋架、托架及双向板体系,应按二级裂缝控制等级进行验算；对一类环境下的预应力混凝土屋面梁、托梁、单向板,按表中二 a 类环境的要求进行验算；在一类和二 a 类环境下需作疲劳验算的预应力混凝土吊车梁,应按裂缝控制等级不低于二级的构件进行验算；
4.表中规定的预应力混凝土构件的裂缝控制等级和最大裂缝宽度限值仅适用于正截面的验算；预应力混凝土构件的斜截面裂缝控制验算应符合本教材第 10 章的要求；
5.对于烟囱、筒仓和处于液体压力下的结构构件,其裂缝控制要求应符合专门标准的有关规定；
6.对于处于四、五类环境下的结构构件,其裂缝控制要求应符合专门标准的有关规定；
7.表中的最大裂缝宽度限值为用于验算荷载作用引起的最大裂缝宽度。

附表 15　　　　　　　　　　　混凝土保护层的最小厚度 c(mm)

环境类别	板、墙、壳	梁、柱、杆
一	15	20
二 a	20	25
二 b	25	35
三 a	30	40
三 b	40	50

注:1.混凝土强度等级不大于 C25 时,表中保护层厚度数值应增加 5 mm;
　　2.钢筋混凝土基础宜设置混凝土垫层,其受力钢筋的混凝土保护层厚度应从垫层顶面算起,且不应小于 40 mm。

附表 16　　　　　　　　　纵向受力钢筋的最小配筋百分率 $\rho_{\min}$(%)

受力类型		最小配筋百分率
受压构件	全部纵向钢筋	强度等级 500 MPa
		0.50
	强度等级 400 MPa	0.55
	强度等级 300 MPa、335 MPa	0.60
	一侧纵向钢筋	0.20
受弯构件、偏心受拉、轴心受拉构件一侧的受拉钢筋		0.20 和 $45 f_t/f_y$ 中的较大值

注:1.受压构件全部纵向钢筋最小配筋百分率,当采用 C60 及以上强度等级的混凝土时,应按表中规定增加 0.10;
　　2.板类受弯构件(不包括悬臂板)的受拉钢筋,当采用强度等级 400 MPa、500 MPa 的钢筋时,其最小配筋百分率应允许采用 0.15 和 $45 f_t/f_y$ 中的较大值;
　　3.偏心受拉构件中的受拉钢筋,应按受压构件一侧纵向钢筋考虑;
　　4.受压构件的全部纵向钢筋和一侧纵向钢筋的配筋率以及轴心受拉构件和小偏心受拉构件一侧受拉钢筋的配筋率均应按构件的全截面面积计算;
　　5.受弯构件、大偏心受拉构件一侧受拉钢筋的配筋率应按全截面面积扣除受压翼缘面积 $(b_f'-b)h_f'$ 后的截面面积计算;
　　6.当钢筋沿构件截面周边布置时,"一侧纵向钢筋"系指沿受力方向两个对边中一边布置的纵向钢筋。

附表 17　　　　　　　　　　结构混凝土材料的耐久性基本要求

环境类别	最大水胶比	最低强度等级	最大氯离子含量(%)	最大碱含量(kg/m³)
一	0.60	C20	0.30	不限制
二 a	0.55	C25	0.20	3.0
二 b	0.50(0.55)	C30(C25)	0.15	
三 a	0.45(0.50)	C35(C30)	0.15	
三 b	0.40	C40	0.10	

注:1.氯离子含量系指其占胶凝材料总量的百分比;
　　2.预应力构件混凝土中的最大氯离子含量为 0.06%;其最低混凝土强度等级宜按表中的规定提高两个等级;
　　3.素混凝土构件的水胶比及最低强度等级的要求可适当放松;
　　4.有可靠工程经验时,二类环境中的最低混凝土强度等级可降低一个等级;
　　5.处于严寒和寒冷地区二 b、三 a 类环境中的混凝土应使用引气剂,并可采用括号中的有关参数;
　　6.当使用非碱活性骨料时,对混凝土中的碱含量可不作限制。

附表 18　　　　　　　　　　　　截面抵抗矩塑性影响系数基本值 γ_m

项次	1	2	3		4		5
截面形状	矩形截面	翼缘位于受压区的 T 形截面	对称 I 形截面或箱形截面		翼缘位于受拉区的倒 T 形截面		圆形和环形截面
			$b_f/b \leqslant 2$、h_f/h 为任意值	$b_f/b > 2$、$h_f/h < 0.2$	$b_f/b \leqslant 2$、h_f/h 为任意值	$b_f/b > 2$、$h_f/h < 0.2$	
γ_m	1.55	1.50	1.45	1.35	1.50	1.40	$1.6 - 0.24 r_1/r$

注：1. 对 $b_f' > b_f$ 的 I 形截面，可按项次 2 与项次 3 之间的数值采用；对 $b_f' < b_f$ 的 I 形截面，可按项次 3 与项次 4 之间的数值采用；

　　2. 对于箱形截面，b 系指各肋宽度的总和；

　　3. r_1 为环形截面的内环半径，对圆形截面取 r_1 为零。

附表 19　　　　　　　　　钢筋的公称直径、公称截面面积及理论重量

公称直径 (mm)	不同根数钢筋的公称截面面积（mm²）									单根钢筋理论重量 (kg/m)
	1	2	3	4	5	6	7	8	9	
6	28.3	57	85	113	142	170	198	226	255	0.222
8	50.3	101	151	201	252	302	352	402	453	0.395
10	78.5	157	236	314	393	471	550	628	707	0.617
12	113.1	226	339	452	565	678	791	904	1 017	0.888
14	153.9	308	461	615	769	923	1 077	1 231	1 385	1.21
16	201.1	402	603	804	1 005	1 206	1 407	1 608	1 809	1.58
18	254.5	509	763	1 017	1 272	1 527	1 781	2 036	2 290	2.00 (2.11)
20	314.2	628	942	1 256	1 570	1 884	2 199	2 513	2 827	2.47
22	380.1	760	1 140	1 520	1 900	2 281	2 661	3 041	3 421	2.98
25	490.9	982	1 473	1 964	2 454	2 945	3 436	3 927	4 418	3.85 (4.10)
28	615.8	1 232	1 847	2 463	3 079	3 695	4 310	4 926	5 542	4.83
32	804.2	1 609	2 413	3 217	4 021	4 826	5 630	6 434	7 238	6.31 (6.65)
36	1 017.9	2 036	3 054	4 072	5 089	6 107	7 125	8 143	9 161	7.99
40	1 256.6	2 513	3 770	5 027	6 283	7 540	8 796	10 053	11 310	9.87 (10.34)
50	1 963.5	3 928	5 892	7 856	9 820	11 784	13 748	15 712	17 676	15.42 (16.28)

注：括号内为预应力螺纹钢筋的数值。

附表 20　　　　　　　　**钢绞线的公称直径、公称截面面积及理论重量**

种类	公称直径(mm)	公称截面面积(mm²)	理论重量(kg/m)
1×3	8.6	37.7	0.296
	10.8	58.9	0.462
	12.9	84.8	0.666
1×7 标准型	9.5	54.8	0.430
	12.7	98.7	0.775
	15.2	140	1.101
	17.8	191	1.500
	21.6	285	2.237

附表 21　　　　　　　　**钢丝的公称直径、公称截面面积及理论重量**

公称直径(mm)	公称截面面积(mm²)	理论重量(kg/m)
5.0	19.63	0.154
7.0	38.48	0.302
9.0	63.62	0.499

附表 22　　　　　　　　**每米板宽内的钢筋截面面积表**

钢筋间距 (mm)	当钢筋直径(mm)为下列数值时的钢筋截面面积(mm²)													
	3	4	5	6	6/8	8	8/10	10	10/12	12	12/14	14	14/16	16
70	101	179	281	404	561	719	920	1 121	1 369	1 616	1 908	2 199	2 536	2 872
75	94.3	167	262	377	524	671	859	1 047	1 277	1 508	1 780	2 053	2 367	2 681
80	88.4	157	245	354	491	629	805	981	1 198	1 414	1 669	1 924	2 218	2 513
85	83.2	148	231	333	462	592	758	924	1 127	1 331	1 571	1 811	2 088	2 365
90	78.5	140	218	314	437	559	716	872	1 064	1 257	1 484	1 710	1 972	2 234
95	74.5	132	207	298	414	529	678	826	1 008	1 190	1 405	1 620	1 868	2 116
100	70.6	126	196	283	393	503	644	785	958	1 131	1 335	1 539	1 775	2 011
110	64.2	114	178	257	357	457	585	714	871	1 028	1 214	1 399	1 614	1 828
120	58.9	105	163	236	327	419	537	654	798	942	1 112	1 283	1 480	1 676
125	56.5	100	157	226	314	402	515	628	766	905	1 068	1 232	1 420	1 608
130	54.4	96.6	151	218	302	387	495	604	737	870	1 027	1 184	1 366	1 547
140	50.5	89.7	140	202	281	359	460	561	684	808	954	1 100	1 268	1 436
150	47.1	83.8	131	189	262	335	429	523	639	754	890	1 026	1 183	1 340
160	44.1	78.5	123	177	246	314	403	491	599	707	834	962	1 110	1 257
170	41.5	73.9	115	166	231	296	379	462	564	665	786	906	1 044	1 183
180	39.2	69.8	109	157	218	279	358	436	532	628	742	855	985	1 117
190	37.2	66.1	103	149	207	265	339	413	504	596	702	810	934	1 058
200	35.3	62.8	98.2	141	196	251	322	393	479	565	668	770	888	1 005
220	32.1	57.1	89.3	129	178	228	292	357	436	514	607	700	807	914
240	29.4	52.4	81.9	118	164	209	268	327	399	471	556	641	740	838
250	28.3	50.2	78.5	113	157	201	258	314	383	452	534	616	710	804
260	27.2	48.3	75.5	109	151	193	248	302	368	435	514	592	682	773
280	25.2	44.9	70.1	101	140	180	230	281	342	404	477	550	634	718
300	23.6	41.9	65.5	94	131	168	215	262	320	377	445	513	592	670
320	22.1	39.2	61.4	88	123	157	201	245	299	353	417	381	554	628

注:表中钢筋直径中的 6/8,8/10 等系指两种直径的钢筋间隔放置。